国家出版基金资助项目
"新闻出版改革发展项目库"入库项目
"十三五"国家重点出版物出版规划项目

中国稀土科学与技术丛书

主　编　干　勇
执行主编　李春龙

稀土晶体材料

任国浩　孙敦陆　潘世烈　杭　寅　武安华　编著

北　京
冶金工业出版社
2018

内 容 提 要

本书全面系统地介绍了以稀土元素为基质或以稀土元素为掺杂剂的光功能晶体材料的晶体结构和晶体缺陷，晶体生长中存在的主要科学和技术问题，稀土晶体的掺杂效应、温度效应以及抗辐照损伤能力，晶体的主要应用领域以及未来发展趋势。内容涵盖激光晶体、氧化物闪烁晶体、卤化物闪烁晶体、非线性光学晶体、磁光晶体等与稀土元素有关的晶体材料。全书侧重于材料的基本物理性能及其与稀土离子的相互关系，论述力求简洁、通俗和实用，尽量避免复杂的公式推导和物理理论的阐述。

本书可供从事稀土材料开发、制备和应用的科研、教学与生产技术人员参考。

图书在版编目（CIP）数据

稀土晶体材料/任国浩等编著. —北京：冶金工业出版社，2018.5
（中国稀土科学与技术丛书）
ISBN 978-7-5024-7764-6

Ⅰ.①稀… Ⅱ.①任… Ⅲ.①稀土金属—金属晶体—材料科学 Ⅳ.①TG146.4

中国版本图书馆 CIP 数据核字（2018）第 096284 号

出 版 人　谭学余
地　　址　北京市东城区嵩祝院北巷 39 号　邮编　100009　电话　(010)64027926
网　　址　www.cnmip.com.cn　电子信箱　yjcbs@cnmip.com.cn
丛书策划　任静波　肖　放
责任编辑　李培禄　肖　放　美术编辑　吕欣童　版式设计　孙跃红
责任校对　王永欣　责任印制　牛晓波

ISBN 978-7-5024-7764-6
冶金工业出版社出版发行；各地新华书店经销；三河市双峰印刷装订有限公司印刷
2018 年 5 月第 1 版，2018 年 5 月第 1 次印刷
169mm×239mm；17.5 印张；341 千字；265 页
85.00 元

冶金工业出版社　投稿电话　(010)64027932　投稿信箱　tougao@cnmip.com.cn
冶金工业出版社营销中心　电话　(010)64044283　传真　(010)64027893
冶金书店　地址　北京市东四西大街 46 号(100010)　电话　(010)65289081(兼传真)
冶金工业出版社天猫旗舰店　yjgycbs.tmall.com

（本书如有印装质量问题，本社营销中心负责退换）

《中国稀土科学与技术丛书》
编辑委员会

主　　编　干　勇

执行主编　李春龙

副 主 编　严纯华　　张洪杰　　李　卫　　黄小卫

　　　　　　张安文　　杨占峰

编　　委（按姓氏笔画排序）

　　　　　　干　勇　　牛京考　　古宏伟　　卢先利　　朱明刚

　　　　　　任国浩　　庄卫东　　闫阿儒　　闫慧忠　　关成君

　　　　　　严纯华　　李　卫　　李永绣　　李春龙　　李星国

　　　　　　李振民　　李维民　　杨占峰　　肖方明　　吴晓东

　　　　　　何　洪　　沈保根　　张安文　　张志宏　　张国成

　　　　　　张洪杰　　陈占恒　　陈耀强　　林东鲁　　孟　健

　　　　　　郝　茜　　胡伯平　　洪广言　　都有为　　徐时清

　　　　　　徐怡庄　　高　松　　郭　耘　　黄小卫　　黄春辉

　　　　　　屠海令　　蒋利军　　谭学余　　潘裕柏

秘 书 组　张　莉　　李　平　　石　杰　　韩晓英　　祝　捷

　　　　　　孙菊英　　刘一力　　王　勇

序

稀土元素由于其结构的特殊性而具有诸多其他元素所不具备的光、电、磁、热等特性，是国内外科学家最为关注的一组元素。稀土元素可用来制备许多用于高新技术的新材料，被世界各国科学家称为"21世纪新材料的宝库"。稀土元素被广泛应用于国民经济和国防工业的各个领域。稀土对改造和提升石化、冶金、玻璃陶瓷、纺织等传统产业，以及培育发展新能源、新材料、新能源汽车、节能环保、高端装备、新一代信息技术、生物等战略新兴产业起着至关重要的作用。美国、日本等发达国家都将稀土列为发展高新技术产业的关键元素和战略物资，并进行大量储备。

经过多年发展，我国在稀土开采、冶炼分离和应用技术等方面取得了较大进步，产业规模不断扩大。我国稀土产业已取得了四个"世界第一"：一是资源量世界第一，二是生产规模世界第一，三是消费量世界第一，四是出口量世界第一。综合来看，目前我国已是稀土大国，但还不是稀土强国，在核心专利拥有量、高端装备、高附加值产品、高新技术领域应用等方面尚有差距。

国务院于2015年5月发布的《中国制造2025》规划纲要提出力争通过三个十年的努力，到新中国成立一百年时，把我国建设成为引领世界制造业发展的制造强国。规划明确了十个重点领域的突破发展，即新一代信息技术产业、高档数控机床和机器人、航空航天装备、海洋工程装备及高技术船舶、先进轨道交通装备、节能与新能源汽车、电力装备、农机装备、新材料、生物医药及高性能医疗器械。稀土在这十个重点领域中都有十分重要而不可替代的应用。稀土产业链从矿石到原材料，再到新材料，最后到零部件、器件和整机，具有几倍，甚至百倍的倍增效应，给下游产业链带来明显的经济效益，并带来巨大的节能减排方面的社会效益。稀土应用对高新技术产业和先进制造业具有重要的支撑作用，稀土原材料应用与《中国制造2025》具有很高的关联度。

长期以来，发达国家对稀土的基础研究及前沿技术开发高度重视，并投入很多，以期保持在相关领域的领先地位。我国从新中国成立初开始，就高度重视稀土资源的开发、研究和应用。国家的各个五年计划的科技攻关项目、国家自然科学基金、国家"863计划"及"973计划"项目，以及相关的其他国家及地方的科技项目，都对稀土研发给予了长期持续的支持。我国稀土研发水平，从跟踪到并跑，再到领跑，有的学科方向已经处于领先水平。我国在稀土基础研究、前沿技术、工程化开发方面取得了举世瞩目的成就。

系统地总结、整理国内外重大稀土科技进展，出版有关稀土基础科学与工程技术的系列丛书，有助于促进我国稀土关键应用技术研发和产业化。目前国内外尚无在内容上涵盖稀土开采、冶炼分离以及应用技术领域，尤其是稀土在高新技术应用的系统性、综合性丛书。为配合实施国家稀土产业发展策略，加快产业调整升级，并为其提供决策参考和智力支持，中国稀土学会决定组织全国各领域著名专家、学者，整理、总结在稀土基础科学和工程技术上取得的重大进展、科技成果及国内外的研发动态，系统撰写稀土科学与技术方面的丛书。

在国家对稀土科学技术研究的大力支持和稀土科技工作者的不断努力下，我国在稀土研发和工程化技术方面获得了突出进展，并取得了不少具有自主知识产权的科技成果，为这套丛书的编写提供了充分的依据和丰富的素材。我相信这套丛书的出版对推动我国稀土科技理论体系的不断完善，总结稀土工程技术方面的进展，培养稀土科技人才，加快稀土科学技术学科建设与发展有重大而深远的意义。

中国稀土学会理事长
中国工程院院士 干勇
2016年1月

编者的话

稀土元素被誉为工业维生素和新材料的宝库,在传统产业转型升级和发展战略新兴产业中都大显身手。发达国家把稀土作为重要的战略元素,长期以来投入大量财力和科研资源用于稀土基础研究和工程化技术开发。多种稀土功能材料的问世和推广应用,对以航空航天、新能源、新材料、信息技术、先进制造业等为代表的高新技术产业发展起到了巨大的推动作用。

我国稀土科研及产品开发始于20世纪50年代。60年代开始了系统的稀土采、选、冶技术的研发,同时启动了稀土在钢铁中的推广应用,以及其他领域的应用研究。70~80年代紧跟国外稀土功能材料的研究步伐,我国在稀土钐钴、稀土钕铁硼等研发方面卓有成效地开展工作,同时陆续在催化、发光、储氢、晶体等方面加大了稀土功能材料研发及应用的力度。

经过半个多世纪几代稀土科技工作者的不懈努力,我国在稀土基础研究和产品开发上取得了举世瞩目的重大进展,在稀土开采、选冶领域,形成和确立了具有我国特色的稀土学科优势,如徐光宪院士创建了稀土串级萃取理论并成功应用,体现了中国稀土提取分离技术的特色和先进性。稀土采、选、冶方面的重大技术进步,使我国成为全球最大的稀土生产国,能够生产高质量和优良性价比的全谱系产品,满足国内外日益增长的需求。同时,我国在稀土功能材料的基础研究和工程化技术开发方面已跻身国际先进水平,成为全球最大的稀土功能材料生产国。

科技部于2016年2月17日公布了重点支持的高新技术领域,其中与稀土有关的研究包括:半导体照明用长寿命高效率的荧光粉材料、半导体器件、敏感元器件与传感器、稀有稀土金属精深产品制备技术,超导材料、镁合金、结构陶瓷、功能陶瓷制备技术,功能玻璃制备技术,新型催化剂制备及应用技术，燃料电池技术，煤燃烧污染防治技术，机动车排放控制技术，工业炉窑污染防治技术，工业有害废气控制技术，节能与新能源汽车技术。这些技术涉及电子信息、新材料、新能源与节能、资源与环境等较多的领域。由此可见稀土应用的重要性和应用范围之广。

稀土学科是涉及矿山、冶金、化学、材料、环境、能源、电子等的多专业的交叉学科。国内各出版社在不同时期出版了大量稀土方面的专著，涉及稀土地质、稀土采选冶、稀土功能材料及应用的各个方向和领域。有代表性的是1995年由徐光宪院士主编、冶金工业出版社出版的《稀土（上、中、下）》。国外有代表性的是由爱思唯尔（Elsevier）出版集团出版的"Handbook on the Physics and Chemistry of Rare Earths"（《稀土物理化学手册》）等，该书从1978年至今持续出版。总的来说，目前在内容上涵盖稀土开采、冶炼分离以及材料应用技术领域，尤其是高新技术应用的系统性、综合性丛书较少。

为此，中国稀土学会决定组织全国稀土各领域内著名专家、学者，编写《中国稀土科学与技术丛书》。中国稀土学会成立于1979年11月，是国家民政部登记注册的社团组织，是中国科协所属全国一级学会，2011年被民政部评为4A级社会组织。组织编写出版稀土科技书刊是学会的重要工作内容之一。出版这套丛书的目的，是为了较系统地总结、整理国内外稀土基础研究和工程化技术开发的重大进展，以利于相关理论和知识的传播，为稀土学界和产业界以及相关产业的有关人员提供参考和借鉴。

参与本丛书编写的作者，都是在稀土行业内有多年经验的资深专家学者，他们在百忙中参与了丛书的编写，为稀土学科的繁荣与发展付出了辛勤的劳动，对此中国稀土学会表示诚挚的感谢。

中国稀土学会
2016年3月

前　　言

　　稀土元素是指元素周期表中的镧系元素以及与其同属第三副族的钪（Sc）和钇（Y）等共 17 个元素。稀土元素具有外层电子结构相同、内层 4f 电子能级相似的电子层结构，因而包含了数目众多的能级，能级之间可以发生光吸收和光发射的跃迁数目众多，其能量传递的形式也数目众多，它们可以被高能射线、真空紫外、紫外线、可见光和红外光等很宽范围的射线所激发而发光，覆盖很宽的电磁波频谱。独特的电子结构赋予稀土化合物具有优异的光、电、磁、热等物理性能，由此形成了品种繁多、性能各异的新型功能材料。

　　稀土晶体材料是指以稀土元素为基质或以稀土元素为掺杂离子的人工晶体。根据材料的功能，稀土晶体可以划分为稀土激光晶体、稀土闪烁晶体、稀土非线性光学晶体和稀土磁光晶体，以及其他功能的晶体材料等。这是一类以单晶材料为基础发展起来的新型材料，材料的研发既涉及化学、结晶学、光学、光谱学、晶体物理等基础理论，又与材料的制备工艺、加工技术和实际应用等密切相关。随着研究工作的深入，一个又一个新晶体和新效应不断被发现，晶体的质量和尺寸记录不断被刷新。稀土晶体的应用已经扩展到信息、能源、医疗等事关国计民生和国家安全的多个领域，成为备受关注的核心材料。

　　随着对稀土晶体材料的深入开发和应用，大量研究成果不断涌现，为了及时搜集和整理已经取得的成果，促进稀土资源的高效利用，在中国稀土学会的组织下，本书作者基于自己多年来的工作积累和国内外同行的研究成果，对上述几类稀土晶体材料的发展历程、最新研究成果、材料制备中所涉及的工艺技术问题和应用前景等方面进行了系统的归纳和总结。其中第 1 章由中国科学院安徽光机所孙敦陆研究员和上海光机所杭寅研究员编写，第 2 章和第 3 章由中国科学院上海硅酸盐研究所任国浩研究员编写，第 4 章由中国科学院新疆理化所潘世烈研究员编写，第 5 章由中国科学院上海硅酸盐研究所武安华研究员编写。

本书论述力求简洁、通俗和实用，适合从事稀土晶体材料开发、制备和应用的科研、教学与生产技术人员参考。

在此感谢中国稀土学会和冶金工业出版社为本书的筹划和出版所给予的积极支持和大力帮助！

由于时间仓促和水平所限，书中可能会有疏漏或错误，期盼读者不吝批评、指正。

作　者
2018 年 5 月

目 录

1 稀土激光晶体材料 … 1

1.1 石榴石系列晶体 … 1
- 1.1.1 化学成分及晶体结构 … 1
- 1.1.2 基本物理性质 … 2
- 1.1.3 晶体生长 … 4
- 1.1.4 晶体缺陷 … 15
- 1.1.5 晶体性能及应用 … 21

1.2 稀土钒酸盐系列晶体 … 53
- 1.2.1 化学成分及晶体结构 … 53
- 1.2.2 基本物理性质 … 54
- 1.2.3 晶体生长 … 55
- 1.2.4 晶体缺陷 … 58
- 1.2.5 晶体性能及应用 … 59

1.3 钙钛矿系列晶体 … 62
- 1.3.1 化学成分及晶体结构 … 62
- 1.3.2 基本物理性质 … 63
- 1.3.3 晶体生长 … 64
- 1.3.4 晶体缺陷 … 64
- 1.3.5 晶体性能及应用 … 74

1.4 稀土钨酸盐系列晶体 … 80
- 1.4.1 化学成分及晶体结构 … 81
- 1.4.2 基本物理性质 … 82
- 1.4.3 晶体生长 … 82
- 1.4.4 晶体缺陷 … 84
- 1.4.5 晶体性能及应用 … 86

1.5 倍半氧化物系列晶体 … 88
- 1.5.1 化学成分及晶体结构 … 88
- 1.5.2 基本物理性质 … 89

1.5.3　晶体生长 …………………………………………………………………… 90
　　1.5.4　晶体缺陷 …………………………………………………………………… 91
　　1.5.5　晶体性能及应用 ……………………………………………………………… 92
1.6　稀土氟化物系列激光晶体 ……………………………………………………………… 93
　　1.6.1　化学成分及晶体结构 ………………………………………………………… 94
　　1.6.2　基本物理性质 ………………………………………………………………… 95
　　1.6.3　晶体生长 …………………………………………………………………… 96
　　1.6.4　晶体缺陷 …………………………………………………………………… 97
　　1.6.5　晶体性能及应用 ……………………………………………………………… 98
参考文献 ………………………………………………………………………………… 113

2　稀土氧化物闪烁晶体材料 …………………………………………………………… 133

2.1　稀土正硅酸盐系列闪烁晶体 …………………………………………………………… 133
　　2.1.1　硅酸钇 ……………………………………………………………………… 135
　　2.1.2　硅酸钆 ……………………………………………………………………… 137
　　2.1.3　硅酸镥和硅酸钇镥 …………………………………………………………… 141
　　2.1.4　晶体应用 …………………………………………………………………… 153
2.2　稀土焦硅酸盐系列闪烁晶体 …………………………………………………………… 153
　　2.2.1　焦硅酸镥晶体 ………………………………………………………………… 154
　　2.2.2　焦硅酸钆闪烁晶体 …………………………………………………………… 157
　　2.2.3　焦硅酸钇晶体 ………………………………………………………………… 162
　　2.2.4　焦硅酸钪晶体 ………………………………………………………………… 163
2.3　YAG-LuAG-GGAG 石榴石系列闪烁晶体 ………………………………………………… 163
　　2.3.1　晶体结构 …………………………………………………………………… 163
　　2.3.2　晶体生长 …………………………………………………………………… 165
　　2.3.3　闪烁性能 …………………………………………………………………… 168
2.4　YAP-LuAP-GAP 稀土钙钛矿系列闪烁晶体 ……………………………………………… 168
　　2.4.1　晶体结构 …………………………………………………………………… 169
　　2.4.2　相图与相稳定性 ……………………………………………………………… 169
　　2.4.3　基本物理性质 ………………………………………………………………… 170
　　2.4.4　晶体生长与晶体缺陷 ………………………………………………………… 171
　　2.4.5　晶体闪烁性能及掺杂效应 …………………………………………………… 172
参考文献 ………………………………………………………………………………… 176

3 稀土卤化物闪烁晶体材料 ································ 184

3.1 Ce^{3+}激活的稀土三卤化物闪烁晶体 ······················ 186
3.1.1 氟化铈晶体 ································ 187
3.1.2 溴化铈晶体 ································ 189
3.1.3 氯化镧晶体 ································ 191
3.1.4 溴化镧晶体 ································ 200
3.1.5 碘化镥晶体 ································ 202

3.2 Eu^{2+}掺杂的碱土金属卤化物闪烁晶体 ······················ 203
3.2.1 碘化锂（LiI∶Eu）闪烁晶体 ······················ 203
3.2.2 碘化锶（SrI$_2$∶Eu）闪烁晶体 ···················· 206
3.2.3 Eu^{2+}掺杂的复杂卤化物闪烁晶体 ·················· 209

3.3 钾冰晶石型闪烁晶体 ································ 211
3.3.1 晶体结构 ································ 211
3.3.2 发光性能 ································ 212
3.3.3 n/γ分辨能力 ································ 217

3.4 展望 ································ 218
参考文献 ································ 219

4 稀土非线性光学晶体材料 ································ 224

4.1 LCB 晶体 ································ 225
4.2 YAB 晶体 ································ 228
4.3 YCOB 和 GdCOB 晶体 ································ 232
4.4 其他新型稀土非线性光学晶体 ································ 235
4.5 稀土非线性光学晶体的典型应用 ································ 237
4.5.1 倍频和三倍频激光输出 ································ 237
4.5.2 激光自倍频输出 ································ 239
参考文献 ································ 241

5 稀土磁光晶体材料 ································ 247

5.1 引言 ································ 247
5.2 稀土与磁光效应 ································ 248
5.3 光通信用磁光晶体 YIG ································ 249
5.3.1 YIG 晶体结构 ································ 249
5.3.2 YIG 晶体生长 ································ 251

5.3.3　掺杂 YIG 晶体 ·················· 252
5.4　显示存储用磁光晶体 ················ 254
　5.4.1　TGG 晶体结构 ················ 254
　5.4.2　TGG 晶体生长 ················ 255
　5.4.3　其他 TGG 结构晶体 ············· 256
5.5　其他磁光晶体 ···················· 258
5.6　磁光器件及其应用 ················· 259
　5.6.1　磁光隔离器 ··················· 259
　5.6.2　磁光开关 ···················· 259
　5.6.3　磁光传感器 ·················· 260
　5.6.4　磁光光盘 ···················· 260
参考文献 ·························· 260

索引 ························· 263

1 稀土激光晶体材料

激光材料主要指激光工作物质，是激光器的核心部件。根据工作物质的状态不同，可有以下几种类型：气体、液体、固体、等离子体等。而固体激光工作物质由于具有优异的性能而成为激光材料发展的重点。

固体激光工作物质由基质材料和激活离子两部分组成。工作物质的各种物理化学性质主要由基质材料所决定，光谱性能主要由激活离子所决定。但是由于激活离子与基质材料之间存在相互作用，基质材料对工作物质的光谱性能，激活离子对工作物质的物理化学性质都有一定的影响，有时这种影响十分重要。作为激光器件的核心，激光工作物质的质量将直接影响到激光器件的性能。

以稀土离子为激活离子、敏化离子或基质中含稀土成分的激光晶体归为稀土激光晶体，激光晶体中大部分是稀土激光晶体。至1981年，336种获得激光输出的晶体中，有324种是稀土激光晶体。至1991年，实际使用的54种激光晶体中，有45种是稀土激光晶体。1993年，国际激光材料市场上作为商品出售的14种激光晶体中，有11种是稀土激光晶体。稀土激光晶体可以应用于所有激光运行方式：脉冲、调Q或连续，直接输出波长基本上从紫外覆盖到中红外（0.286~7.6μm）。

目前，在稀土元素中已实现激光输出的有Nd、Yb、Er、Ho、Tm、Ce、Dy、Pr、Sm、Eu、Tb共11个三价离子和Sm、Dy、Tm 3个二价离子。激光基质已从最初几种发展到常见的数十种，如石榴石、钒酸盐、钙钛矿、钨酸盐、倍半氧化物、氟化物等，是发展固体激光技术的支柱。下面将介绍这些常见稀土激光晶体材料的化学成分、晶体结构、基本物理性质、晶体生长、晶体缺陷、晶体性能及应用。

1.1 石榴石系列晶体

1.1.1 化学成分及晶体结构

石榴石结构晶体有着许多诱人的特性。通常，化学式为 $A_3B_2C_3O_{12}$（A=Y、Gd、Lu等，B=Al、Fe、Ga、Sc等，C=Al、Fe、Ga等）的石榴石晶体属立方晶系，点群为 O_h^{10}，空间群为Ia-3d，其中金属离子A、B和C分别占据24(c)、16(a)、24(d)位置，O离子占据96(h)位置[1]。根据C原子种类的不同，可分为三类主要的石榴石晶体：铝石榴石（如 YAG）、铁石榴石（如 YIG）和镓石榴石（如 YGG）。石榴石结构的晶体材料中许多是优良的固体激光基质，如目前常见的 $Y_3Al_5O_{12}$（YAG）、$Gd_3Ga_5O_{12}$（GGG）、$Lu_3Al_5O_{12}$（LuAG）、$Lu_3Ga_5O_{12}$（LuGG）、$Y_3Sc_2Ga_3O_{12}$（YSGG）、$G_3Sc_2Ga_3O_{12}$（GSGG）、$Y_3Sc_2Al_3O_{12}$（YSAG）等。其结构可以看作四面体、八面体和十二面体的连接网，示意图如图 1-1 所示。$24A^{3+}$、$16B^{3+}$ 和 $24C^{3+}$ 分别占据十二面体、八面体和四面体氧配位的中心位置。石榴石中的阳离子可以用其他阳离子进行置换，能形成品种极多、性能各异的科学技术上非常重要的各种石榴石晶体材料。

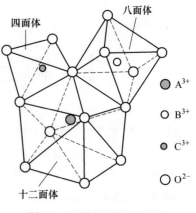

图 1-1 石榴石结构示意图

1.1.2 基本物理性质

激光工作物质的各种物理化学性质主要由基质材料所决定。基质晶体一方面是一个分散固定发光离子的"支架"，它使发光离子的相互作用不致太强，保证了激光发射所要求的线状谱特征；另一方面，它对激活离子光谱线的位移、分裂、加宽、能量转移以及辐射和无辐射过程起着重要作用。因此需要首先了解和掌握基质晶体的基本物理性能。

表 1-1 中列出了一些常见石榴石激光基质材料的基本物理性质。石榴石晶体有着优良的物理、化学和力学性能，高的热导率、硬度及光学质量，并且结构稳定，没有相变，很容易进行切割、抛光等加工。几种基质中，LuAG 的熔点最高，达到 2010℃；YAG 熔点稍低，约为 1950℃；GGG 熔点较低，比 YAG 低 230℃左右；GSGG 和 YSGG 熔点介于 YAG 与 GGG 之间。几种基质晶体的莫氏硬度接近，在 7~8.5 之间。YAG 晶体有着最高的热导率 [13W/(m·K)]，LuAG 的热导率 [9.6W/(m·K)] 次之。高的热导率对于激光晶体非常重要，有利于激光振荡过程中的散热，减小热效应的影响，提高激光工作时的重复频率和输出能量。YSGG 晶体的声子能量最低，低的声子能量有利于减小无辐射跃迁几率，降低激光阈值和提高激光效率。GGG 晶体的密度最高，热容量大，适合作为热容激光基质晶体。表 1-2 中列出了几种常见石榴石基质的塞米尔方程及系数[2~4]，可以计算出某种晶体在某个波长的折射率，在激光晶体元件镀膜时需要用到折射率值的大小。

表1-1 一些常见石榴石激光基质材料的基本物理性质

基质	YAG	GGG	GSGG	YSGG	LuAG
分子式	$Y_3Al_5O_{12}$	$Ga_3Ga_5O_{12}$	$Gd_3Sc_2Ga_3O_{12}$	$Y_3Sc_2Ga_3O_{12}$	$Lu_3Al_5O_{12}$
分子量	593.7	1012.2	962.8	757.8	852
熔点/℃	1950	1750	1820	1877	2010
密度/$g \cdot cm^{-3}$	4.55	7.09	6.44	5.20	6.72
莫氏硬度	8.25	7.5	7.1	约7	8.5
晶格常数/nm	1.2007	1.2373	1.2554	1.2426	1.1916
线膨胀系数/K^{-1}	8.2×10^{-6}	9.03×10^{-6}	7.4×10^{-6}	6.55×10^{-6}	8.8×10^{-6}
热导率/$W \cdot (m \cdot K)^{-1}$	13	9	6	6	9.6
折射率(1064nm)	1.82	1.95	1.94	1.92	1.82
声子能量/cm^{-1}	860	738	741	727	777
折射率温度系数 $(dn/dT)/℃^{-1}$	7.3×10^{-6}	17×10^{-6}	10.5×10^{-6}	7×10^{-6}	8.3×10^{-6}

表1-2 一些常见石榴石激光基质材料的塞米尔方程

基质	塞米尔方程（λ：μm）	系数		
YAG	$n^2 - 1 = \dfrac{A_1\lambda^2}{\lambda^2 - B_1} + \dfrac{A_2\lambda^2}{\lambda^2 - B_2} + \dfrac{A_3\lambda^2}{\lambda^2 - B_3}$	A_1 = 1.28040	A_2 = 1.00244	A_3 = 4.57401
		B_1 = 5.49568×10^{-3}	B_2 = 1.92189×10^{-2}	B_3 = 3.87058×10^{2}
GGG	$n^2 - 1 = \sum_{i=1}^{3} A_i\lambda^2/(\lambda^2 - L_i^2)$	A_1 = 1.7727	A_2 = 0.9767	A_3 = 4.9668
		L_1 = 0.1567	L_2 = 0.01375	L_3 = 22.715
GSGG	$n^2 = 1 + \dfrac{S\lambda^2}{\lambda^2 - \lambda_0^2}$	S = 2.734	λ_0 = 0.1321	
YSGG	$n^2 = 1 + \dfrac{S\lambda^2}{\lambda^2 - \lambda_0^2}$	S = 2.628	λ_0 = 0.127071	
LuAG	$n^2 - 1 = \dfrac{A_1\lambda^2}{\lambda^2 - B_1} + \dfrac{A_2\lambda^2}{\lambda^2 - B_2} + \dfrac{A_3\lambda^2}{\lambda^2 - B_3}$	A_1 = 1.47199	A_2 = 0.845642	A_3 = 3.82124
		B_1 = 6.21359×10^{-3}	B_2 = 2.00432×10^{-2}	B_3 = 3.30483×10^{2}

续表 1-2

基质	塞米尔方程（λ：μm）	系	数	
		A	B	C
GYSGG	$n^2 = A + \dfrac{B}{\lambda^2 + C} - D\lambda^2$	3.49189	0.11634	7.578×10⁻²
		D		
		1.498×10⁻²		

1.1.3 晶体生长

1.1.3.1 YAG 系列激光晶体

相图是晶体生长的理论指南，对晶体生长和晶体性能的预测有着重要的指导意义。图 1-2 为 Y_2O_3-Al_2O_3 的二元相图。从中可看出 YAG 属化学计量比化合物，熔点在 1950℃ 左右。YAG 系列晶体的生长方法通常采用提拉法，另外还有布里奇曼法和导向温度梯度法等。

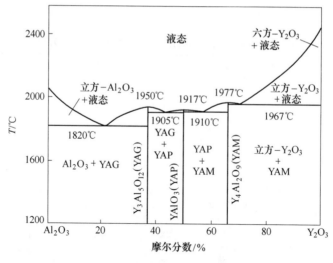

图 1-2 Y_2O_3-Al_2O_3 二元相图

A　提拉法

提拉法又称为切克劳斯基法，它是 1918 年由切克劳斯基（Czochralski）建立起来的一种晶体生长方法，简称 CZ 法。基本原理是在合理的温场下，将装在籽晶杆上的籽晶下端下到熔化的原料中，籽晶杆旋转的同时缓慢地向上提拉，经过缩颈、扩肩、转肩、等径、收尾、拉脱等几个工艺阶段生长出晶体。图 1-3 是提拉法晶体生长装置示意图。

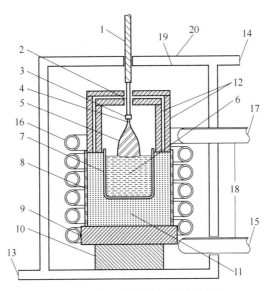

图 1-3 提拉法晶体生长装置示意图

1—刚玉陶瓷杆；2—铱金籽晶杆；3—铱销；4—籽晶；5—晶体；6—熔体；7—铱金坩埚；
8—石英玻璃筒；9，10—氧化铝底座；11—氧化锆保温沙；12—坩埚上部（内、外）保温罩；
13—炉腔冷却水进水口；14—炉腔冷却水出水口；15—中频感应线圈冷却水进水口；16—中频感应线圈；
17—中频感应线圈冷却水出水口；18—中频感应线圈外接中频电源；19—炉腔内壁；20—炉腔外壁

提拉法晶体生长有以下优点：（1）在生长过程中，可以方便地观察晶体的生长情况；（2）晶体在熔体的自由表面处生长，而不与坩埚相接触，这样能显著减小晶体的应力并防止坩埚壁上的寄生成核；（3）可以方便地使用定向籽晶与"缩颈"工艺，得到完整的籽晶和所需取向的晶体。提拉法的最大优点在于能够以较快的速率生长较高质量的晶体。缺点：（1）坩埚材料对晶体可能产生污染；（2）熔体的液流作用、传动装置的振动和温度的波动都会对晶体的质量产生影响。

1964 年 Linares 首先用提拉法成功地生长出了激光用 $\phi10mm\times40mm$ 的 Nd：YAG 晶体[5]。从 1965 年到 1968 年，Cockayne[6~8]曾发表过一系列文章，讨论用提拉法生长 YAG 的开裂、位错及应力等问题。20 世纪 90 年代，国外用自动化晶体生长设备，已批量生产出 $\phi75mm$ 的 Nd：YAG 晶体；随后不久，$\phi100mm$ 的 Nd：YAG 晶体又相继问世。国内开展 Nd：YAG 晶体生长较早的单位主要有中科院上海光机所、中科院安徽光机所、中电 11 所及成都东骏激光股份有限公司等。图 1-4 是安徽光机所采用感应加热提拉法生长的纯 YAG 晶体，尺寸达到 $\phi90mm\times130mm$。图 1-5 是生长的 $\phi40mm\times130mm$ 的 Yb：YAG 晶体。图 1-6 是生长的 $\phi90mm\times150mm$ 的 Nd：YAG 晶体。图 1-7 是生长的 $\phi70mm\times160mm$ 的 Cr，Tm，Ho：YAG 晶体。

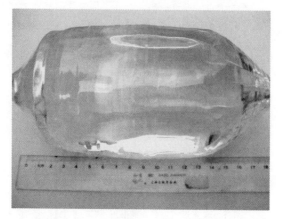

图 1-4　生长的 ϕ90mm×130mm 纯 YAG 晶体

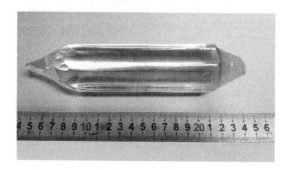

图 1-5　生长的 ϕ40mm×130mm Yb∶YAG 晶体

图 1-6　生长的 ϕ90mm×150mm Nd∶YAG 晶体

通常采用熔体提拉法容易生长出较高质量的 YAG 系列晶体。Nd∶YAG 晶体是当前综合性能最优良的激光材料。然而，当前最大的难题是如何获得更大尺寸及更高均匀性的高质量 Nd∶YAG 晶体。

由于 Nd^{3+} 与 Y^{3+} 离子半径相差较大，因此 Nd^{3+} 在 YAG 晶体中的分凝系数较小，仅约为 0.2[9]，导致生长出的晶体头尾浓度相差较大。为了提高 YAG 中 Nd 离子的浓度均匀性，Katsurayama 等人[10]在提拉法中采用了双坩埚和自动加料系统，图 1-8 为配备自动粉料添加系统的晶体生长装置示意图。在生长过程中不断向熔体中添加低浓度的粉料，使熔体中 Nd^{3+} 的浓度基本不变。最终获得了浓度均匀的 Nd∶YAG 晶体，其头尾浓度偏差（原子分数）在±0.02%以内，同时将熔体的析晶率提高到了 30%。

图 1-7　生长的 ϕ70mm×160mm Cr,Tm,Ho∶YAG 晶体

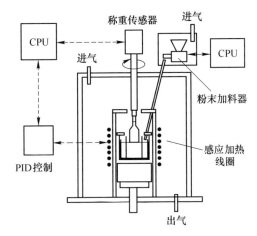

图 1-8　配备自动粉料添加系统的晶体生长装置示意图

B　布里奇曼法

布里奇曼法是一种典型的熔体生长法，一般分为垂直和水平布里奇曼法两种，垂直布里奇曼法又称为坩埚下降法，是从熔体中生长晶体的一种方法。通常坩埚在结晶炉中下降，通过温度梯度较大的区域时，熔体在坩埚中自下而上结晶为整块晶体。这个过程也可用结晶炉沿着坩埚上升方式完成。图 1-9 为坩埚下降法晶体生长炉的结构示意图。

垂直布里奇曼法的优点有：（1）与提拉法比较，该方法可采用全封闭或半封闭的坩埚，成分容易控制；（2）由于该方法生长的晶体留在坩埚中，因而适于生长大块晶体，也可以一炉同时生长几块晶体；（3）工艺条件容易掌握，易于实现程序化、自动化。缺点有：（1）不适于生长在结晶时体积增大的晶体，生长的晶体通常有较大的内应力；（2）在晶体生长过程中也难于直接观察，生长周期比较长。

水平布里奇曼法是由 Barnacapob 研制成功的一种制备大面积定型薄片状晶体的方法。其结晶原理如图 1-10 所示，将原料置于舟型坩埚中，使坩埚水平通过加热区，原料熔化并结晶。为了能够生长有严格取向的晶体，可以在坩埚顶部的籽晶槽中放入籽晶来诱导生长。

水平布里奇曼法特点是：（1）开放式的坩埚便于观察晶体的生长情况；（2）由于熔体的高度远小于其表面尺寸，有利于去除挥发性杂质，另外还有利于降低对流强度，提高结晶过程的稳定性；（3）开放式的熔体表面使在结晶的任意阶段向熔体中添加激活离子成为可能；（4）通过多次结晶的方法，可以对原料进行化学提纯。图 1-10 是水平布里奇曼法生长装置原理图及生长的晶体。

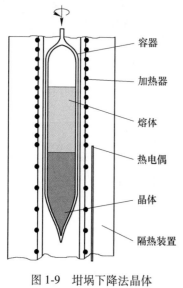

图 1-9　坩埚下降法晶体生长炉的结构示意图

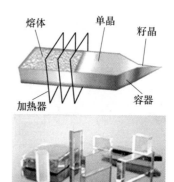

图 1-10　水平布里奇曼法生长装置原理图及生长的晶体

C　导向温度梯度法

导向温度梯度法（TGT）是以定向籽晶诱导的熔体单结晶方法。图 1-11 是 TGT 晶体生长装置结构示意图。其温场主要靠调整石墨发热体、Mo 保温屏、Mo 坩埚的形状和位置、发热体的功率以及循环冷却水的流量来调节，使之自下向上形成一个合适的温度梯度。

TGT 与提拉法相比，有以下特点：（1）晶体生长时温度梯度与重力方向相反，并且坩埚、晶体和发热体都不移动，这就避免了热对流和机械运动产生的熔体涡流；（2）晶体生长以后由熔体包围，仍处于热区，这样就可以控制它的冷却速度，减少热应力，而热应力是产生晶体裂纹和位错的主要因素；（3）晶体生长时，固-液界面处于熔体包围之中，这样熔体表面的温度扰动和机械扰动在到达固-液界面以前可被熔体减小以致消除，对生长高质量的晶体起到很重要的作用。中科院上海光机所早在20世纪80年代就采用温度梯度法[11]成功生长出φ80mm×120mm的中间无核心Nd：YAG晶体，如图1-12所示，晶体具有较高的光学均匀性。

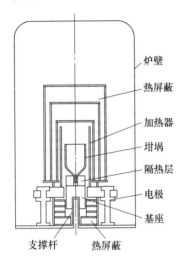

图1-11　TGT晶体生长装置结构示意图　　　图1-12　温度梯度法生长的Nd：YAG晶体

1.1.3.2　GGG系列激光晶体

图1-13所示的Ga_2O_3-Gd_2O_3二元相图[12]，钆镓石榴石$Gd_3Ga_5O_{12}$（GGG）是一致熔融化合物，熔点大约为1750℃，存在较宽的一致熔融范围（Ga_2O_3的摩尔分数在55.8%～62.5%之间）。通常采用传统的提拉法就可以获得大尺寸的GGG衬底单晶及激光晶体。1964年，Linares[5]详细描述了GGG晶体的提拉法生长，采用生长的Nd：GGG晶体实现的激光运转具有较小的激光阈值和光束发散角，说明晶体质量良好。同年，Geusic等人[13]报道采用助熔剂法实现了原子分数为3%Nd：GGG的单晶生长，该晶体在钨灯泵浦下实现了激光振荡，但是晶体质量还有待进一步提高。1972年，Brandle等[14]采用提拉法生长了稀土镓石榴石晶体，并给出了各种固熔体生长的最佳拉速和转速以及多种稀土镓石榴石的熔点。1974年，Allibert等人[15]通过质谱法获得了Gd_2O_3-Ga_2O_3（Ga_2O_3的原子分数变化范围：0.4%～1%）体系的平衡相图，表明GGG相区较宽，晶体生长过程中不易出现组分偏离，可实现快速晶体生长。1976年，Cockayne等人[16]在GGG晶体生长过程中发现界面反转，此现象可反映在晶体质量和温度的变化上，而界面反转时晶体的直径与其生长的转速几乎成线性相关。随后，Carruthers等人[17]也报道在提拉法生长GGG晶体的过程中存在界面反转，且转速越小以及温度梯度越大，生长过程中出现界面反转的晶体直径越大。1978年，Brandle[18]通过提拉法获得了76.2mm（3in）、位错密度小于$1cm^{-2}$的高质量GGG晶体。1984年，Nicolas等

人[12] 完善了 Gd_2O_3-Ga_2O_3 体系的相图,包括该体系的平衡相图以及熔体温度高于临界温度 T_c 时的亚稳相图,并指出 $GdGaO_3$ 组元仅存在于亚稳相图中,如图 1-13 所示。我国西南应用磁学研究所曾在 1988 年也报道了 ϕ55mm×250mm GGG 单晶的生长[19]。

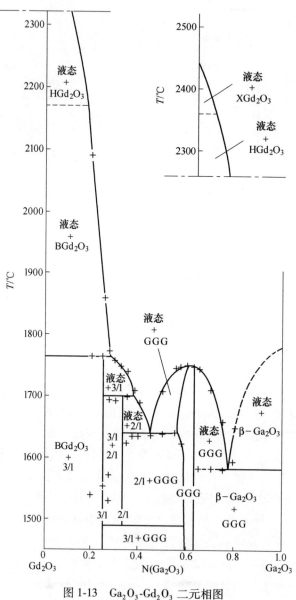

图 1-13 Ga_2O_3-Gd_2O_3 二元相图

2002 年,美国 Livermore 实验室公开报道了直径达 152.4mm(6in) 的高质量 Nd:GGG 单晶,并提出为了实现 100kW 热容激光的输出,计划的晶体尺寸达

203.2mm（8in）[20]。伊朗激光科技国家中心、伊朗激光与光学研究所以及印度 Zimik 等人[21~24]也陆续报道了大尺寸 Nd：GGG 晶体生长的相关工作。在国内，山东大学晶体材料研究所、长春理工大学、中科院安徽光机所、华北光电技术研究所等单位也开展了 Nd：GGG 晶体生长的研究工作。安徽光机所在国家及科学院项目的资助下，制备的 Nd：GGG 口径已经达到了 φ145mm，并实现了 500Hz、10kW 激光输出，是当时国内报道的最好水平，为我国的高功率大能量激光技术的研究和发展做出了贡献。图 1-14 是生长的 Nd：GGG 晶体及加工成的盘片激光元件。山东大学陶绪堂教授课题组[25]曾于 2007 年报道生长了直径达 127mm（5in）的 Nd：GGG 晶体，如图 1-15（a）所示，并实现了单块晶片重复频率 500Hz、平均功率 3kW 的热容激光输出。2010 年，他们又采用自主研制的提拉设备，成功生长了直径达 190mm 的高质量 Nd：GGG 晶体[26]，晶体照片如图 1-15（b）所示。

图 1-14 生长的 Nd：GGG 晶体及加工成的盘片激光元件

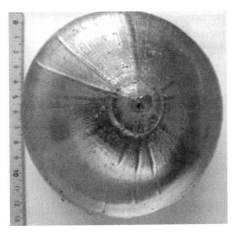
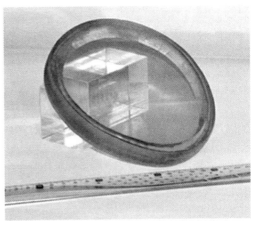

(a)   (b)

图 1-15 生长的 Nd：GGG 晶体照片
（a）直径 127mm 晶体；（b）直径 190mm 盘片

要生长出大尺寸优质 Nd：GGG 晶体，需解决一系列关键技术问题，包括高纯原料的处理，建立大容量的铱金坩埚及其配套的加温、保温装置，优化温场设计及升温、恒温、降温工艺，解决晶体生长过程中 Ga 组分的挥发问题，改善大尺寸晶体的光学均匀性及减少缺陷，解决晶体生长和加工过程中的开裂问题等。克服 Ga 挥发是生长 Nd：GGG 晶体中的重要问题。采用氩气和加入适量的氧气可以减小一些 Ga 的挥发。另外，采用湿化学法在分子水平上合成 Nd：GGG[27]，在较低温度下烧结形成 Nd：GGG 多晶，也能较好地减少 Ga 的挥发，但是这种方法的缺点是容易引进其他杂质。在晶体生长保温装置中，采用特殊的结构，尽可能减少坩埚上部气氛的对流是减少镓挥发的有效途径。

1.1.3.3 GSGG、YSGG 系列激光晶体

1976 年，Kaminskii 等首次报道了 Nd：GSGG[28]。由于 Ga 的熔点低，容易挥发，而且在 GGG 晶体中含有 Ga 的原子数为 5，因此给晶体生长带来了一定的困难。用一部分 Sc 替代 Ga 的 GSGG 及 YSGG 晶体，不仅可以增大晶格常数，而且由于晶体中 Ga 含量的减少，也更容易生长出高质量的晶体，例如，在 1988 年，便有了生长出尺寸达 ϕ9.5cm×20cm 的质量优良的 Nd，Cr：GSGG[29] 的报道。由于 Sc 原料非常昂贵，以 20 世纪 80 年代初为例，整个美国每年消费的 Sc 原料少于 5kg。人们用 Ca、Mg、Zr 取代 Sc 生长 CaMgZr：GGG 以得到大晶格常数晶体[30]，然而 CaMgZr：GGG 晶体的生长极易导致开裂。近年来，由于提纯技术的进步，Sc 原料的价格有了较大幅度的下降，因此使含钪石榴石晶体的研究和应用又重新得到了重视[31,32]。自 2000 年以来，中科院安徽光机所开展含钪石榴石晶体的生长及性能研究[33,34]，图 1-16 是生长的纯 GSGG 晶体，图 1-17 是生长的 Yb，Er，Ho：GSGG 晶体，图 1-18 显示了生长的 Er：YSGG、Cr，Er：YSGG 晶体及加工的激光棒。

图 1-16　生长的纯 GSGG 晶体　　　图 1-17　生长的 Yb,Er,Ho：GSGG 激光晶体

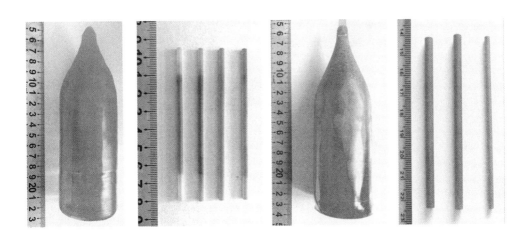

图 1-18　生长的 Er∶YSGG 和 Cr,Er∶YSGG 晶体及加工的激光棒

通过设计特殊的晶体生长温场和保温装置，目前 Ga_2O_3 的挥发已得到了非常好的抑制，在不断优化晶体生长参数，如拉速、转速等的同时，也掌握了成熟的退火工艺。因此，目前中科院安徽光机所已能稳定生长出高光学质量 Er^{3+} 掺杂的含镓钪石榴石系列激光晶体，晶体尺寸可达到 $\phi 55mm \times 110mm$，并能加工出 $\phi(2\sim6)mm\times(80\sim110)mm$ 的激光棒或各种不同尺寸的块状晶体元件。

1.1.3.4　GYSGG 系列晶体

GYSGG（$Gd_x Y_{3-x} Sc_2 Ga_3 O_{12}$）是 GSGG 与 YSGG 的混晶共溶体，$x$ 可以取 0~3 之间的任意值。2000 年以来，针对大晶格常数衬底及空间应用抗辐射激光晶体的需要，中科院安徽光机所及其合作单位开展了这方面的研究工作。图 1-19 是中电 26 所的 JGD-60 型上称重晶体提拉炉。图 1-20 是用提拉法成功生长出的优质 GYSGG，尺寸为 $\phi 32mm\times 60mm$[35]。

不掺杂的 GYSGG 可以用做制备衬底基片，在 GYSGG 中掺入激活离子后可以用于激光工作物质，图 1-21~图 1-25 是用提拉法生长得到的 Nd∶GYSGG 和 Er∶GYSGG 系列激光晶体。

图 1-19　上称重晶体提拉炉

图 1-20 生长的 GYSGG($Gd_{0.63}Y_{2.37}Sc_2Ga_3O_{12}$) 晶体

图 1-21 生长的 Nd:GYSGG 晶体

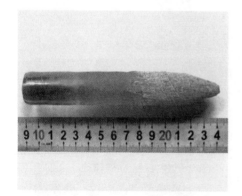

图 1-22 生长的 Er:GYSGG 晶体

图 1-23 生长的 Er,Pr:GYSGG 晶体

图 1-24　生长的 Cr,Er,Pr：GYSGG 晶体　　图 1-25　生长的 Yb,Er,Ho：GYSGG 晶体

1.1.4　晶体缺陷

晶体缺陷是普遍存在的，它对晶体结构的完整性和周期性起着破坏作用，电子波或光波在传播过程中遇到缺陷时会发生散射，从而改变晶体的电学或光学性质。采用提拉法从熔体中生长晶体，由于原料纯度、生长环境以及生长工艺等环节中一些因素的影响，晶体内部往往存在很多类型的缺陷，包括点缺陷、线缺陷、面缺陷以及体缺陷等。这些缺陷通常会对晶体的性能带来各种各样的影响。对于激光晶体而言，缺陷的存在通常不利于激光输出及激光效率的提高，严重时会造成晶体自身损伤。因此常根据晶体中是否存在缺陷以及缺陷的类型和种类来判断晶体的质量。研究晶体缺陷和晶体生长工艺之间的相互联系以及晶体内部缺陷对晶体性能的影响，将有利于优化并完善晶体生长工艺，使得晶体在最佳条件下生长，从而可减少或消除缺陷的产生，获得少缺陷或无缺陷的高质量晶体材料，扩大其应用范围。

1.1.4.1　Nd：YAG 系列晶体

掺钕石榴石熔体有如下特点：熔点高、熔体黏度大、结晶潜热大、激活离子 Nd 在钇铝石榴石晶体基质中的分凝系数小，容易产生组分过冷。所以无论用电阻加热还是感应加热生长，温度场的设计和温度稳定的控制是生长出优质 Nd：YAG 晶体的关键。晶体中散射颗粒的存在是影响晶体质量的主要原因，在生长过程中云层和核心也是最容易产生的缺陷。

Nd：YAG 晶体中散射颗粒是晶体中常见的一种宏观缺陷。当晶体受到光束的照射时，其内部存在的散射颗粒将会对部分入射光发生散射，改变该部分入射光的传播方向，从而导致入射光在晶体内部的透过率降低，也就是说晶体内部散射颗粒的存在会产生较大的光散射损耗。因此，散射颗粒的存在会对晶体的透光能力、透光范围、光输出以及能量分辨率等性能带来严重的影响，这对激光晶体来说，影响更为严重，将导致激光输出阈值增大，激光输出效率和功率降低，严重者将导致作为工作物质的激光晶体自身损伤。各种形状颗粒可分为四类：(1) 固体颗粒，多呈现有规则形状的金属颗粒和具有一定应力的无定形颗粒；(2) 液体颗粒，由组分过冷形成的液体包裹物；(3) 气体颗粒，球形气体包裹体；(4) 线状散射体，用超显微观察法观察到各种奇异形状的线状散射体，如封闭环螺线形、锯齿形和延伸到整个晶体的直线，这是由于杂质在位错附近沉积缀饰引起的。散射颗粒产生的主要原因是坩埚材料、加热材料对熔体的污染和生长工艺条件的突变；而在正常情况下，生长所用原料中的杂质浓度和可能的组分偏析影响不大。熔体中的杂质被正在生长的晶体捕获存在一临界生长速度，而临界生长速度与颗粒的大小、热导率等有关。当晶体生长速度或转速、温度的波动使实际生长速度达到一临界生长速度时，对应的颗粒即被捕获，最后形成晶体中的散射颗粒。

云层的形成原因主要是 Nd^{3+} 与 Y^{3+} 半径不一样，产生空间位置效应，Y^{3+} 离子不易为 Nd^{3+} 离子所取代，Y^{3+} 离子又不生成石榴石相，因而 Nd^{3+} 分凝系数比较小，如果排杂作用不通畅，容易产生组分过冷，会在晶体中形成 Nd^{3+} 析出物富集层，即云层或失透。图 1-26 为生长 Nd∶YAG 晶体时熔体对流情况的比较。当温度波动、熔体中温度梯度较小、生长速度过快或温度场不合适时云层（Nd 析出物的富集层）甚为严重。如果熔体中的温度梯度比较大，就可以"掩蔽"组分过冷，减少云层形成的可能性。云层的出现是宏观的缺陷，它严重地破坏晶体的完整性、透明度和晶体的尺寸。消除方法可采用：(1) 降低生长速度是目前一个有

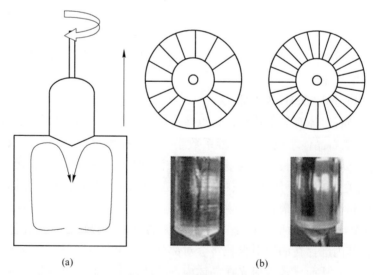

图 1-26　生长 Nd∶YAG 晶体时熔体对流情况的比较
(a) 对流侧面观测图；(b) 对流顶部观测图

效的办法，降低生长速度可使单位时间返回熔体的 Nd^{3+} 离子量减少，即减少了固液界面附近 Nd^{3+} 离子浓度，从而减小 Nd^{3+} 离子引起的组分过冷，消除云层；（2）也有人试验在生长 Nd：YAG 晶体时同时掺杂三价稀土离子 Gd^{3+} 或 Lu^{3+}，想以尺寸补偿来提高 Nd^{3+} 离子在钇铝石榴石晶体中的分凝系数，以利于消除云层和提高 Nd^{3+} 离子在钇铝石榴石中的浓度。

核心是指晶体中沿中轴存在的一个折射率较高的部分，图 1-27 是高浓度掺杂 Nd：YAG 晶体截面干涉图，从图中可看到存在明显的核心分布。造成内核的原因是由于小晶面的形成。在晶体生长过程中，强迫生长系统的弯曲生长界面上出现的平坦区域称为小面，这是晶体生长各向异性的表现。由于一般来说生长界面是非单一晶面，既存在奇异面又存在非奇异面，而两种界面的生长机制和动力学规律是不相同的，要获得同样的生长速率，两种界面所需的过冷度也不相同，因此奇异面和非奇异面不可能出现在同一等温面上，从而导致小面的形成。由于杂质容易在小面上沉积，因此小面在晶体中常会形成一个几乎从籽晶延伸到晶体底部的管状缺陷，有时这种缺陷也被称为中心管道缺陷、中心髓或内核。小面往往发生于凝固等温线的平行于低指数晶面部分。要避免小晶面的形成，必须变更凝固等温线的形状，使其不与小面的平面平行。譬如，过分陡锐的固液界面，可限制小晶面只形成在近晶体中心的极小范围内；或者索性使等温线成为平坦形，从而产生一个几乎平面的固液界面，可完全遏止小晶面。在温度梯度法中，由于界面较平，还可以采用 ⟨001⟩ 方向生长晶体来进一步抑制核心的形成。无论温度梯度法和提拉法均不宜采用 ⟨110⟩ 方向生长，因为除了（112）小面外，还有

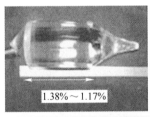
1.38%～1.17%

1.3% Nd：YAG

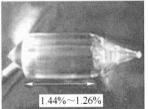
1.44%～1.26%

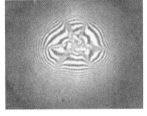
1.4% Nd：YAG

(a)   (b)

图 1-27　高浓度掺杂 Nd：YAG 晶体截面干涉图
(a) 1.3%和 1.4% Nd：YAG 浓度；(b) Zygo 干涉图

(110) 小面,其与生长方向的夹角为0°,即无论界面为何形状,都会产生核心。

由于提拉法 Nd:YAG 存在核心,限制了晶体的实用尺寸,而且为了保证晶体中 Nd^{3+} 浓度的均匀性,需要控制析晶率(国外一般控制在20%,国内一般在35%~40%),这就需制作更大容量的铱坩埚,必须增大投资。此外,提拉法要完全消除核心在技术上又存在很大的障碍。

1.1.4.2 GGG 系列晶体

缺陷情况通常因晶体而异,GGG、GSGG 系列晶体的掺杂不同,有很多种类,虽然它们都可以在近平界面下生长,但是要生长大尺寸的 Nd:GGG 和 Nd:GSGG 系列晶体时,仍然面临着许多挑战。最常见、同时危害最大的缺陷主要有四个方面:(1) 包裹物及散射;(2) 小面生长及位错;(3) 螺旋生长;(4) $1\mu m$ 波段的吸收损失。

1972 年,Brandle 等人[14]指出在稀土镓石榴石晶体中通常存在钆镓低氧化物颗粒、Gd_2O_3 晶体和铱金颗粒等包裹物,钆镓低氧化物颗粒主要是由原料 Ga_2O_3 的高温分解物 Ga_2O 引起的。这些包裹物会形成散射点,严重影响晶体质量,通常采用 He-Ne 激光或 532nm 激光照射来检查晶体中的散射点。一般来说,作为基片衬底和激光元件使用时,应首先挑选出无散射部位。减少此类缺陷的一个有效途径是调节生长气氛的氧气含量,当氧分压为 2% 时,可获得高质量单晶。当生长炉中的水蒸气浓度高时,IrO_2 的反应、挥发严重,故生长中应降低炉中空气的水蒸气含量。此外提高原料的纯度,减少配料、装炉及生长等过程中引入的污染对于减少此类缺陷也是非常重要的。

Glass[36] 采用 X 射线技术对 GGG 晶体中的小面进行了详细研究。当采用<111>方向籽晶生长 GGG 晶体时,晶体中通常存在核心和侧心现象,它们分别对应于 {211} 和 {110} 的小面生长。核心和侧心对晶体质量危害极大,处于该区域的晶体位错密度大,溶质分布不均匀,并且存在应力场分布,另外,对应的晶胞参数也与非小面区域有差异。后来,Matthews 等人[37~39]也研究了 GGG 晶体中的位错缺陷,相关研究方法包括光学双折射和染色等,结果表明部分位错是由于包裹物引起的。王召兵等人[40]对 Nd:GGG 晶体的应力、包裹物及位错等缺陷进行了研究,认为晶体中存在的包裹物主要是由于温度波动造成生长界面不稳引起的,液体包裹由富镓相组成,随着温度的下降在晶体内形成空洞;晶体不同晶面显露的位错的形貌不同,与晶体的结构和位错的类型有关,通过改进炉内温场结构和生长工艺,控制升温、降温程序以及退火等处理,可得到高质量的晶体。此外,Cockayne 等人[41]指出 GGG 晶体中的位错密度与固液界面的形状相关,而且在晶体生长过程中,小面能够限制位错的延伸,从而获得无位错晶体。另外,Takagi 等人[42]在 GGG 晶体中观察到生长条纹,且它们呈现周期性分布。这是因为在实验过程中,螺旋电位器产生的信号会发生变化,从而导致功率周期性波动,最终影响晶体生长过程。但当功率波动小于 1% 时，可获得无生长条纹的晶体。

很早以前人们就发现，GGG 会以螺旋形而非圆柱形生长。如何解决这一问题，人们做了许多工作。例如，在生长 GSGG 时，加入 $(20\sim40)\times10^{-4}\%$（质量分数）的 Ca 离子，或者加入 Mg、Sr、Mn、Ni 离子都可有效地抑制这一现象。但加入 4 价的 Si、Zr、Th 则会增加 GSGG 的螺旋生长倾向性。1981 年，Naumowicz 等人[43]对 GGG 晶体的螺旋生长机制进行了深入研究，发现螺旋生长的出现与籽晶缺陷以及晶体中的杂质无关，主要在于温场不对称，同时，当强迫对流强于自然对流时，螺旋生长现象更加明显。螺旋生长通常发生在大坩埚情形，在小坩埚情况下通常不存在或很少，可能是由于用大坩埚生长时，晶体周围的温度梯度低的缘故。一个解决的办法就是在晶体生长的过程中，提升坩埚位置以保持温度梯度[44]。在熔体中添加抑制离子和在生长过程中提升坩埚结合起来，会得到更好的效果。

实验发现 $1\mu m$ 的吸收损失正比于 Ca 离子含量。在 GSGG 中掺入 Mg 也会引起 $1\mu m$ 的吸收中心出现。总之，$1\mu m$ 的吸收损失具有以下特征：吸收中心仅当含有 Cr 离子时出现；Ca、Mg 加入时，吸收中心出现；掺 4 价离子尤其如 Si、Zr，可降低 $1\mu m$ 的吸收损失；Stokowski[29]提出了一个 $1\mu m$ 吸收损失的模型，认为 $1\mu m$ 的吸收损失是由 Cr^{4+} 所引起的。所以，抑制 Cr^{4+} 离子，可抑制 $1\mu m$ 的吸收。实验还发现，加入 CeO_2 达 $200\times10^{-4}\%$（质量分数），不增加晶体的螺旋生长倾向，但此时 $1\mu m$ 吸收中心不再出现。另外，在还原气氛下退火，也有助于消除 GSGG 的 $1\mu m$ 吸收。当晶体的直径大于 13cm 时，含 Ce 的 GSGG 晶体出现开裂。但在不含 Ce 的 GSGG 中则不出现此情况。此原因目前尚不清楚。

1.1.4.3 GYSGG 晶体

GYSGG 晶体作为激光基质时，其缺陷类型与 GGG 系列晶体相似，作为新型基片衬底材料，晶格完整性及位错等微观缺陷对晶体质量也有重要影响。图 1-28 为 GYSGG 晶体三个不同结晶面的 X 射线摇摆曲线，选用了晶体基片通常使用的 (111)、(110) 和 (100) 三个结晶面。从图中可看出三个曲线均为单一衍射峰，表明晶体为单晶，没有孪晶成分，其次，衍射曲线形状较为对称而且衍射强度半高宽仅分别为 $1.1'$、$0.8'$ 和 $0.9'$，这些表明所生长的 GYSGG 晶体具有良好的结晶完整性，适合制作用于磁泡衬底的晶体基片。

图 1-29 是 GYSGG 晶体三个不同结晶面的位错腐蚀图，可看出不同晶面位错腐蚀坑的大小和形状是不同的，(111)、(110) 和 (100) 结晶面的位错形状分别为三角形漏斗状、菱形漏斗状和正方形漏斗状，与 Nd：GGG 晶体的位错腐蚀坑形状相同[40]。用 Crystlmaker 2.3 软件得到了从 GYSGG 晶体三个结晶方向观察的原子排列示意图，如图 1-30 所示。可看出 (111)、(110) 和 (100) 面位错腐蚀坑的形状与晶体结构对称性是一致的。多次重复实验表明，(111) 和

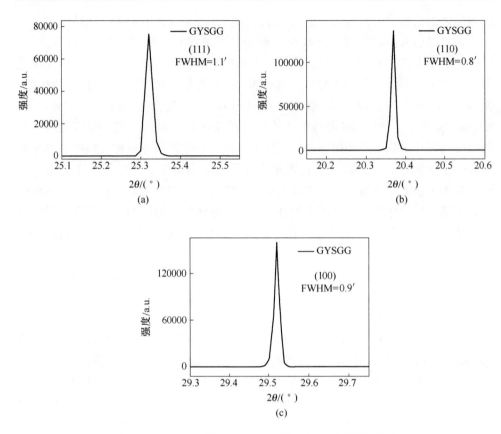

图 1-28　GYSGG 晶体三个不同结晶面的 X 射线摇摆曲线
(a)（111）结晶面；(b)（110）结晶面；(c)（100）结晶面

（110）面的位错腐蚀坑很容易观察，（100）面的位错腐蚀坑不容易被观察到。选用优质籽晶及采用缩颈工艺等措施可以减少晶体中的位错密度。

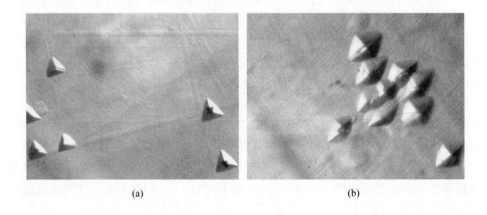

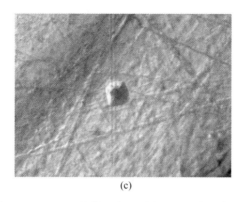

图 1-29 GYSGG 晶体三个不同结晶面的位错腐蚀图
(a)(111)结晶面；(b)(110)结晶面；(c)(100)结晶面

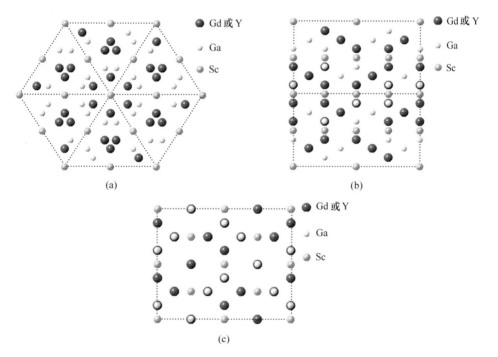

图 1-30 GYSGG 晶体沿不同结晶方向观察的原子分布示意图
(a)<111>结晶方向；(b)<110>结晶方向；(c)<100>结晶方向

1.1.5 晶体性能及应用

1.1.5.1 基片衬底材料

不掺杂的 YAG、GGG、YSGG、LuAG、GSGG、GYSGG 等纯基质可作为外延

衬底材料，其中 YAG 还可作为光学窗口或偏振器件。例如，利用液相外延技术（LPE）在 GGG 单晶衬底上结晶的 YIG 以及类 YIG 单晶薄膜，是目前已达到商业化的 $0.8\sim1.6\mu m$ 波段光纤光隔离器中法拉第旋转部件的核心材料，被广泛应用于光波导、集成光学等领域[45]。外延薄膜性能的优劣直接取决于其衬底单晶质量的好坏。由于 GGG 晶体的晶格常数（$a=1.2383nm\pm0.0001nm$）和线膨胀系数（$\alpha=9.03\times10^{-6}/℃$）与 YIG 薄膜的晶格常数（$a=1.2376nm\pm0.0001nm$）和线膨胀系数（$\alpha=10.35\times10^{-6}/℃$）相匹配，被认为是 YIG 磁光薄膜理想的衬底材料[46~48]。GGG 也可用作磁致冷新材料[49]，在液氦温度下，顺磁物质内的磁偶极子仍为无序系统，用磁场做变量，使等温磁化和绝热去磁相继进行，就能产生冷却效应。自 20 世纪 80 年代以来，GGG 被认为是一种非常好的磁致冷剂。它的主要优点是热容量大，比热容大，有序温度低，热导大，熵交换大，Gd^{3+} 晶场劈裂合适，磁化率较大，可致冷到 $2\sim20K$。YIG 中掺入一些杂质（如 Bi）后，磁光薄膜的各项性能指标将大大提高，而且 LPE 薄膜生长使掺杂浓度及单晶薄膜厚度都很容易控制，这使得掺杂的类 YIG 薄膜较纯的 YIG 有明显的优势。但是由于 YIG 的掺杂，其晶格常数及线膨胀系数发生了极大的改变而不能再用纯的 GGG 晶体作衬底。由于 GGG 晶体中的不同阳离子占据的格位有四面体、八面体和十二面体三种格位，离子取代的途径较多，通过在 GGG 单晶中进行掺杂，可以寻求与类 YIG 单晶薄膜的晶格常数及线膨胀系数相匹配的衬底单晶。

表 1-3 是由几种镓钪系列晶体的粉末衍射数据计算得到的晶格常数。GYSGG 晶体的晶格常数为 1.2507nm，远大于 GGG 的 1.2373nm，稍大于 CaMgZr：GGG 的 1.2489nm。经多次晶体生长实验证明，CaMgZr：GGG 晶体在生长中很容易开裂，而 GYSGG 一般不开裂，并且很容易生长出高光学质量的晶体。GYSGG 晶体的晶格常数介于 YSGG（1.2428nm）与 GSGG（1.2554nm）之间，可通过改变晶体中 Gd 与 Y 的比例，获得应用中所需不同晶格常数的晶体基片，使衬底与膜的晶格常数更加匹配。表 1-3 中还列出各晶体（444）衍射面的衍射角，从中可以看出，晶格常数越大，衍射角越小，对应的衍射峰就往左移动。

表 1-3　几种含镓石榴石晶体的晶格常数

晶体名称	GGG	YSGG	CaMgZr：GGG	GYSGG	GSGG
晶格常数/nm	1.2373	1.2426	1.2480	1.2507	1.2554
（444）衍射角（2θ）	51°7′	50°44′	50°43′	50°40′	50°22′

图 1-31 是 GYSGG 晶体在 $250\sim3000nm$ 波段内的透过率曲线，在 $300\sim3000nm$ 应为透光波段，因此可计算得到晶体在此波段的折射率，如图 1-31 中的插图所示，进一步可以拟合得到塞米尔系数，得到表 1-2 中所示折射率塞米尔方程。

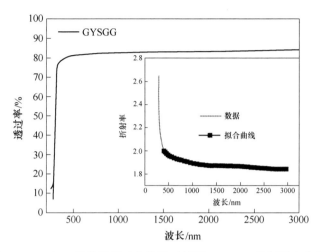

图 1-31 GYSGG 晶体的透过率曲线（插图：GYSGG 的折射率曲线）

1.1.5.2 激光工作物质

激光是 20 世纪 60 年代初出现的一种新型光源，激光以其高亮度、高单色性、高方向性和高相干性，引起普遍重视，并很快在工农业生产、科学技术、医疗、国防等各个领域得到广泛应用。例如，激光医学是激光技术与医疗科学有机结合的产物，激光在 70 年代开始广泛用于临床；90 年代，随着新型激光器的研制成功，激光与医疗、生物组织科学紧密结合，研究和应用范围日益扩大。在石榴石基质中掺入稀土激活离子如 Nd^{3+}、Er^{3+}、Ho^{3+}、Yb^{3+}、Ce^{3+} 等后可作为激光工作物质，实现各种波长的激光输出，满足工业、医学、科研等领域的需要。

A　Nd：YAG 晶体

Nd：YAG 晶体的研究始于 1951 年，13 年后由美国贝尔实验室首先用它做成激光器。此后，Nd：YAG 晶体及其激光器的研究都有很大发展，其特点是增益高、阈值低、量子效率高、热效应小、力学性能良好、适合各种工作模式（连续、脉冲）等，使 Nd：YAG 激光器成为几种固体激光器中唯一能够连续工作和高重复率工作的激光器。因此，Nd：YAG 仍是当今世界高功率固体激光器优先选用的激光晶体。在通常情况下，室温时 Nd：YAG 晶体激光器以最强的 $^4F_{3/2} \rightarrow {}^4I_{11/2}$ 跃迁产生 1064nm 波长的激光振荡；其次是 $^4F_{3/2} \rightarrow {}^4I_{13/2}$ 跃迁产生波长为 1319nm 的激光振荡，以及 $^4F_{3/2} \rightarrow {}^4I_{9/2}$ 跃迁产生的 946nm 的弱辐射。在研究激光器的同时，更重视晶体生长、质量及特性方面的研究。一根 ϕ10mm×152mm 的 Nd：YAG 优质晶体激光棒，可得到约 600W 的连续输出功率；单晶 Nd：YAG 光纤激光器仅需吸收小于 1mW 的泵浦功率就可达到阈值；特别是 LD 泵浦技术的发展，使 Nd：YAG 固体激光器在小型化、全固体化方面取得了突破性进展。目前采用多根棒串联、双灯泵浦的激光器的输出功率已超过 10kW，10kW 连续输出的Nd：YAG激光器已问世，实用化的Nd：YAG激光器输出功率达到5kW。2006年美国诺格公司通过将两路相位调制的放大链进行相干合束，成功地实现19kW的高光束质量激光输出，M^2因子仅为1.73[50]。当前，Nd：YAG激光已广泛用于工业、医疗、科研、通信和军事等领域，如激光武器、激光测距、激光目标指示、激光探测、激光打标、激光加工（包括切割、打孔、焊接以及内雕等）、激光医疗、激光美容等。激光武器、激光加工等领域需要高功率、大能量固体激光器，其发展的重要方向就是要提高输出功率及效率，提高光束质量。这一技术目标的实现，关键在于提供优质大尺寸的Nd：YAG晶体[51]。

（1）在医学中的应用[52]：由于Nd：YAG晶体的1.06μm波长可用石英光纤导光，外加其激光性能的稳定，因此其波长能量能够通过柔软的介质传输，使其在激光医疗领域具有极大的发展优势。其在医学上的主要应用可以分为两大类：激光医疗和激光诊断。激光医疗是以激光作为能量载体，激光诊断则是以激光作为信息的载体。激光医疗主要表现在激光手术、激光治疗心血管疾病、光动力疗法治癌、激光碎石及激光美容等方面，例如治疗血管瘤，1064nm激光波长不在氧合血红蛋白的吸收峰附近，氧合血红蛋白对Nd：YAG激光的吸收较差，穿透深度可达8mm左右，因而能对较深部位的血管瘤发挥治疗作用。激光诊断主要表现在激光全息成像、激光胸腔镜及激光纤维内窥镜等方面。与传统的激光医疗和诊断相比，激光诊断技术对病人的诊断更为准确更为方便，激光手术技术相比于传统的手术更为精确、快速、安全可靠。在未来，激光医疗和诊断技术将成为医疗和医学的重要手段。

（2）在工业中的应用：自从第一台激光器诞生以来，人们就开始探索激光在工业领域的应用，在20世纪70年代初期，随着晶体材料质量的不断提高、聚光腔性能的改进、冷却系统和激光谐振腔结构的不断完善，Nd：YAG激光器开始成为微型件切割、焊接、退火等的重要光源，并逐步在生产中得到应用。近年来，高输出功率的Nd：YAG激光器已开始在重工业领域得到广泛应用，使用高功率Nd：YAG激光器切割的钢板质量与CO_2激光器加工质量相当，并且Nd：YAG激光器可以通过光纤传输，将其装配在卡车上在室外使用，同样可用于建筑、遇难船只等危险地点的救援工作。在激光打孔、焊接等方面，目前还是主要采用Nd：YAG激光器，它具有许多不同于CO_2激光器的良好性能[53]。

（3）在信息及军事领域的应用[52,54]：在信息领域，Nd：YAG晶体激光器由于能获得频率单一的电磁波而被广泛应用于激光通信。激光通信技术在通信速率和通信宽带上有效地克服了传统射频通信的技术瓶颈，因此，激光通信技术被用于空间通信数据的传输，例如涉及卫星、航空平台及其空间平台之间的海量数据瞬时的传递，满足现代信息化的需求。在军事方面，由于目前新概念下的高能量、大功率激光武器主要波长为1.0μm左右，因此，Nd：YAG晶体成为军用固体激光器的支撑材料，几乎垄断了整个军用固体激光器领域。其主要应用包括激光侦查、激光制导及激光新型武器方面。激光武器主要是利用激光的高热效应，以光速直线射出，无需弯曲弹道和提前量。而且激光武器没有后坐力，可以迅速移动并打击目标，分为战术和战略两大类。目前美国、欧洲等西方国家和地区也在大力发展激光武器，主要的研究方向是超高功率性和高便捷性。在未来的军事领域，激光和电子技术的发展情况将会成为衡量一个国家军事力量的重要标准之一。

B　Yb∶YAG 晶体

940nm InGaAs 激光二极管（LD）技术的进步，使早在 1971 年[55]就实现了 LD 泵浦激光输出的 Yb∶YAG 获得了新的生命，在高平均功率、超短脉冲 LD 泵浦 Yb∶YAG 激光器运用方面有许多比 Nd∶YAG 优越的特性。Yb∶YAG 除具有 YAG 优异的热导和机械特性外，还有掺 Yb^{3+} 所带来的优异特性（见图 1-32）：（1）Yb^{3+} 能级结构简单，仅有 $^4F_{7/2}$ 和 $^4F_{5/2}$ 两个 J 多重态能级，这样就避免了 J 多重态间的上转换和激发态吸收过程；（2）内效率高，Yb^{3+} 的泵浦和发射波长间隔小，量子缺陷仅为 8%，这两点使得 Yb∶YAG 的热负荷比 Nd∶YAG 小，在可相比的掺杂浓度下，Yb∶YAG 的热负荷仅为 Nd∶YAG 的 1/3；（3）Yb∶YAG 的 LD 泵浦带吸收和荧光发射带均宽于 Nd∶YAG，前者使 Yb∶YAG 在 LD 泵浦时更具有优势，而后者使得 Yb∶YAG 在锁模时可获得更短的脉冲，2016 年德国马普量子光学研究所 Fattahi 等人[56]在直径 9mm、厚度 100μm、曲率半径约 2m 的 7%（原子分数）掺杂 Yb∶YAG 薄片上，实现了 100W、20mJ、1ps 及 5kHz 的 1030nm 激光输出，如图 1-33 所示；（4）泵浦饱和阈值高，适用于大功率输出情形，目前，LD 泵浦的 Yb∶YAG 激光器的输出功率已经上千瓦，理论上可达 100kW[57]，这离美国最早的导弹防御计划中的兆瓦级已相距不远，故 Yb∶YAG 是有可能在激光武器中应用的固体激光器。

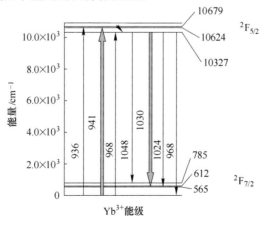

图 1-32　Yb∶YAG 中 Yb^{3+} 的能级图

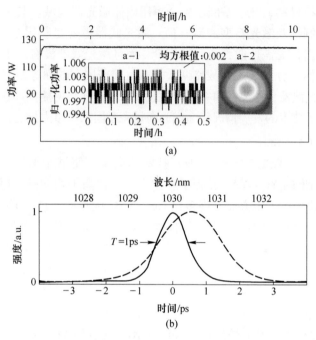

图 1-33　皮秒 Yb：YAG 薄片激光
（a）10h 连续工作下的平均功率曲线；（b）脉宽曲线

全固化激光二极管（LD）泵浦的高功率、超短脉冲 Yb：YAG 激光器可广泛应用于远程精确定位及跟踪、靶子照明、防空武器、医疗、工业加工、非线性频率变换等领域。Yb：YAG 在高功率、超短脉冲方面有着优于 Nd：YAG 的特性，它的激光发射波长为 1030nm，倍频后有望取代发射波长在 515nm 的 Ar$^+$ 激光器；同时高亮度 LD 泵浦源的出现，使不适于灯泵浦的 Yb：YAG 获得了新的快速发展。这些使 Yb：YAG 引起人们的极大兴趣，成为近年来的研究热点。

目前，Yb：YAG 的研究以美国的利夫莫尔实验室、斯坦福大学、德国斯图加特大学和 Rofin-Sina 激光公司、瑞士联邦技术研究所、日本等的研究最为活跃。其平均输出功率水平在千瓦量级。在高功率条件下，激光介质的热效应处理成为一个重要的问题。为此，发展了多种激光介质形状，以适合高功率激光器的要求。代表性的 Yb：YAG 介质形状有棒状[58]、板条状[59,60]、薄片状。薄片激光器的概念是 1994 年德国航空航天研究院技术物理所的研究人员[61]提出来的，是全固态激光器历史上的一个里程碑，将多个薄片置于同一谐振腔进行定标放大是获得高功率激光输出的有效途径。目前，德国 Trumpf-Laser 公司采用 4 个 Yb：YAG 薄片获得了超过 9kW 的激光输出。国内开展薄片激光器的研究单位有清华大学、西安电子科技大学、北京工业大学和中国工程物理研究院等。

综上所述，由于 Yb：YAG 激光在军事等众多领域的广泛应用，加快 Yb：

YAG 材料和激光器研制具有重要意义。

C　Cr,Tm,Ho：YAG 晶体[62]

20 世纪 80 年代中期以前最好的 Ho 离子激光是 Johnson[63]获得的 Er、Tm 和 Cr 分别作为敏化离子的 Ho：YAG 激光。但是它们都要求在液氮温度（77K）运转，阈值高，给实际应用带来困难。Antipenko[64]提出 Cr、Tm、Ho 三掺杂的 YAG 晶体，用氙灯泵浦，在室温实现低阈值 2.12μm 的激光输出。图 1-34 为 Cr、Tm、Ho 能量转移图。氙灯可见光部分被 Cr^{3+} 的宽带吸收，使其从基态 $^4A_2$ 跃迁到 $^4T_1$ 和 $^4T_2$ 能态，然后经无辐射跃迁弛豫到 ^2E 和 $^4T_2$ 能态，对 Cr^{3+} 而言，^2E 能态到基态跃迁是禁戒的，而 Cr^{3+} 的 ^2E 能态与 Tm^{3+} 的 $^3F_3$ 能态相近，二者易发生共振转移，能量通过偶极子相互作用，从 Cr^{3+} 的 ^2E 能级和 $^4T_1$ 能级转移到 Tm^{3+}，使处于基态的 Tm^{3+} 跃迁到激发态 $^3F_3$ 和 $^3H_4$，处于 $^3F_3$ 能态的 Tm^{3+} 再经无辐射跃迁弛豫到 $^3H_4$ 能态。此时，一个处于 $^3H_4$ 能态的 Tm^{3+} 除了经无辐射跃迁至 $^3F_4$ 亚稳态外，它还能与处于基态的 Tm^{3+} 发生交叉弛豫产生另一个处于 $^3F_4$ 能态的 Tm^{3+}，而这些处于 $^3F_4$ 能态的 Tm^{3+} 通过共振转移把能量转移到 Ho^{3+}，使处于基态 $^5I_8$ 的 Ho^{3+} 受激跃迁到激光上能级 $^5I_7$ 能态，然后，处于 $^5I_7$ 能态的 Ho^{3+} 受激跃迁到基态 $^5I_8$ 产生 2.1μm 激光。

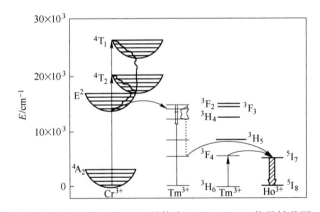

图 1-34　Cr,Tm,Ho：YAG 晶体中 Cr→Tm→Ho 能量转移图

由于 2μm 激光具有人眼安全、适合于用光纤传输等诸多优点而被广泛应用于高精度外科手术等领域。现在 2μm 固体激光器已经成功应用于前列腺增生汽化、尿道碎石、颅内肿瘤切除、腹腔镜胆囊切除等手术以及内窥镜外科、妇科和耳鼻喉科等诸多外科手术中，是一种理想的医用激光器，有人认为它将是 21 世纪心血管成型术的首选激光医疗器械。2μm 激光还可应用于激光雷达及 3～5μm 光参量振荡的泵浦光源。又由于光泵 Cr,Tm,Ho：YAG 具有可以获得高脉冲能量及较高重复频率的特点，人们对改进 Cr,Tm,Ho：YAG 激光器的兴趣始终不

止[65,66]。到 20 世纪 90 年代，灯泵 Cr,Tm,Ho：YAG 激光器已经商品化，并且在多种医学学科得到临床应用，是 Ho^{3+} 激光得到实际应用最多的一种激光。Zendzian[67]报道，灯泵 Cr,Tm,Ho：YAG 激光器平均输出功率为 17W，斜率效率 2%。2012 年，中科院安徽光机所江海河研究员课题组[68]采用 $La_3Ga_5SiO_{14}$ 晶体作为 Cr,Tm,Ho：YAG 激光的电光调 Q 开关，获得了 3Hz、520mJ、脉宽 35ns、峰值功率 14.86MW 的 2.09μm 的调 Q 激光输出，如图 1-35 所示，这是目前灯泵 Cr,Tm,Ho：YAG 激光器调 Q 输出最高的水平。

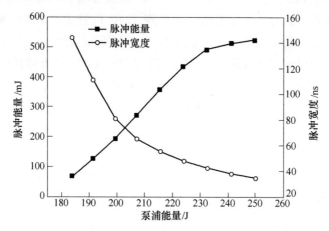

图 1-35　Cr,Tm,Ho：YAG 晶体调 Q 激光输出曲线

D　Er：YAG 晶体

Er：YAG 晶体的能级结构丰富，在室温下可输出三种波长的激光：1.64μm、1.78μm 和 2.94μm，其中 1.64μm 和 1.78μm 处于人眼安全波段，在激光通信、激光测距等方面有很好的应用前景；2.94μm 处于羟基吸收峰，能被生物组织强烈吸收，因此广泛地应用于激光生物医疗。Er：YAG 激光波长与 Er^{3+} 离子浓度有关，在低浓度范围（0.05%～2%），由 $^4I_{13/2} \to {}^4I_{15/2}$ 能级跃迁发射 1.64μm 和 1.78μm 激光，是典型的 3 能级系统。高浓度（原子分数）范围内（30%～50%）存在着 $^4I_{11/2} \to {}^4I_{13/2}$ 能级间的 2.94μm 激光跃迁。Er：YAG 可以采用脉冲氙灯、790nm LD、970nm LD 及 1.5μm 激光等光源泵浦。

由于 YAG 晶体的声子能量（约 $860cm^{-1}$）比较大，无辐射跃迁几率高，导致 Er：YAG 的激光下能级 $^4I_{13/2}$ 的寿命（7.25ms）远远高于激光上能级 $^4I_{11/2}$ 的寿命值（0.12ms），因此，Er：YAG 激光器的阈值较高，一般工作在脉冲状态下，连续激光泵浦容易出现自终止。但是 Chen 等人[69]用 964nm 二极管泵浦 YAG/Er：YAG 复合激光晶体实现了 1.15W 的 2.94μm 的连续激光输出，斜率效率达 34%。实验装置及激光输出曲线如图 1-36 和图 1-37 所示。

Er：YAG 激光目前主要以医学领域的应用为主，其 2.94μm 激光较之二氧化

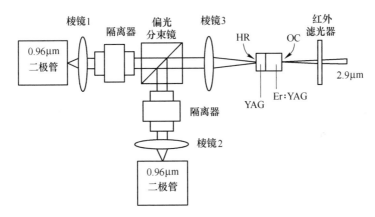

图 1-36 LD 泵浦 YAG/Er：YAG 复合晶体实验装置

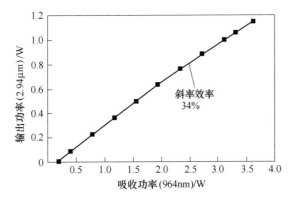

图 1-37 LD 泵浦 YAG/Er：YAG 复合晶体激光输出曲线

碳的 10.6μm 更易被水、Ca、P 等所吸收，多用于切开、切除多水分的身体软组织及骨切开术，性能大大优于二氧化碳激光刀。目前较多研究治疗牙周病及利用 Er：YAG 激光器代替高速涡轮牙钻，实施对牙体硬组织的切割等，还可用于关节游离体摘除、炎性滑膜摘除、半月板切除、经皮穿刺椎间盘减压术等。市场上出现1J、5Hz、5W 的 Er：YAG 激光器已用于美容手术，牙科市场需要的则是 1J、15W、重复频率30Hz，而用于眼科的则要求重复频率30Hz，能量要求不高（0.6~3mJ），目前最高输出功率30W，重复频率高达300Hz。然而 Er：YAG 激光用石英光纤传播损耗非常大，只能用氟化锆光纤，从而限制了它在医学外科手术上的广泛应用。

2.94μm 激光聚焦与水饱和的生物组织相互作用，相当于有限体积的瞬时加热，在该体积内压强升高，伴随物质（如血液）由切口处涌出，不产生血凝现象，合肥工业大学激光研究所和安徽医科大学附属医院利用这一特点，研制出激光验血采样器，并做了采血试验，效果良好，疼感比针刺采血小，伤口面积小，愈合快，无感染[70]。

E Nd：GGG 晶体

$Gd_3Ga_5O_{12}$ 中的 Gd^{3+} 是稀土离子，用 Nd^{3+} 等其他稀土离子置换 Gd^{3+}，可使 GGG 成为优良的激光晶体。在 Nd：GGG 中，由于 Nd^{3+} 离子半径（0.099nm）与 Gd^{3+} 的（0.094nm）相差较小，置换比较容易，因此其分凝系数约 0.4，高于 Nd^{3+} 在 YAG 中的分凝系数（约 0.2）。

Nd：GGG 晶体因具有良好的力学和化学稳定性、较宽的泵浦吸收带以及较长的荧光寿命，既适合于闪光灯泵浦，也适合于氩离子等激光器泵浦，而且连续波和脉冲式激光运转均可实现。1964 年 Geusic 等人[71]曾报道 Nd：GGG 晶体的激光实验。由于 Nd：GGG 的折射率温度系数 dn/dt 较大以及低的热导率造成的热透镜和热双折射效应[72]，导致激光晶体元件的几何尺寸被大大地限制，不宜作为棒状激光器的介质，该材料因而未能取代 Nd：YAG。但是板条状的晶体样品可克服上述缺点，光学路径为之字形[73]。Kane[74]等人首先报道了在 Nd：GGG 板条中实现了激光振荡。由于泵浦光的非均匀吸收引起的热透射效应和热感应双折射对其影响不大，有利于消除热聚焦效应，所以国外对 GGG 材料及板状激光器进行了广泛的研究[75~78]，在 1984 年日本报道了无核心 Nd：GGG 晶体的生长[79]；1988 年报道了高平均功率的灯泵 Nd：GGG 板条激光器，获得了平均功率为 45~145W 的激光输出[80]。1990 年日本报道了用尺寸为 9.5mm×55mm×201mm 的灯泵 Nd：GGG 板条激光器，实现了平均功率 850W 的激光输出[81]。同年 500W 的灯泵 Nd：GGG 板条振荡器也被报道[82]。国内也曾研究过 Nd：GGG 晶体的板条状激光器，但结果不是很理想[83]。由于 YAG 与 GGG 的晶格常数分别为 1.2016nm 和 1.2377nm，失配因子仅为 2.9%，所以 Barrington 等人[84]用 YAG 为衬底，对脉冲激光沉积（Pulsed Laser Deposition，PLD）外延制作的 Nd：GGG 波导激光进行了报道。Field 等人在 1991 年[85]报道了用二极管泵浦 Nd：GGG 平面波导激光，获得了 40mW 的激光输出，斜率效率达到 30%。Nd^{3+} 在 YAG 和 GGG 晶体中的一些性能参数比较见表 1-4。

表 1-4 Nd^{3+} 在 YAG 和 GGG 晶体中的一些性能参数的比较

参 数	Nd：YAG	Nd：GGG
Nd^{3+} 的有效分凝系数 k_{eff}	约 0.2	约 0.4
折射率 n（808nm）	1.822	1.965
吸收半高宽（808nm）/nm	2	6
饱和泵浦强度 I_{sat}/kW·cm^{-2}	2.7	5
折射率温度系数 dn/dt/K^{-1}	7.3×10^{-6}	15.0×10^{-6}
热扩散系数 α/K^{-1}	6.9×10^{-6}	9.5×10^{-6}

续表1-4

参　　数	Nd∶YAG	Nd∶GGG
热导率 κ/W·(m·K)$^{-1}$	11.2	7.4
热冲击阻抗 k/W·cm^{-1}	12.7	9.8
最大尺寸/cm	<5	15
泊松比 ν	0.25	0.28
杨氏模量 E（TPascals）	0.277	0.220

在20世纪60年代中期发现的Nd∶YAG晶体是一种具有优良光谱性能、高效率、低阈值的优秀激光晶体。当时发现的Nd∶GGG晶体由于热导率小于Nd∶YAG，对于闪光灯泵浦来说，这是非常不利的。此外，Nd∶GGG的泵浦能量吸收依赖于Nd^{3+}的线状谱吸收，灯泵的紫外辐照会引起Nd∶GGG激光器性能的明显下降。所以在闪光灯泵浦的条件下，Nd∶GGG激光器的功率很难取得大的进展。80年代中期，开始进入激光二极管（LD）作为泵浦源时期，LD泵浦改变了传统的灯泵浦对材料的要求。LD泵浦与灯泵浦相比，可以使用小尺寸的晶体。而且激光元件只有很低的热负荷，这是由于LD泵浦减少了灯泵浦时较宽波长的高能量存储和随后带来的激光元件的内在热。但是在这个时期，Nd∶YAG仍然是相当重要的激光晶体，因为早期的LD输出功率只有几十毫瓦，还不能马上形成对Nd∶YAG激光的威胁。90年代，进入高功率LD作为泵浦源时代，LD输出功率已经提高几十倍，达到数十瓦。据文献报道InGaAs量子阱连续激光输出功率已达到10.6W[86]。随着LD的飞速发展，作为泵浦源的大功率LD已商品化，LD泵浦的晶体激光器的研制和生产形成了高新技术及其相关产业的一个热点。近年来也使Nd∶GGG激光晶体在LD泵浦大功率激光器中的优势日益显露出来。与Nd∶YAG相比，Nd∶GGG具有以下优点[87]：（1）Nd^{3+}在GGG中的分凝系数为0.3~0.5[88,89]，但在YAG中的分凝系数仅在0.1~0.2之间[90]；在GGG中，Nd^{3+}离子的掺入浓度（原子分数）可达到4%，根据Maeda等人[79]的报道，考虑到荧光猝灭等因素的影响，其最优的掺杂浓度（原子分数）为2.8%。而在Nd∶YAG中，Nd^{3+}离子的掺入浓度（原子分数）最高只能达到大约1.3%。因此，Nd^{3+}在GGG中比在YAG中的分布更均匀，且可获得更高的掺杂浓度，这对于提高泵浦功率以获得大功率激光输出极其重要。（2）通过改变晶体转速、系统温度梯度等生长参数，Nd∶GGG可实现平界面、大尺寸生长，这样可避免由于杂质、应力等集中而形成的核心，从而生长出晶体的整个截面都可有效利用，获得大功率激光器所需要的大尺寸盘片和板条元件。Nd∶YAG晶体没有因生长核心所产生的光学不均匀区而导致限制大尺寸的使用。（3）Nd^{3+}与Gd^{3+}同属镧系，电子层数相同，只是在f层的电子数多少不同，因此化学性质非常相似，在Nd∶GGG晶体中，Nd^{3+}的激光上能级没有显著的发光猝灭[91]。（4）Nd∶GGG的吸收

截面大、吸收泵浦功率阈值低和激光转换效率高，因而能被高效泵浦，可获得大功率激光输出。此外，Nd：GGG 的机械强度、热导率远远高于钕玻璃，并可实现晶体的快速冷却。但是 Nd：GGG 晶体也有一些性能低于 Nd：YAG 晶体，比如 Nd：GGG 热导率 [7.4W/(m·K)] 小于 Nd：YAG [11.2W/(m·K)]。

在国内，中科院物理所 20 世纪 80 年代曾对纯 GGG 和替代型 GGG 晶体的生长进行了一些研究[92]。由于当时 LD 发展水平的限制，Nd：GGG 的综合性能在灯泵条件下逊于 Nd：YAG，而且生长晶体的原料比较昂贵，所以 Nd：GGG 作为激光介质并没有引起人们太多的关注，开展的工作也很少，导致 LD 泵浦的 Nd：GGG 激光器在国内尚未见报道。中科院安徽光机所在 20 世纪 80 年代末开展了替代型 GGG 晶体的研究，并最先报道了用 In 部分取代 GGG 中 Ga 的 Cr：GInGG 激光晶体[93~95]，此后，又生长出了高质量的 YIG 衬底材料 GGG 晶体[96]，并销售到了国外，获得了用户的好评。在钆镓石榴石晶体生长和物理、光学性质研究方面积累了大量的工作经验和技术数据。近几年在国家的支持下，已摸索出一些生长大尺寸 Nd：GGG 的工艺技术及生长过程中如何有效抑制 Ga_2O_3 挥发的经验，用液相共沉淀法已成功制备出纳米 Nd：GGG 多晶原料[27]，用吸收光谱技术对 Nd^{3+} 在 GGG 中的分凝效应进行了研究[97]。

20 世纪 80 年代以前，关于 Nd：GGG 晶体的激光性能报道相对较少。1983 年，Kane 等[74]设计了锯齿形的 Nd：GGG 板条，并用于实现激光输出。相对于圆棒形工作介质，该方式能够降低晶体的热透镜和热致双折射效应，从而显著提高激光输出功率[73,87]。1987 年，Hayakawa 等[78]采用锯齿形 Nd：GGG 板条实现了 $1.06\mu m$ 的脉冲激光输出，相应的脉冲宽度、重复频率、最大输出功率和斜率效率分别为 3ms、10Hz、230W 和 2.4%。1988 年，Yoshida 等[98]采用 Nd：GGG 晶体进行 $1.06\mu m$ 激光实验，其中连续和调 Q 平均功率分别达 145W 和 11W。1995 年，Livermore 实验室公开报道了固态热容激光理论，并致力于研发 Nd：GGG 晶体热容激光器，2004 年，他们报道在 $1.06\mu m$ 波长处实现了平均功率高达 30kW 的激光输出，对应的重复频率和单脉冲能量分别为 200Hz 和 150J[99]。此外，近些年来 LD 泵浦，高效、小功率的 Nd：GGG 晶体激光性能受到人们的关注，激光模式包括连续、调 Q 和锁模，实现波长有 $1.06\mu m$ 和 $1.33\mu m$[100~103]。

Nd：GGG 晶体曾被美国利夫莫尔国家实验室选为 100kW 固体热容激光武器的工作物质。在大功率运转情形下，盘片和板条 Nd：GGG 可有效地改善散热性能、提高光束质量，这要求晶体有高的光学质量。但可能是由于晶体生长中，不可避免的 Ga 挥发导致生长出的大尺寸晶体质量很难满足激光武器的要求，因此美国最终放弃了这一计划。

F Nd：GSGG 和 Cr,Nd：GSGG 晶体

20 世纪 80 年代，由于当时优质的 LD 泵浦源难以获得，大多采用闪光灯抽

运，因此很长一段时间内，大多数关于这类晶体的报道都是被 Cr^{3+} 敏化了的 Nd：GSGG 晶体[29,104]的特性，但其发热量较大，热致双折射效应和热透镜效应明显。1990 年，Caffey 等[105]报道了激光二极管（LD）阵列侧面抽运的棒状和板条形 Nd：GSGG 晶体激光器输出特性，随着高亮度、长寿命优质激光二极管的出现，吸收波长与激光二极管相匹配的 Nd：GSGG 引起人们的关注。最常用的是全固态激光工作物质 Nd：YAG，但实验发现经过 10Mrad 的 γ 射线辐照后，激光输出下降了一个量级[29]；但 Cr，Nd：GSGG 在 100Mrad 剂量的辐照下激光输出几乎没有什么变化，这说明 Nd，Cr：GSGG 晶体比 YAG 更适合在恶劣的辐射环境中使用。中科院安徽光机所近年来开展了 Nd：GSGG 晶体生长、抗辐射及 LD 泵浦的激光性能研究[106,107]。

G　Er：GSGG 晶体

表 1-5 中列出了在室温下 2.7~3μm 铒激光性能参数比较（其中括号内表示 LD 激光泵浦的结果，括号外表示钛宝石激光器泵浦的结果[108,109]）。在相同的钛宝石泵浦条件下，Er：GSGG 晶体具有最高的斜率效率和转换效率。在太空应用方面，空间激光在科研、通信、国防安全等方面具有重要的意义，目前需要发展具有结构紧凑、高效、抗宇宙射线辐射、效率高、输出能量大等特点的全固态激光。由于太空中水汽等含量大量减少，因此 2.7~3μm 激光可直接用于太空军事及科学研究领域。我们的 γ 射线辐照证明了 Er：GSGG、Yb，Er：GSGG[110,111] 在 100Mrad 剂量的 γ 射线辐照后，其吸收和荧光几乎没有变化，表明 Er：GSGG 系列晶体具有优良的抗辐照特性，有在太空和强辐照环境中应用的前景。

表 1-5　室温下 2.7~3μm 铒激光器的性能参数比较

参　数	Er：YAG	Er：GGG	Er：YSGG	Er：GSGG
波长/nm	2937	2821	2797	2795
输出功率/mW	143(171)	155(293)	190(511)	135
阈值泵浦功率/mW	40(410)	7(250)	5(70)	10
斜率效率/%	26(12)	27(19)	31(19)	36
转换效率/%	19.9	20.5	28.2	34
$^4I_{11/2}$寿命/ms	0.12	0.96	1.3	1.6
$^4I_{13/2}$寿命/ms	7.25	4.86	3.4	6.0
泵浦吸收系数/cm^{-1}	12	18	15	16

Stoneman 等人[108]用钛宝石泵浦 Er：GSGG 晶体实现了 125mW 的 2.8μm 激光输出，斜率效率达 36%。吴朝辉等人[112]首次在 Er：GSGG 晶体上实现了 968nm LD 泵浦 440mW 的 2.794μm 激光输出，光-光转换效率 13%，斜率效率达 13.2%，如图 1-38 和图 1-39 所示。Yb^{3+} 等可作为 Er^{3+} 的敏化离子，改变泵浦波

长,使其更适合目前发展成熟的 LD 如 808nm、940nm、970nm 泵浦,实现高效结构紧凑的激光输出,以利于机载、星载的空间应用,如 Yb,Er∶GSGG、Nd,Er∶GSGG 晶体等。图 1-40 和图 1-41 为 Er∶GSGG 和 Yb,Er∶GSGG 晶体的吸收和荧光光谱,掺入 Yb^{3+} 作为敏化离子后,晶体增加了 940nm 吸收带,并且 970nm 的吸收明显增强。

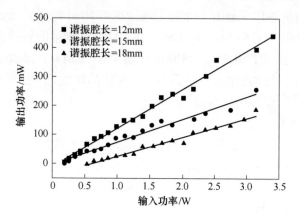

图 1-38　Er∶GSGG 晶体输入功率与输出功率的关系曲线

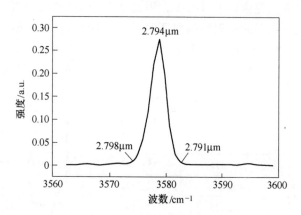

图 1-39　Er∶GSGG 晶体的激光输出光谱图

H　Er∶YSGG 及 Cr,Er∶YSGG 晶体

基质晶体 YSGG($Y_3Sc_2Ga_3O_{12}$) 具有一般石榴石(如 YAG)的化学性能稳定、硬度高、光学各向同性等优点,可采用熔体提拉法生长出低光学损伤、高光学质量的晶体。YSGG 被证明是重复频率为几十赫兹的中等功率固体激光器的较好基质材料[113],同时,它还具有比 YAG 更低的声子能量,可减小多声子无辐射跃迁几率。Er∶YSGG 的 2.7~3μm 激光上下能级寿命分别为 1.3ms 和 3.4ms,差值比其他三种晶体要小,实验证明在同等条件下,Er∶YSGG 晶体有比 Er∶

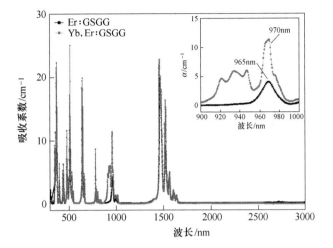

图 1-40 Er：GSGG 与 Yb,Er：GSGG 晶体的吸收光谱

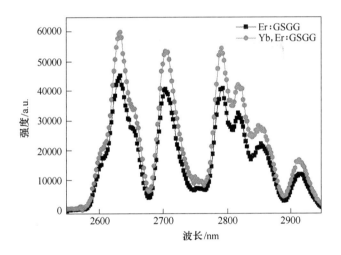

图 1-41 Er：GSGG 与 Yb,Er：GSGG 晶体的荧光光谱

YAG、Er：GGG 及 Er：GSGG 晶体更低的泵浦阈值、更高的输出功率等优点。从表 1-5 中可以看出，在二极管泵浦条件下，Er：YSGG 的阈值仅为 70mW，远远低于 Er：GGG 的 250mW 和 Er：YAG 的 410mW，斜率效率和输出功率也为 Er：GGG 和 Er：YAG 的 2~3 倍。此外，Er^{3+} 与 Y^{3+} 的离子半径相接近，Er^{3+} 很容易进入 Y^{3+} 的格位，因而 Er^{3+} 在 YSGG 晶体中的分凝系数接近 1，使得 Er^{3+} 在晶体中的分布均匀，可获得高光学均匀性的晶体，也容易获得高掺杂激活离子浓度的晶体，有利于提高泵浦效率和激光器输出功率。

图1-42和图1-43分别为Er∶YSGG和Cr,Er∶YSGG晶体的吸收和荧光光谱,掺入Cr^{3+}作为敏化离子后,在可见光波段增加了吸收,更有利于提高脉冲氙灯的泵浦效率。两种晶体都可以使用闪光灯或者LD泵浦,并能够以脉冲或连续的方式运转。刘金生等人[114]用967nm LD泵浦,实现了52mW的2.79μm连续激光输出及能量1.95mJ重复频率100Hz的2.79μm脉冲激光输出。罗建乔等人[34]用967nm LD泵浦热键合复合激光晶体YSGG/Er∶YSGG,获得了439mW的2.79μm连续激光输出,斜率效率为12.5%,光-光转换效率为10.6%。Dinerman等人[109]在Er∶YSGG晶体上获得了511mW的二极管泵浦激光输出,斜率效率达26%。康宏向等人[115]在YSGG/Er∶YSGG热键合复合激光晶体上获得了

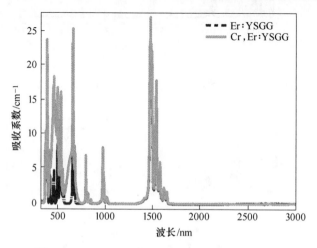

图1-42　Er∶YSGG与Cr,Er∶YSGG的吸收光谱

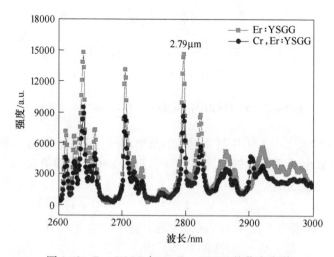

图1-43　Er∶YSGG与Cr,Er∶YSGG的荧光光谱

970nm LD 泵浦的 900mW、斜率效率 12.1% 的 2.79μm 激光输出，相同条件下，单一的 Er：YSGG 仅获得 504mW、斜率效率 12.1%，复合晶体的热焦距长度增大，热透镜效应得到改善，如图 1-44 和图 1-45 所示。随后，他们[116]又用

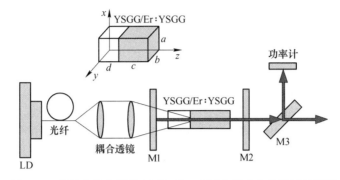

图 1-44　热键合复合晶体 YSGG/Er：YSGG 激光实验装置示意图

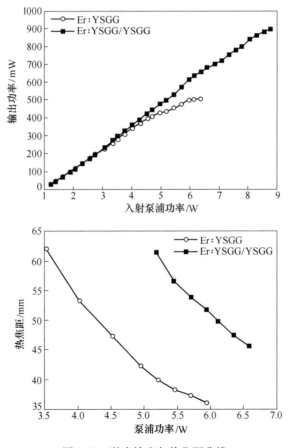

图 1-45　激光输出与热焦距曲线

970nm LD 双侧面泵浦 1mm×2mm×12mm 的 Er∶YSGG 小板条，获得了 1.84W 的 2.79μm 激光输出。2015 年，王金涛等人[117]采用半导体侧面泵浦 φ5mm× 81.5mm 的 Er∶YSGG 晶体棒，获得了 20Hz、平均功率 10.1W 的 2.79μm 激光输出，如图 1-46 所示。此外，目前已有多种方法对其实现了调 Q，如声光、电光、FTIR 调 Q、InAs 饱和吸收被动调 Q 等的报道。2000 年，Maak 等人[118]使用 TeO_2 作为声光开关材料，提高了 2.79μm 激光器的声光调 Q 输出性能。调 Q 获得单脉冲输出能量 27mJ，脉冲宽度 120ns，动态与静态输出能量比达到 52%。2006 年吉林大学物理学院高锦岳等人[119]使用格兰棱镜作为起偏元件，用 $LiNbO_3$ 开关进行电光调 Q，获得 24.5mJ 的能量输出，脉宽 130ns，动态与静态输出能量比达到 75%。2008 年，刘金生等人[120]采用纯 YAG 晶片作为偏振元件，$LiNbO_3$ 作为开关进行电光调 Q，在 3Hz 重复频率获得 72.3mJ、在 10Hz 重复频率获得 35.4mJ 的能量，最小脉冲宽度为 31.9ns。王礼等人[68]采用 $La_3Ga_5SiO_{14}$（LGS）作为 Cr，Er∶YSGG 晶体的调 Q 开关，获得了能量 216mJ、脉宽 14.36ns、峰值功率 15MW 的 2.79μm 激光输出。激光实验装置如图 1-47 所示，输出脉冲宽度及能量曲线如

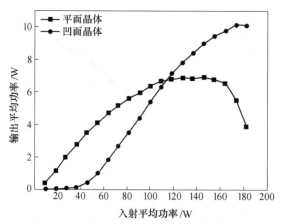

图 1-46　LD 侧面泵浦平面和凹面晶体棒的激光输出曲线

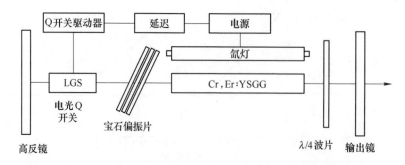

图 1-47　Cr,Er∶YSGG 晶体 LGS 电光调 Q 激光实验装置图

图 1-48 所示。2017 年,方忠庆等人[121]比较了 2% 和 3% 两种不同 Cr^{3+} 浓度(原子分数)Cr,Er∶YSGG 晶体的激光性能,结果表明,3% Cr^{3+} 浓度(原子分数)的晶体具有较高的输出能量、激光效率及较低的激光阈值,二者的光束质量因子 M^2 为 3.5~4,如图 1-49 和图 1-50 所示。

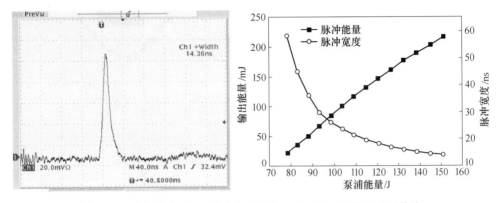

图 1-48 激光脉冲图形及输出能量、脉冲宽度与泵浦能量关系曲线

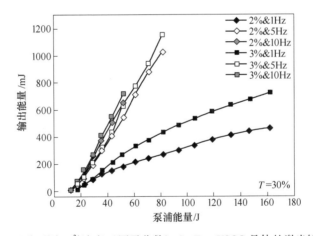

图 1-49 两种不同 Cr^{3+} 浓度(原子分数)Cr,Er∶YSGG 晶体的激光输出能量

由于 YSGG 的热导率仅是 YAG 的一半,而其折射率温度系数 dn/dT 是 YAG 的 2 倍,所以相同泵浦条件下,YSGG 晶体中产生的热透镜光焦度是 YAG 的 2 倍,热效应严重,这使得 YSGG 不适合高重复频率工作,一般其工作频率在 20Hz 以内。Cr,Er∶YSGG 的 2.79μm 固体激光器难以高重频、大功率输出,限制了激光器的应用。如 OPO 光参量振荡器中,一般要求泵浦源工作在千赫兹以上高重复频率,以提高激光器的平均功率。

此外,掺 Er^{3+} 的 2.7~3μm 中红外激光是两个激发态能级间的跃迁,激光下能级的寿命较长,影响了效率的提高,可以采用特殊掺杂的能级耦合方法,如掺

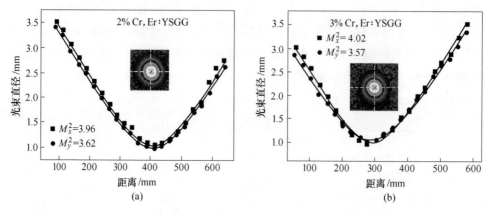

图 1-50　两种不同 Cr^{3+} 浓度（原子分数）Cr,Er：YSGG 晶体的激光光束质量

入适量与 Er^{3+} 的 $^4I_{13/2}$ 或 $^5I_6$ 能级相接近的 Pr^{3+}、Eu^{3+}、Ho^{3+} 等离子，通过离子间的共振能量转移，加快下能级粒子抽空速率，降低激光下能级寿命，从而进一步减小激光阈值，提高激光输出效率和功率。在 1988 年，Huber 等人[122]比较了连续二极管泵浦 Cr,Er：YSGG 和 Cr,Er,Ho：YSGG 晶体的输出特性，在三掺情况下斜率效率得到了提高。图 1-51 中表示了 Cr,Er,Ho：YSGG 晶体中离子间的能量传递过程，其中 Cr^{3+} 作为 Er^{3+} 的敏化离子，Ho^{3+} 作为 Er^{3+} 的能级耦合离子。Gross 等人[123]证明了在 Cr,Er：YSGG 晶体中，Ho^{3+} 和 Pr^{3+} 可以作为 $^4I_{13/2}$ 能级有效的荧光淬灭剂，当用 647.1nm 氪灯泵浦时，重复频率能够扩展到 300Hz。

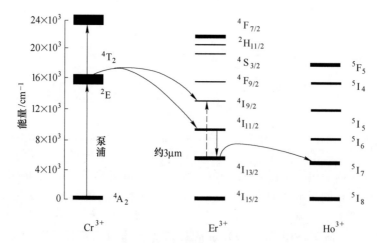

图 1-51　Cr,Er,Ho：YSGG 晶体中离子间的能量传递过程

在医用方面，Cr,Er：YSGG 激光（2.79μm）不仅能被水分子强烈吸收，而且也能被坚固的生物物质中的有机物和无机物经磷灰石强烈吸收，可以用较小的

能量取得较大的作用效果,又能高效切割牙釉质和牙本质而不会对牙髓造成热损伤[124],可以安全、精确、快速切割牙体硬组织,而不会引起邻近组织的温度升高,对牙髓、牙周组织无不良影响。多数情况下,Cr,Er:YSGG激光无需麻醉即可为患者提供无痛治疗龋齿的服务。该激光还可以对牙体硬组织进行蚀刻,有望取代常规的酸蚀过程。同时,Cr,Er:YSGG激光应用于牙周治疗的研究正在不断深入,实验结果表明,只要掌握好Cr,Er:YSGG激光的输出能量、照射方式和治疗时间,就能有效地去除龈下牙石及均匀适量去除根面病变组织,根面粗糙度比较均匀,结合激光的抑菌、杀菌作用,有利于牙周细胞再附着,并且Cr,Er:YSGG激光能够在龈下刮治的基础上去除牙根面的玷污层,且副作用极小。此外,在生物医学中,与目前常用2.94μm的Er:YAG激光相比,Cr,Er:YSGG产生的2.7μm激光在石英光纤中传输损耗小,且对人体组织损伤也较后者小[125],因而在医疗中有着更重要和广泛的应用。越来越多的研究显示,Cr,Er:YSGG激光用于治疗牙周炎有重要的应用价值。这些都将使Cr,Er:YSGG激光在口腔医疗领域有着广阔的应用前景[126]。

I　Nd:GYSGG晶体

在GYSGG晶体中,由于Gd与Y的混合,晶体无序度增加,晶场变弱,因此可以使一些激光晶体的荧光谱加宽,也有利于超短脉冲激光的产生。目前在Nd:GYSGG中显示了优良的双波长激光特性,天津大学钟凯等人[127]在Nd:GYSGG晶体中实现了1321/1336nm的双波长激光输出,还实现了1052.8nm和1058.4nm的调Q双波长激光输出[128],如图1-52所示。通过差频效应,有可能获得约1.53THz的太赫兹光源,在通信、雷达、电子对抗等诸多领域有重要的应用前景。聊城大学张丙元等人[129,130]在Nd:GYSGG晶体的被动调Q及锁模方面做了大量工作,中科院理化所王志敏等人[131]在Nd:GYSGG晶体上实现了

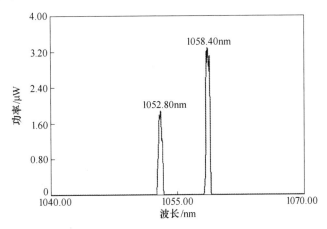

图1-52　Nd:GYSGG晶体的双波长激光输出

1336.6nm 的激光输出，图 1-53 为输出能量与泵浦能量的关系曲线，期望通过 8 倍频获得 167nm 激光用于 ^{27}Al$^+$ 的光学频率标准中实现下一代高精度原子钟。

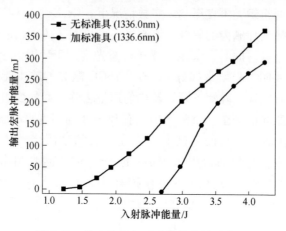

图 1-53　输出能量与泵浦能量的关系曲线

J　Er∶GYSGG 晶体

在掺 Er^{3+} 的 GYSGG 晶体中也显示了优良的抗辐射性能和激光特性[32,132]。图 1-54 和图 1-55 分别为 Er∶GYSGG 晶体的吸收与荧光光谱，拟合得到其上下能级寿命分别为 1.2ms 和 3.9ms，进行了连续和脉冲 967nm 的 LD 泵浦实验，并研究了晶体在不同腔长（图 1-56）、不同重复频率（图 1-57）和不同输出镜透过率（图 1-58）下的激光输出，获得了最大连续输出功率 348mW、脉冲峰值功率 1.25W 的 2796nm（图 1-59）的激光输出，斜率效率 10.1%，但激光阈值较高，达到 315mW。另外，在频率 50Hz、脉宽 2ms 的条件下，在 Er∶GYSGG 晶体上获得了能量约 2.4mJ 的 2.79μm 脉冲激光输出，并且 100Mrad 的

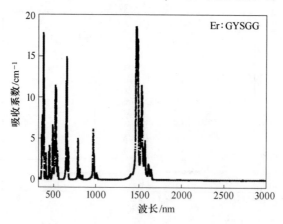

图 1-54　Er∶GYSGG 晶体的吸收光谱图

γ射线辐照后激光输出基本不受影响（如图1-60、图1-61所示），表明稀土离子组成的特殊键链形成了强的抗辐射结构，导致这种新型激光晶体具有优良的抗辐射性能。

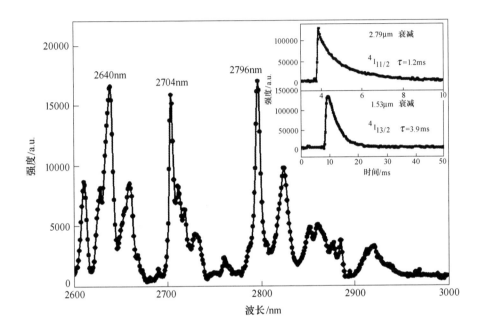

图1-55　Er∶GYSGG晶体的荧光光谱图（插图：荧光衰减曲线）

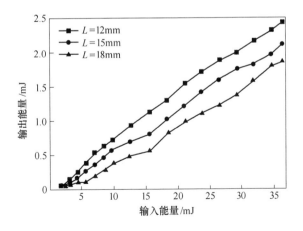

图1-56　Er∶GYSGG晶体激光输出能量与腔长的关系

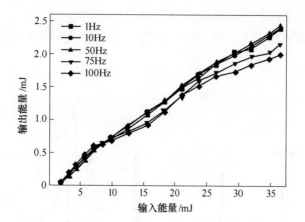

图 1-57　Er：GYSGG 晶体激光输出能量与重复频率的关系

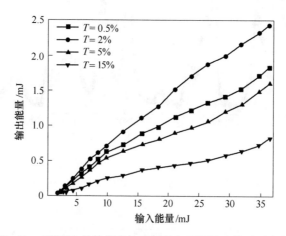

图 1-58　Er：GYSGG 晶体激光输出能量与不同输出镜透过率的关系

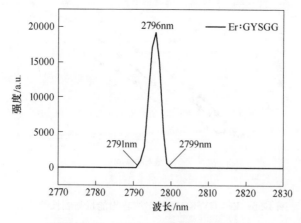

图 1-59　Er：GYSGG 晶体激光输出波长

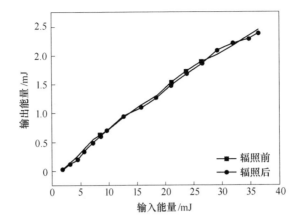

图 1-60　Er∶GYSGG 晶体辐照前后激光输出能量的变化

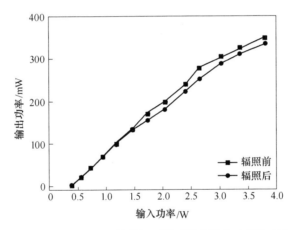

图 1-61　Er∶GYSGG 晶体辐照前后激光输出功率的变化

Er∶GYSGG 晶体的下能级寿命 3.9ms，虽然小于 Er∶GSGG 晶体的 6ms，但仍旧较高。能级耦合的退激活可以降低激光输出阈值并提高激光转换效率，因此进一步对 Er∶GYSGG 晶体进行了退激活设计，其中 Er^{3+} 浓度（原子分数）20%，Pr^{3+} 浓度（原子分数）0.3%，其荧光衰减曲线如图 1-62 所示，上下能级寿命分别为 0.52ms 和 0.60ms，Er^{3+} 的上下能级 $^4I_{11/2}$ 和 $^4I_{13/2}$ 向 Pr^{3+} 的 $^1G_4$ 和 $^3F_4$ 能级的转移效率分别为 56.7% 和 84.6%，能量转移示意图如图 1-63 所示。图 1-64~图 1-66 分别为晶体在不同输出镜透过率、不同腔长及不同重复频率下的输入功率或能量与输出的关系曲线，结果发现激光效率有了明显提高，达到 18.3%，激光阈值下降为 112mW，最大脉冲峰值功率达到 4.8W[133]。此外在掺 Cr^{3+} 敏化离子的 Er,Pr∶GYSGG 晶体中，重复频率达 60Hz 时，其斜率效率仍没有减小，但在 Cr,Er∶YSGG 晶体中，20Hz 时斜率效率就有了明显的下降，图 1-67 为 Cr,Er,

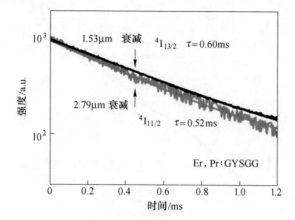

图 1-62　Er,Pr：GYSGG 晶体上下能级荧光衰减曲线

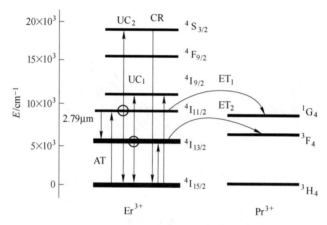

图 1-63　Er^{3+} 与 Pr^{3+} 离子间能量转移示意图

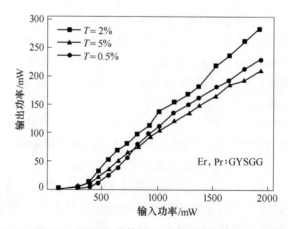

图 1-64　Er,Pr：GYSGG 晶体输出功率与输出镜透过率的关系

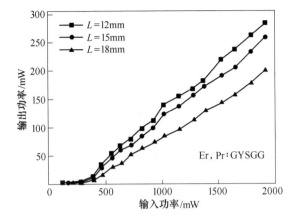

图 1-65　Er,Pr：GYSGG 晶体输出功率与腔长的关系

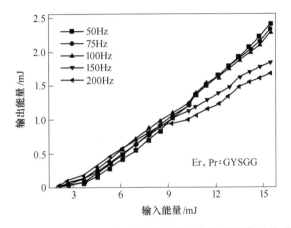

图 1-66　Er,Pr：GYSGG 晶体输出能量与重复频率的关系

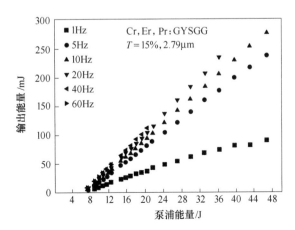

图 1-67　Cr,Er,Pr：GYSGG 晶体在 1~60Hz 重复频率下的激光特性曲线

Pr：GYSGG 晶体在 1~60Hz 重复频率下的激光特性曲线[134]。以上结果显示，退激活离子掺入后，晶体的激光下能级寿命得到了降低，激光效率及高重复频率下的激光性能得到了提升，为该类晶体的实际应用奠定了基础。

为了提高晶体在 970nm 的吸收强度和加宽吸收带，在 Yb,Er,Ho：GYSGG 晶体[132]中，Yb^{3+} 作为敏化离子，可加宽 970nm 附近的吸收带，提高泵浦效率，能级耦合 Ho^{3+} 可作为 Er^{3+} 的退激活离子，其能量传递如图 1-68 所示。表 1-6 是谐振腔长度、输出镜透过率及 γ 辐照与激光性能参数的关系。图 1-69 为 100Mrad γ 射线辐照前后 Yb,Er,Ho：GYSGG 的激光输出功率曲线。结果表明，在三种不同输出镜透过率下，辐照前后晶体的激光输出曲线几乎没有变化，进一步验证了这种晶体优良的抗辐射性能，因此，Yb,Er,Ho：GYSGG 晶体具有优良的抗辐照特性，有在太空及强辐射环境中应用的前景。

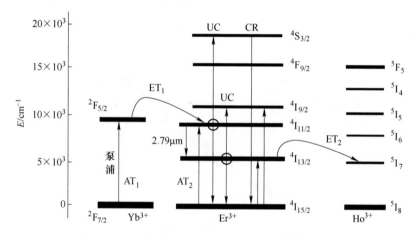

图 1-68　Yb,Er,Ho：GYSGG 晶体中能量传递示意图

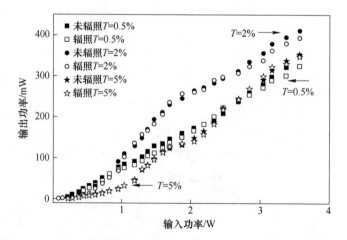

图 1-69　100Mrad γ 射线辐照前后 Yb,Er,Ho：GYSGG 的激光输出曲线

表1-6 输出镜透过率及 γ 辐照与 Yb,Er,Ho∶GYSGG 晶体激光性能参数的关系

T/%	辐照	阈值/mW	最大输出功率/mW	效率/%	斜率效率/%
0.5	否	81	351	9.9	10.9
	是	87	324	9.1	10.0
2	否	140	411	11.6	13.1
	是	146	393	11.0	12.4
5	否	215	352	9.9	11.0
	是	221	347	9.8	10.8

此外，中科院安光所晶体材料研究室还一直致力于晶体热键合技术及相关性能研究。在 GYSGG/Er,Pr∶GYSGG 热键合复合激光晶体中[135]，LD 泵浦端面的温度分布模拟如图 1-70 所示，表 1-7 中为模拟用到的初始参数，Er,Pr∶GYSGG 晶体的泵浦端面最高温度 369K，热键合 GYSGG/Er,Pr∶GYSGG 晶体泵浦端面的最高温度仅为 318K，键合晶体的端面温度有了较大的下降。LD 连续和脉冲泵浦的激光实验如图 1-71 和图 1-72 所示，键合晶体的最大输出功率可达 840mW，远远高于未键合晶体的 410mW；此外，未键合晶体在重复频率 200Hz 时，在某位置出现拐点，输出能量的增量明显下降，而键合晶体中，这种情况得到有效改善。热键合前后晶体的热透镜焦距随泵浦功率的变化曲线如图 1-73 所示，当泵浦功率为 2.5W 时，未键合 Er,Pr∶GYSGG 晶体的热透镜焦距为 41mm，而在相同条件下热键合复合 GYSGG/Er,Pr∶GYSGG 晶体的热透镜焦距为 62mm，结果表明，键合的 GYSGG 端帽可起到热沉的作用，能降低端面温度，有效减小热效应的影响，激光性能得到了进一步提高，有利于获得高性能 LD 端面泵浦的固体

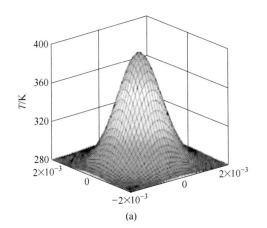
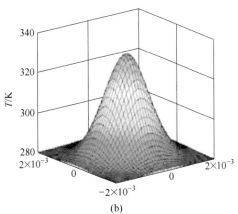

(a)　　　　　　　　　　　　　(b)

图 1-70　端面泵浦 Er,Pr∶GYSGG（a）和 GYSGG/Er,Pr∶GYSGG（b）晶体温度分布

激光。表 1-8 为退激活及热键合对晶体激光性能的影响，从中可以看出，退激活和热键合都可以降低激光阈值，提高激光效率。但二者机理不同，退激活是通过共掺适合的离子抽空激光下能级粒子，降低下能级寿命；热键合是在端面键合纯的同基质晶体，由于没有激活离子，本身不产生热量，可起到热沉的作用，减小热透镜效应。

表 1-7　泵浦端面温度分布拟合初始参数

热导率（κ）	4.663W/(m·K)
输入功率（P_{in}）	3W
吸收系数（α）	3.8cm^{-1}
传热系数（h）	0.4
泵浦光斑半径（ω_p）	100μm
热沉温度（T）	285.2K
晶体长度（d）	5mm

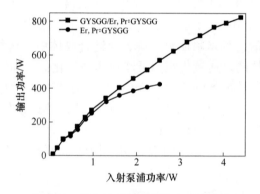

图 1-71　键合前后晶体的输出功率曲线

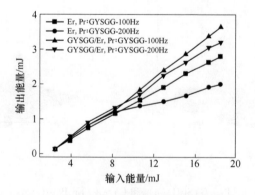

图 1-72　键合前后晶体的输出脉冲能量曲线

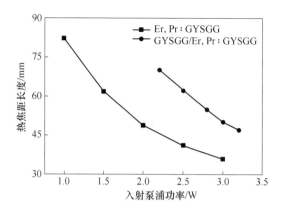

图 1-73 键合前后晶体的热透镜焦距曲线

表 1-8 退激活与热键合对晶体激光性能的影响

晶 体	最大输出功率/mW	输出阈值/mW	斜率效率/%	光-光效率/%
Er∶GYSGG	348	292	10.1	9.2
Er,Pr∶GYSGG	430	102	17.7	17.0
GYSGG/Er,Pr∶GYSGG	825	90	19.2	18.7

方忠庆等人[136]还对 Cr,Er,Pr∶GYSGG 晶体中的三种掺杂离子浓度作了进一步的优化，同时在晶体棒的两端键合了纯的 GYSGG 作为端帽，如图 1-74 所示。从图 1-75 中激光棒的温度分布模型图，表明键合面处的温度相对较低。激光实验也显示键合晶体的输出能量、热透镜焦距、激光效率及光束质量也相对高于没有键合的晶体，如图 1-76~图 1-78 所示。

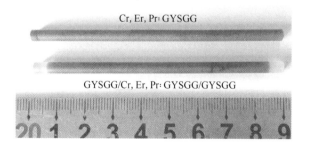

图 1-74 Cr,Er,Pr∶GYSGG 及键合的激光晶体棒

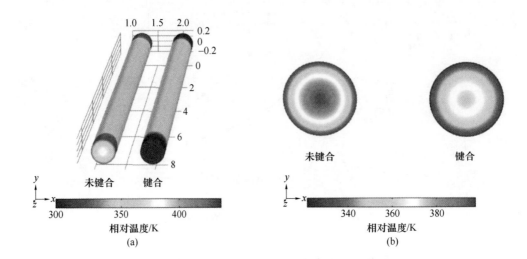

图 1-75　Cr,Er,Pr：GYSGG 及键合激光晶体棒的相对温度分布模型
(a) 整支棒；(b) 键合面及相应的位置处

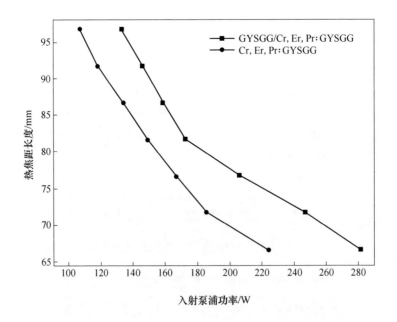

图 1-76　Cr,Er,Pr：GYSGG 及键合激光晶体棒的热透镜焦距

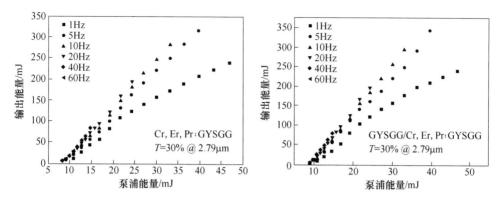

图 1-77　Cr,Er,Pr：GYSGG 及键合激光晶体棒的激光输出能量曲线

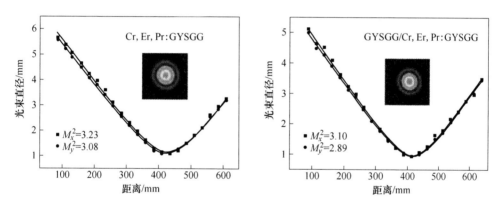

图 1-78　Cr,Er,Pr：GYSGG 及键合激光晶体棒的光束质量

1.2　稀土钒酸盐系列晶体

钒酸盐系列晶体主要包括钒酸钇（YVO_4）、钒酸钆（$GdVO_4$）、钒酸镥（$LuVO_4$）、钒酸镧（$LaVO_4$）及其衍生出来的混合组分晶体，其中研究最多的是前两种，实际应用最为广泛的是 YVO_4 及 Nd：YVO_4。下面对 YVO_4 和 $GdVO_4$ 两种晶体作详细介绍。

1.2.1　化学成分及晶体结构

1963 年 Gambin 等人[137]报道了多种钒酸盐的 X 射线结构，提出在钒酸盐系列中（$REVO_4$，RE＝Y、Gd、Lu、La 等），除 $LaVO_4$ 具有低对称性结构外，其他都属于中级对称性的四方晶系，点群为 4mmm（D_{4h}），空间群为 I41/amd，锆英石（$ZrSiO_4$）型结构，YVO_4 晶体的结构如图 1-79 所示，光学单轴晶，晶胞参数为 $a=b=0.7119nm$，$c=0.6293nm$。$GdVO_4$ 晶体结构类似，光学单轴晶，晶胞参数

为 $a=b=0.7211$nm，$c=0.6350$nm。

1.2.2 基本物理性质

图 1-80 为中科院安光所生长的 YVO_4 晶体照片。掺杂的 Nd^{3+} 等价取代 YVO_4 中的 Y^{3+}，对于 Nd：YVO_4，其熔点为 1810℃ 左右，莫氏硬度为 4.6～5，密度为 4.22g/cm^3，a 向的热导率为 5.1W/(m·K)，c 向略大，为 5.23W/(m·K)，其吸收峰在 808.6nm，吸收截面为

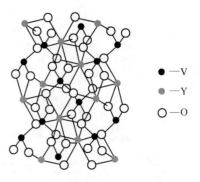

图 1-79 YVO_4 晶体结构示意图

$5.7×10^{-19}cm^2$，吸收峰半高宽为 2nm，是 Nd：YAG 的两倍（0.9nm），发射峰为 1064.3nm，发射截面为 $12×10^{-19}cm^2$，荧光寿命约为 100μs。表 1-9 为该种晶体的基本物理性质，可以看出该类晶体的热导率约为 Nd：YAG 的一半，而发射截面比 Nd：YAG 大得多，这就决定了该类晶体适合在高效中小功率激光中应用。

图 1-80 生长的 YVO_4 晶体照片

Nd：$GdVO_4$[138] 是一种与 Nd：YVO_4 同晶型的晶体，各方面性质与 Nd：YVO_4 晶体十分相近。除了具有 Nd：YVO_4 晶体的优点（受激发射截面大、吸收系数大、输出为线偏振）外，Nd：$GdVO_4$ 晶体沿<110>方向的热导率 [11.77W/(m·K)] 非常大，是 Nd：YVO_4 晶体的两倍多，甚至高于 Nd：YAG 晶体。所以，Nd：$GdVO_4$ 晶体是一种非常适合 LD 泵浦，尤其适合于高功率运转的激光晶体，有望在高功率全固态激光器中获得更广泛的应用。表 1-9 列出了 YVO_4、

GdVO$_4$ 和 LuVO$_4$ 三种钒酸盐晶体的基本物理性质。

表 1-9 三种钒酸盐晶体的基本物理性质

分子式		YVO$_4$	GdVO$_4$	LuVO$_4$
分子量		203.85	272.19	289.91
晶系		正单轴晶体，$n_a=n_b=n_o$，$n_c=n_e$		
空间点群		D_{4h}		
光透过范围/μm		0.45~5		
熔点/℃		1810	1800	1800
密度/g·cm^{-3}		4.22	5.48	6.23
莫氏硬度		4.6~5	4.6~5	—
晶格常数/nm		$a=b=0.7118$, $c=0.6293$	$a=b=0.7211$, $c=0.6350$	$a=b=0.70243$, $c=0.6232$
线膨胀系数/K^{-1}		$\alpha_a=4.43\times10^{-6}$, $\alpha_c=11.37\times10^{-6}$	$\alpha_a=1.5\times10^{-6}$, $\alpha_c=7.3\times10^{-6}$	—
热导率/W·(m·K)$^{-1}$	a 轴	5.1	10.1	7.96
	c 轴	5.23	11.37	9.77
声子能量/cm^{-1}		895	888	903

1.2.3 晶体生长

图 1-81 是 Y$_2$O$_3$-V$_2$O$_5$ 的二元组分相图[139]。两者的一致共熔点为 1810℃±25℃，在 1585℃ 以及 1550℃±10℃ 附近，Y$_2$O$_3$ 和 V$_2$O$_5$ 可以分别形成 5Y$_2$O$_3$·V$_2$O$_5$ 和 4Y$_2$O$_3$·V$_2$O$_5$ 两种不同物质；在 670℃ 以下可形成 YVO$_4$ 和 V$_2$O$_5$ 的固熔体。考虑到五价钒在高温下不稳定，易被还原成其他的低价钒，形成更复杂的体系，有必要引进 Y$_2$O$_3$-V$_2$O$_5$-V$_2$O$_3$ 三元组分相图[140,141]。从图 1-82 三元相图中可以看出，在 1810℃ 附近 Y$_2$O$_3$-V$_2$O$_5$ 一致共熔，原料中 V$_2$O$_5$ 所占比例为 49.3%，高温时 V$_2$O$_5$ 也可以被还原成 V$_2$O$_3$，所以在 1860℃ 附近可形成黑色的第二相物质 YVO$_3$，当然五价钒也可能被还原成其他的低价钒。

YVO$_4$ 不是自然界天然存在的矿物，最先是由 Broch[142] 在 1933 年合成得到，并于 1962 年由 Vanuitert 等人[143] 首次用降温法从 NaVO$_3$ 熔体中生长出来的。当时就已知道 Nd：YVO$_4$ 是良好的激光晶体，人们开始对这类晶体进行了广泛的研究，分别采用助熔剂、区熔、水热等方法进行了生长，但这些方法普遍存在的问题是只能生长出较小的晶体，生长大尺寸晶体时，在正钒酸钇的单轴结构中出现双轴的偏钒酸钇晶相 YVO$_3$，以致不能用作激光晶体。1966 年，Rubin 等人[144] 用提拉法生长出了第一块比较大的 YVO$_4$ 晶体（约 φ13mm×50mm），奠定了该类晶

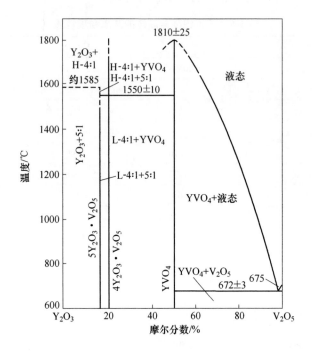

图 1-81　Y_2O_3-V_2O_5 二元组分相图

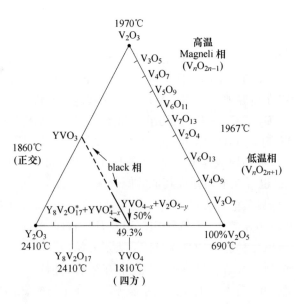

图 1-82　Y_2O_3-V_2O_5-V_2O_3 三元组分相图

体产业化的基础。特别是在 1987 年，基于 LD 的出现和全固态激光器的发展，该晶体具有大的发射截面的特点才被人们重新认识，Fields 等人[145]首次报道了 LD 端面泵浦的 Nd：YVO$_4$ 激光输出，随后该类晶体在 LD 泵浦的激光中得到了广泛的研究，掀起了人们对于全固态激光的研究热潮。这也推动了对该类晶体生长的深入研究，20 世纪 90 年代，提拉法生长 Nd：YVO$_4$ 技术得到了突破性进展，成了最为常规的生长钒酸盐晶体的主要技术，但几乎全部集中在 c 向生长上，而在实际的应用过程中，人们开始发现用 a 方向生长的 Nd：YVO$_4$ 晶体在激光的出光质量和器件加工方面远远优于 c 方向生长的晶体，到目前为止，激光晶体生产厂家都公认使用 a 向生长的 Nd：YVO$_4$ 晶体。然而，受到在晶体生长界面内对称性因素的影响，采用 a 方向进行单晶生长要比 c 方向单晶生长困难。用 a 向生长的 Nd：YVO$_4$ 晶体非常容易产生色差、小角晶界和散射颗粒等缺陷，而且不容易得到大尺寸晶体。Nd：YVO$_4$ 是众多使用提拉法进行单晶生长中比较难生长的晶体之一，在生长过程中，由于温度变化对其生长影响较大，需根据固液界面的变化，实时调节晶体生长温度，经实践证明，很难用电子秤自动控制生长。目前利用提拉法已可以生长出性能优良的较大尺寸晶体。

Nd：GdVO$_4$ 晶体是从 20 世纪 90 年代才开始进行研究的晶体。1992 年，Zagumennyi 等人[146]首次用提拉法生长出了大尺寸的晶体，并对其光谱以及激光特性进行了初步研究；1994 年，Jensen 等人[147]全面研究了 Nd：GdVO$_4$ 晶体的光谱及其激光性能；1995 年，Studenikin 等人[138]报道了该晶体的热学性质、折射率等特性；1996 年，山东大学张怀金课题组开始对该类晶体的生长和特性进行探索，并于 2002 年对其激光特性包括基频和倍频激光特性等进行了综述[148]，图 1-83 是生长的 Nd：GdVO$_4$ 晶体[149]。从那时起，人们开始认识到了该类晶体的优势，纷纷进行了其激光应用的研究。

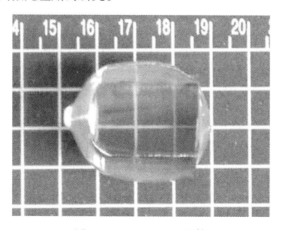

图 1-83　Nd：GdVO$_4$ 晶体

1.2.4 晶体缺陷

钒酸盐晶体缺陷主要包括开裂、散射颗粒、小角度晶界和色心等，需选用合适的温场及生长参数等来克服这些缺陷，但是克服这些缺陷的手段有时是矛盾的，需要综合考虑各种因素的影响。

开裂主要包括无规则开裂、解理和微裂纹等，无规则开裂通常是由机械杂质或自发形成的杂晶进入生长晶体而造成的。晶体容易沿垂直于 a 轴方向解理，这与晶体的结构和各向异性的热膨胀性质有关。而晶体中的微开裂都处在微小包裹体的周围，其开裂的方向与解理方向相同，这种开裂显然是由包裹体造成的应力所引起的。

散射也是比较常见的缺陷，有时晶体在 He-Ne 激光的照射下侧面可见散射光点，说明晶体中存在散射颗粒。YVO_4 晶体中的包裹体造成的散射是影响最大的一种缺陷，在 Nd：YVO_4 晶体生长过程中，由于铱金坩埚的氧化，将不断有铱以包裹体的形式混入晶体，形成散射颗粒。生长环境中的气体有时作为杂质溶解于熔体中，也会在晶体中形成包裹物，即气泡。Nd：YVO_4 晶体中包裹物的另一个起因是原料的非同成分挥发，在晶体生长过程中氧化钒挥发比较明显，生长结束后也可以看到生长炉内壁有许多钒的挥发物（用纸擦拭下来呈黄色），而氧化钇基本上不挥发，这样经过多次的生长之后，熔体将会偏离适当的配比，熔体中过剩的组分可能以包裹体的形式进入晶体。另外，在 Nd：YVO_4 晶体中有时会发现液相包裹物，这主要是由组分过冷引起的，在组分过冷的条件下，不稳定生长界面上凹陷处的过热熔体将长入晶体，形成液相包裹物。此外，由于固溶于 YVO_4 中的极小量的 YVO_3，在晶体快速冷却时造成析晶也会导致产生包裹物。宋浩亮等人[150]采用在底部为圆弧形的铱金坩埚上部加一圆形铱片的"异形坩埚"，较好地抑制了这些缺陷的形成。

Nd：YVO_4 晶体的另一个常见的缺陷是小角晶界，它主要是由籽晶的不完美和生长初期的控制不当造成的。小角晶界会引起钒酸钇内部的多晶生长。因此，在晶体生长的放肩阶段，如果看到晶体肩部沿半径方向有细丝状分布线，则可能是多晶，此时需要将生长出的晶体伸入熔体熔掉，重新下种。

2002 年，山东大学张怀金等人[148]采用化学腐蚀及金相显微镜观察对 Nd：$GdVO_4$ 晶体的开裂、位错、亚晶界、台阶小面、色心、包裹物散射进行了研究，并提出采用减小生长过程中温度波动、用高质量精确定向的籽晶、提纯原料和过热熔体、合适的生长拉速和转速、合适的晶体生长温场等方法克服和减少这些缺陷的产生。

如果钒酸盐晶体在自然光和冷光源下，肉眼看起来均匀透明，没有颜色梯度，观察不到白色混浊，此外在 He-Ne 激光对晶体进行透射检查时，若没有散射,这样的晶体质量是合格的。

1.2.5 晶体性能及应用

1.2.5.1 双折射光学材料

YVO_4 晶体是近年来新开发出的优秀的双折射光学晶体,在可见及近红外很宽的波段范围内有良好的透光性、较大的折射率值及双折射率差而成为制作光学偏振元器件的理想材料。与其他重要的双折射晶体相比,YVO_4 晶体比冰洲石($CaCO_3$ 单晶)硬度高,机械加工性能好,不溶于水,并可人工生长(冰洲石需依赖天然资源);YVO_4 晶体也比金红石(TiO_2 单晶)易于生长出大块优质晶体,价格大大低于金红石。这些优异特性使 YVO_4 晶体迅速成为新型的双折射光学材料,在光电产业中得到广泛的应用。在光纤通信设备中,就需要大量的由纯 YVO_4 晶体制造的各种分光、偏光元件,如光隔离器、环形器、光分束器、格兰偏振镜及其他偏振器件等[151,152]。光纤隔离器主要是用来消除光纤通信系统中的回返光。它是一种非互易的光器件,它允许正方向传播的光通过,不允许相反方向的光通过。光纤隔离器用于激光器和光纤放大器等共同使用的场合,如激光器管芯内封装、光放大器、光波长选择器、光纤环形激光器和光纤激光器等器件中,量大而广,使用非常广泛。目前的光隔离器,其两端是用双折射晶体 YVO_4 做成楔形物作为偏振器,中间的核心部件是磁旋光晶体,晶体可做成薄片状或球形。图 1-84 是光纤隔离器的原理示意图。YVO_4 晶体是楔角为 θ 的楔形,两晶体光轴之间的夹角为 45°,光正向传输时,自聚焦透镜输出的平行光经第一块 YVO_4 晶体分成为 o 光和 e 光,两束光的夹角稍有不同,经 FR 旋转 45°后,在第二块 YVO_4 的出射端得到中心稍稍分开的两束平行光,并由增益 2 耦合进光纤反向传输时,由于 FR 的非互易性,由增益 2 来的平行光经 YVO_4 Ⅱ后的 o 光、e 光再经 FR 后,对 YVO_4 Ⅰ来说,原来的 o 光变成了 e 光,原来的 e 光变成了 o 光,在同一表面折射的偏转方向刚好相反,因此,在 YVO_4 Ⅰ中继续分开,适当选择

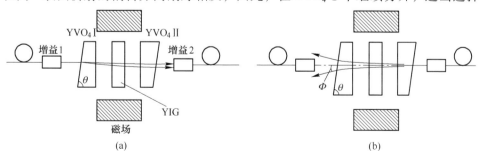

图 1-84 光纤隔离器原理图

(a) 入射光;(b) 反射光

YVO₄ 的楔角 θ 和增益的参数，使反向传输的光不能进入输入光纤而达到反向隔离的目的。此外，YVO₄ 晶体与金红石等晶体组合，还可以得到理想的温度补偿效果，大大地提高光通信系统的温度稳定性。

1.2.5.2 激光工作物质

目前，对于钒酸盐晶体研究最为广泛的是稀土 Nd、Yb、Tm 和 Ho 等掺杂的晶体。实际应用中主要是 Nd：YVO₄ 晶体，现在 Nd：YVO₄ 激光器已在机械、材料加工、波谱学、晶片检验、显示器、医学检测、激光印刷、数据存储等多个领域得到广泛的应用。表 1-10 是 Nd：YAG 晶体与几种钒酸盐晶体的性能比较。相对于 Nd：YAG，钒酸盐类晶体都具有大的发射截面、宽的发射谱线、短的荧光寿命以及较低的热导率，这也决定了其主要应用于中小功率激光中，而其锆石的结构，决定了其物理性能的各向异性。Nd：YVO₄ 是一种低阈值、高效率的激光晶体，特别适合 LD 泵浦，容易实现商品化的全固态激光器，但 Nd：YVO₄ 晶体的物理化学性能及热学性能较差，较难生长出大尺寸晶体，目前主要应用于小型化、低功率激光方面。LD 泵浦的 Nd：YVO₄ 晶体与 LBO、BBO、KTP 等高非线性系数的晶体配合使用，能够达到较好的倍频转换效率，可以制成输出近红外、绿色、蓝色到紫外线等类型的全固态激光器。LD 泵浦 Nd：YVO₄ 固态激光器正在迅速取代传统的水冷离子激光器和灯泵浦激光器的市场，尤其是在小型化和单纵模输出方面。在中小功率的激光器中，Nd：YVO₄ 晶体已经成为 Nd：YAG 晶体的有力竞争者，并且在微片激光器和单频激光器方面具有其他晶体无法相比的优势。目前商品化的中、小功率全固态绿光激光器大都采用 Nd：YVO₄ 晶体作为激光介质，LD 泵浦 Nd：YVO₄ 激光器已进入商品化阶段，例如 Spectra-Physics 公司开发了用二极管激光器通过光纤耦合端面泵浦 Nd：YVO₄ 小型化（长 5cm）Q

表 1-10　Nd：YAG 和钒酸盐晶体性能比较

晶体	Nd：YAG	Nd：YVO₄	Nd：GdVO₄
吸收峰/nm	807.5	808.5	808.4
吸收线宽/nm	0.9	2	1.6
发射波长/nm	1064.2	1064.3	1062.9
吸收截面/cm²	0.74×10^{-19}	5.7×10^{-19}	5.2×10^{-19}
发射线宽/nm	0.6	0.8	1.25
发射截面/cm²	4.8×10^{-19}	15.6×10^{-19}	7.6×10^{-19}
能级寿命/μs	255	115	90
偏振	无	//C	//C
热导率/W·(m·K)⁻¹	11.2	5.14	11.4

开关激光器,在重复频率 50kHz 时输出平均功率 3W。目前 LD 泵浦 Nd∶YVO$_4$ 晶体的基频光最高输出功率为 35W（TEM00 模,光转换效率为 62%）,腔内倍频的绿光输出已经达到 20W,德国人用 LD 泵浦 Nd∶YVO$_4$ 晶体,再通过 LBO 晶体和 KTA 晶体对产生的 1.06μm 的基频光进行倍频、OPO 等光学过程,可得到 7.1W 的绿光、6.9W 的红光和 5.9W 的蓝光输出,显示了 Nd∶YVO$_4$ 晶体的应用背景。Nd∶YVO$_4$ 晶体具有很强的双折射特性（n_o=1.958,n_e=2.168,1.064μm 波长处）。在 a 轴切割的工作模式下,其光场矢量 E 平行于晶体光轴方向的 π 偏振（E∥C）和 δ 偏振（E⊥C）的光谱特性具有明显的差异,最强吸收与最强发射都发生在 π 偏振取向,因此常用 a 轴切割晶体得到 π 偏振激光输出。腔内倍频时,振荡光的线偏振特性有利于倍频效率的提高[153]。

  Nd∶GdVO$_4$ 是和 Nd∶YVO$_4$ 性质相近的优秀激光晶体,因具有众多的优异特性而成为 LD 泵浦激光器的又一理想工作介质。它具有如下特点[154~156]：(1) Nd∶GdVO$_4$ 在 808nm 峰值波长吸收峰半高宽为 1.6nm,是 Nd∶YAG 的近 2 倍；吸收截面是 Nd∶YAG 的 7 倍多,是 Nd∶YVO$_4$ 的近 2 倍。(2) 大的发射截面。Nd∶GdVO$_4$ 在 1.06μm 的发射截面为 7.6×10^{-19}cm^2,是 Nd∶YAG 的 3 倍多,约为 Nd∶YVO$_4$ 的一半；在 1.34μm 的发射截面也高于 Nd∶YAG,与 Nd∶YVO$_4$ 相当。(3) 高的热导率。Nd∶GdVO$_4$ 的热导率为 11.7W/(m·K),比 Nd∶YVO$_4$ 和 Nd∶YAG 都高 [它们的热导率分别为 5.1W/(m·K) 和 11.2W/(m·K)]。(4) 可实现高浓度掺杂而不出现发光浓度猝灭。(5) 大的分凝系数。Nd 在 GdVO$_4$ 中的分凝系数为 0.78,而 Nd 在 YVO$_4$ 中的分凝系数为 0.64。大的分凝系数使得生长光学质量均匀的晶体相对容易。这些优点使 Nd∶GdVO$_4$ 激光具有阈值低、斜率效率高、损伤阈值高、激光输出偏振性好等特点,成为 LD 泵浦激光器和高功率激光器的理想工作物质,近年来引起人们的极大兴趣。这些诱人的特性使得 Nd∶GdVO$_4$ 晶体生长和激光器的研究成为当前的研究热点,俄罗斯、美国、德国、日本、瑞士、韩国等都在进行研究。于浩海等人[157]发现,在高功率泵浦下,与相同浓度的 Nd∶YVO$_4$ 晶体相比,Nd∶GdVO$_4$ 晶体的热聚焦作用相对较弱,而激光性能则优于 Nd∶YVO$_4$ 晶体。在中小功率高效率激光方面,2000 年,他们采用端面泵浦的 Nd∶GdVO$_4$ 激光器,达到了超过 14W 的 TEM00 模的激光输出,其光-光转换效率为 55%,而平均斜率效率达到 62%[154]。在高功率激光器的应用上,2004 年薄片 Nd∶GdVO$_4$ 激光器已经获得了输出功率为 202W 激光输出[158]。以上研究都证明该类材料潜在的应用价值。

  此外,2001 年,Kaminskii 等人[159]首先发现了 YVO$_4$ 和 GdVO$_4$ 晶体是优秀的拉曼介质,在掺入稀土离子后容易获得自拉曼特性,从而制作出结构紧凑的全固态自拉曼激光器,我国台湾地区的陈永福[160,161]对掺钕的钒酸盐进行了自拉曼的系列研究。

1.3 钙钛矿系列晶体

钙钛矿的分子通式为 ABO_3，此类氧化物最早被发现是存在于钙钛矿石中的钛酸钙（$CaTiO_3$）化合物，因此而得名。由于此类化合物结构上有许多特性，在凝聚态物理方面应用及研究甚广，所以物理学家与化学家常以其分子式中各化合物的比例（1∶1∶3）来简称之，因此又名"113"结构钙钛矿型复合氧化物，它是一种具有独特物理和化学性质的无机非金属材料。

1.3.1 化学成分及晶体结构

钙钛矿 ABO_3 中，A 位一般是稀土或碱土元素离子（Y、Lu、Li 等），B 位为金属或过渡元素离子（Al、Nb、Ta 等），A 位和 B 位皆可被半径相近的其他金属离子部分取代而保持其晶体结构基本不变。目前作为激光基质的主要有铝酸钇 $YAlO_3$（YAP）和 $LiNbO_3$（LN）等，在实际应用中以 YAP 为主。

自 20 世纪 60 年代末以来，YAP 成为一种潜在的氧化物激光基质，受到人们的广泛关注。它具有畸变的钙钛矿结构，是从 Y_2O_3-Al_2O_3 二元体系中（图 1-2）发展而来的。国际上公认的 YAP 的空间群有两种类型，即 Pbnm 型和 Pnma 型，目前普遍采用的是后者，这两者之间的转换关系为 (a, b, c) Pbnm ↔ (b, c, a) Pnma[162]。YAP 晶体属于正交晶系，是光学负双轴晶体，两光轴方向在 ac 平面上互成 70°角，c 轴是锐角的等分线。YAP 的晶体结构如图 1-85 所示[163]，从图中可以看出，单位晶胞中有 4 个 $YAlO_3$ 分子，Al^{3+} 离子处于氧八面体的中心位置，其配位数为 6；而 Y^{3+} 离子具有 12 配位，处于氧配位多面体的中心。

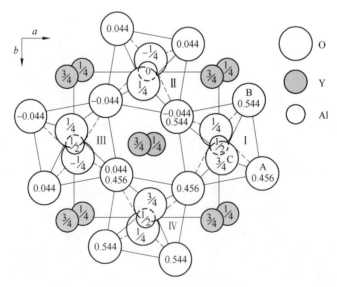

图 1-85　YAP 晶体结构示意图

1.3.2 基本物理性质

YAP 是一种优良的基质晶体,具有化学性质稳定、硬度大、热导率和热扩散系数大以及机械强度高等特点。Zeng 等人[164]采用最小偏向法测量了 1%(质量分数)Nd:YAP 晶体三个结晶方向的折射率,给出了塞米尔方程:

$$n_i^2(\lambda) = 1 + \frac{B_i}{1 - \frac{C_i}{\lambda^2}} + \frac{D_i}{1 - \frac{E_i}{\lambda^2}} \quad (i = a, b, c) \tag{1-1}$$

塞米尔系数如表 1-11 所示。

表 1-11 室温下 YAP 晶体折射率塞米尔系数

项目	B	$C(\times 10^{-2})$	$D(\times 10^{-2})$	E
n_a	2.715339	1.237917	9.034607	8.389919
n_b	2.682368	1.219273	8.804046	8.133462
n_c	2.643755	1.081181	−11.60196	−3.932196

表 1-12 是 YAP 和 YAG 晶体的一些重要物理性质的对比。YAP 与 YAG 晶体有着相似的热力学和力学性能,可满足激光对基质晶体的要求。与 YAG 晶体相比,YAP 晶体还具有一些独特的优点:(1)易于掺杂稀土离子,且掺杂离子分布较均匀。这是由于 YAP 晶体中 Y—O 键间距离(0.262nm)大于 YAG 晶体中 Y—O 键间距离(0.245nm)。如 Nd:YAG 晶体中 Nd^{3+} 离子的分凝系数仅为 0.2,而 Nd:YAP 晶体中 Nd^{3+} 的分凝系数较大,约为 0.8[165]。(2)以 YAP 作为基质晶体,激光具有偏振输出的特性,且激光效率大于 YAG 基质材料,在光参量振荡、倍频等非线性光学以及生物医疗领域有着重要的应用。

表 1-12 YAP 与 YAG 晶体的物理性质

基质	YAP	YAG
化学组成	$YAlO_3$	$Y_3Al_5O_{12}$
熔点/℃	1917	1950
对称性	正交	立方
空间群	Pnma	Ia-3d
晶胞参数	(a) 5.329 (b) 7.371 (c) 5.180	12.01
Y—O 键间距离/nm	0.262	0.245
莫氏硬度	8.5	8.25
密度/g·cm^{-3}	5.35	4.56
热导率/W·(m·K)$^{-1}$	11	13
线膨胀系数/℃$^{-1}$	(a) 4.2×10^{-6} (b) 11.7×10^{-6} (c) 5.1×10^{-6}	7.7×10^{-6}
折射率(1.0785μm)	(a) 1.931 (b) 1.922 (c) 1.908	1.817

1.3.3 晶体生长

从 Y_2O_3-Al_2O_3 的二元相图（图 1-2）中可以看出，YAP 与 YAG 一样也属化学计量比化合物，熔点在 1917℃ 左右。YAP 晶体一般采用铱坩埚为容器的提拉法生长，为保证晶体质量，对晶体生长所使用的初始原料纯度及准备过程均有严格要求。杂质会直接影响晶体的物理、化学和光学性能，且影响程度与杂质的浓度有关。因此初始原料必须采用高纯原料，一般要求纯度不小于 99.99%，且在原料的制备过程中，要求周围环境清洁、操作规范，以减少杂质的引入，从而有利于提高晶体质量及生长效率。

对于提拉法生长 YAP 系列晶体，原料组分在高温熔体时处于一致熔融且不存在挥发现象，因而可按照下列反应方程式配制晶体生长的原料：

$$Al_2O_3 + (1-x)Y_2O_3 + xRE_2O_3 \longrightarrow 2Y_{1-x}Re_xAlO_3 \qquad (1-2)$$

式中，x 为熔体中掺杂稀土离子 RE^{3+}（Tm^{3+}、Ho^{3+}、Nd^{3+}、Er^{3+}、Yb^{3+}、Pr^{3+} 等）的原子分数，晶体中离子的掺杂浓度可根据掺杂离子在熔体中的浓度 x 与相应的有效分凝系数 k_{eff} 计算得到。按照化学计量比分别计算所需每种化学组分的重量，准确称取并进行充分混合，然后压成块状放在氧化铝坩埚中，在马弗炉中空气气氛下经 1300℃ 高温煅烧 12h，得到多晶粉料，置于干燥皿中备用。

采用提拉法生长 YAP 系列单晶体，其生长流程一般经过以下几个步骤：坩埚预处理→装炉→空烧坩埚→升温化料→引晶→程控生长→放肩、等径和收尾→降温。图 1-86 为莫小刚等人[166]采用中频感应加热的熔体提拉法生长的 Nd∶YAP 晶体照片。

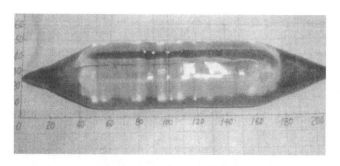

图 1-86　Nd∶YAP 晶体照片

1.3.4 晶体缺陷

YAP 系列晶体中常见的几种缺陷有色心、开裂、包裹物、位错、散射颗粒、孪晶、核心及生长条纹等，下面分别详细讨论其形成缺陷的原因以及改善的方法，可为优化生长工艺并获得高质量单晶提供依据。

1.3.4.1 色心

晶体中正负离子电荷的失衡或不同离子间位置的交换常导致晶体中形成色心。过渡金属原子或离子、杂质阴离子和异相物等杂质均有可能进入晶体，当杂质进入晶体后会形成相应的负空位团和正空位团，这些异相团之间进行空间补偿和电荷补偿时便可能形成色心缺陷[167]。

对于纯 YAP 晶体，在未经退火时一般呈橙红色，经 H_2 气氛退火后颜色基本变为无色，经空气（富氧）气氛退火则使其颜色加深。图 1-87 所示为中科院安光所生长的纯 YAP 晶体经 H_2 还原气氛退火后的颜色变化。对于纯 YAP 晶体，其色心的形成一般认为是由于杂质低价阳离子（如 Na^+、K^+、Li^+、Ca^{2+}、Mg^{2+} 等）在晶体生长过程中进入晶格取代 Y^{3+} 或 Al^{3+} 离子的格位，造成局部电荷不平衡。为了补偿电荷平衡，在晶体内部形成了氧空位，氧空位获得一个电子便形成了 F^+ 色心。李涛[168]等人认为在补偿局部电荷不平衡时，晶体中在形成氧空位的同时也可能在氧格位上形成电子陷阱，即氧格位上的 O^{2-} 离子失去一个电子形成 O^- 心[169,170]。另外，由于钙钛矿结构晶体中的氧均具有较大的迁移性能[171]，因此退火气氛对在晶体中形成的 O^- 心浓度有很大影响。当晶体在空气中退火时，空气中的氧向晶体内部扩散，这会使晶体中氧空位的数目大大降低。为了保持电荷平衡，O^- 心的浓度会相应的提高。这个过程用方程式表示为：$1/2O_2 + F^+ \rightarrow [O_o^-]^+$，而当晶体在 H_2 气氛中退火时，氧则从晶体中向外扩散，使得氧空位也即 F^+ 的浓度升高而 O^- 心的浓度降低。

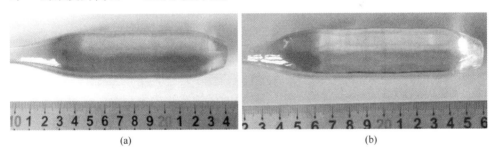

图 1-87 生长的 YAP 晶体
(a) 退火前；(b) 氢气还原气氛退火后

对于掺杂的 YAP 系列晶体，由于掺杂离子不同其颜色往往也不相同，而且颜色的深浅与掺杂离子浓度有很大关系。一些掺杂离子容易发生变价，这使得掺杂晶体的颜色可能发生不同程度的改变，比如 Yb^{3+} 离子掺杂的 YAP 晶体[168]，Yb^{3+} 离子易变价为 Yb^{2+} 离子，从而晶体中低价阳离子的数目有所提高，相应的为了使晶体内部电荷达到平衡，O^- 心的浓度就会有所增加，而 O^- 心在 400nm 附近存在吸收，O^- 心浓度的变化导致了吸收强度的变化，从而使晶体颜色发生变化。

了解色心的形成机制，可对纯 YAP 及掺杂系列晶体的变色现象做出合理的解释，也可以为纯 YAP 或掺杂的 YAP 晶体选择合适的退火气氛以减少或消除色心做出指导。

1.3.4.2 云层

大尺寸 Nd：YAP 晶体中容易出现云层缺陷[172]，尽管在 YAP 基质晶体中 Nd^{3+} 离子的分凝系数比较大，约为 0.8，但当采用较大的生长速率（3mm/h）、低转速（10r/min）和较大口径（ϕ30mm）等参数条件进行晶体生长时，由于存在分凝效应，则晶体生长过程中 Nd^{3+} 离子在熔体一侧聚集。一旦受到外界的干扰（例如功率波动等）就容易引起组分过冷生长，随之晶体中就可能出现云层等缺陷。通常可加大炉膛内温度梯度的温场分布，通过加速熔体的自然对流，来减少 Nd^{3+} 离子在固-液界面处的聚集，从而避免在晶体中形成云层等缺陷。

1.3.4.3 开裂

熔体提拉法生长的晶体，特别是对于易脆难熔的氧化物晶体，当由非均匀温度分布引起的应变超过某一极限应变时，将导致晶体开裂。晶体开裂是一个复杂的物理化学过程，不仅受热应力，还受生长工艺参数、结构应力、化学应力和机械应力等诸多因素的影响[173]。在晶体生长的过程中，由于炉膛内温场设计不合理，温度梯度过大或加热、冷却速率过快，这些皆有可能使晶体内部产生热应力而发生相对形变，从而导致晶体开裂。

对于 YAP 系列晶体而言，开裂是最常见的宏观缺陷。早期对 Nd：YAP 晶体的生长过程进行了研究，表明：（1）沿 c 轴方向生长出的晶体多发生粉碎性开裂，而沿 b 轴方向生长的晶体相对不易发生严重开裂；（2）生长过程结束后，晶体处于高温时一般不发生开裂，开裂经常发生在低温时，但也有文献[174]报道 YAP 晶体的开裂容易发生在 1400℃ 左右。上海交通大学的陆燕玲等人[163]对 Tm：YAP 晶体的生长进行了研究，在最初的生长实验中发现晶体内部容易出现不同程度的局部开裂，认为引起开裂的两个主要原因是：（1）在晶体生长过程中，晶体直径变化太大造成内应力过大而导致在直径变化部位的局部开裂；（2）在晶体生长过程中或结束后，晶体头部被拉出保温罩，受到保温罩外温差较大的冷气氛 N_2 的冲击，从而导致晶体头部出现开裂。为了避免或减少开裂的发生，在保证炉膛内温度梯度合适的同时，在晶体生长过程中也应该严格控制晶体生长的程序，使晶体直径较为缓慢地变化，避免直径出现突变。并且在熔体上方应该留有足够大的恒温空间，可通过采取加高保温罩的方法，以保证晶体生长结束后，所生长的整个晶体仍在保温罩内，不会受到保温罩外温差较大的冷气氛的冲击，并设计分段降温程序使得炉膛特别是生长腔内的温度缓慢降低至室温。

对于 YAP 系列晶体而言，由于其物理性质具有各向异性的特点，在较大的温度梯度下，使得 YAP 系列晶体受到热冲击而发生膨胀或收缩，由此产生在晶体内部的热应力是造成晶体开裂的主要原因,即导致 YAP 系列晶体开裂的主要内在因素是其线膨胀系数的各向异性[175~179]。陆燕玲等人[180]测量了掺杂浓度(原子分数)为 6% 的 Tm:YAP 晶体沿 a、b、c 轴方向的线膨胀系数,分别为 $11.95\times10^{-6}/℃$、$5.00\times10^{-6}/℃$、$10.54\times10^{-6}/℃$,可以看出 a 和 c 方向的线膨胀系数较为接近且远大于 b 方向的线膨胀系数,因此沿 b 轴方向生长的晶体在冷却时,收缩是各向同性的,故沿 b 轴方向生长的晶体相对于沿 a 和 c 轴不易开裂。张会丽等人[181]测试了 Cr,Yb,Ho,Eu:YAP 晶体在 273~893K 温度范围内沿 a、b、c 三个方向的线膨胀系数,分别为 $1.83\times10^{-5}/K$、$7.20\times10^{-6}/K$、$1.80\times10^{-5}/K$,即 b 方向的线膨胀系数最小,沿 b 方向生长容易获得不开裂的晶体,这一结果与晶体生长实验结果是一致的。而对 a 或 c 轴向晶体来说,各向异性收缩发生在 bc 或 ab 径向面方向。在等温环境下,各向异性收缩不显著,一般不会引起应变。但在以提拉法生长的单晶炉炉膛中,温度梯度不均匀,将很可能导致各向异性收缩显著而产生应力,因此对于 YAP 晶体而言,a 和 c 轴晶体比 b 轴晶体容易出现开裂现象。故结晶取向对具有各向异性特点的晶体有重要影响,若要获得完整性良好的晶体,生长时选择合适的结晶取向尤为重要。中科院安光所晶体材料研究室选择 b 轴向为生长方向,还成功获得了无开裂的 YAP、Ho:YAP、Yb,Ho:YAP 及 Cr,Yb,Ho:YAP 等晶体。除了线膨胀系数的各向异性这一主要内在因素外,YAP 晶体的开裂还与炉膛内温度梯度、铱坩埚尺寸、熔体体积、晶体半径、生长速率以及旋转速率等生长工艺参数有关,合适的温场是获得完整性良好晶体的重要前提。

早期对于 Nd:YAP 晶体的生长研究发现,为了方便观察晶体生长的状况,需在保温罩的下端位置处开一个观察口,观察口离熔体界面比较近,使得熔体界面附近的气体对流加快且容易使炉膛内温度稍低的气流引入熔体界面,造成熔体界面处的温差较大,因此,Nd:YAP 晶体在生长过程中极易受到热冲击而导致严重开裂。为了阻止炉膛内温度较低的气流引入界面,采用白宝石或石英片封住保温罩上的观察口,以改善晶体生长的温场环境。

1.3.4.4 包裹物与位错

对于 YAP 系列晶体,常见的缺陷除了色心、开裂外,还有包裹物、位错等。采用提拉法生长的晶体,有诸多因素可导致晶体产生位错,其中有两点主要原因:(1)籽晶中的位错继延到晶体中;(2)晶体内部存在的应力。由于晶体在生长和降温过程中存在温度梯度导致晶体中产生局部热应力,组分分布不均匀、杂质偏析引起晶体内部产生化学应力,以及晶体线膨胀系数的各向异性会导致产生机械应力,这些应力均有可能诱导位错的产生。若晶体存在大量位错,则进入晶体的光束波平面将受到晶体内部应力场的作用而发生畸变,这对具有各向异性特点晶体的影响更为严重。陆燕玲等人[163]采用正交偏光显微镜和能带谱分析

(EDS) 的电子探针/扫描电镜组合仪，结合化学腐蚀技术对 Tm：YAP 晶体中的包裹物、位错等缺陷进行了观察、研究和分析，得到了腐蚀样品（100）、（010）和（001）结晶面的腐蚀坑形貌，分别如图 1-88 中（a）、（b）和（c）所示。从图中可以看出，对于 Tm：YAP 晶体，其（100）和（001）结晶面的腐蚀坑形貌相似，呈树叶状，具有二次对称轴，而（010）结晶面的腐蚀坑与（100）和（001）结晶面的腐蚀坑形貌不同，呈锥形，接近四次对称轴。由于晶面上的腐蚀坑形貌与晶体的结构密切相关，与晶面的对称性具有一定的对应关系，而 Tm：YAP 晶体属于正交晶系，且其 a 和 c 轴向的晶格常数比较接近，因此可以认为 Tm：YAP 晶体的（100）、（010）和（001）结晶面的腐蚀坑形貌与晶体的对称性是相符的。还发现沿 b 轴向生长的 Tm：YAP 晶体中的位错分布不同于沿 a 和 c 轴向生长的 Tm：YAP 晶体，并对垂直于 b 生长轴的（010）结晶面上的位错腐蚀坑分布进行了观察和分析，如图 1-89 所示。

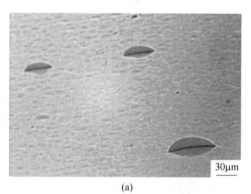

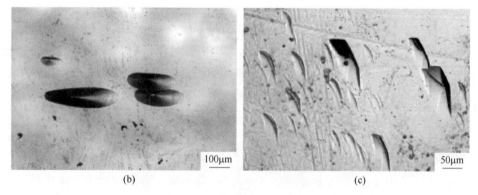

图 1-88 Tm：YAP 晶体不同晶面上的位错腐蚀坑形貌
(a)（100）面；(b)（010）面；(c)（001）面

张会丽等人[182]采用化学腐蚀方法对 Yb，Ho，Pr：YAP 晶体中的位错进行了研究。将双面抛光、厚度为 2mm 的（100）、（010）和（001）结晶面的 Yb，

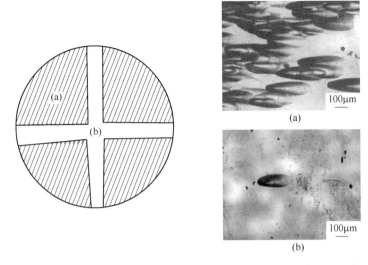

图 1-89 沿 b 轴生长的 Tm∶YAP 晶体（010）面的位错腐蚀坑分布
(a) 位错腐蚀坑密集区；(b) 位错腐蚀坑稀少区

Ho,Pr∶YAP 晶片放入浓 H_3PO_4 中，加热至 170℃恒温约 2h，冷却后取出，用去离子水冲洗干净、滤纸吸干后放在带有数码相机的显微镜下观察。图 1-90 展示了 Yb,Ho,Pr∶YAP 晶体在（100）、（010）和（001）三个结晶面上的位错腐蚀坑形貌。三个结晶面的腐蚀坑尺寸和形状不同，（100）和（010）结晶面的腐蚀

图 1-90 Yb,Ho,Pr∶YAP 晶体在三个结晶面的位错腐蚀形貌

坑均呈现矩形漏斗状，但不是完全相同。（001）结晶面的腐蚀坑呈现菱形漏斗状，该实验结果与文献报道的高温闪烁晶体 Ce∶YAP 的结果相类似，在三个结晶面上，每个位错腐蚀相对应的边是彼此相互平行的。通常腐蚀坑的形状由晶格结构和对称性所决定。使用 Crystalmaker 2.3 软件，沿三个结晶方向观察得到的 YAP 原子排列示意图，如图 1-91 所示。通过比较，可以得出 Yb, Ho, Pr∶YAP 晶体三个方向上的位错腐蚀坑形貌与其晶格结构和对称性是一致的。

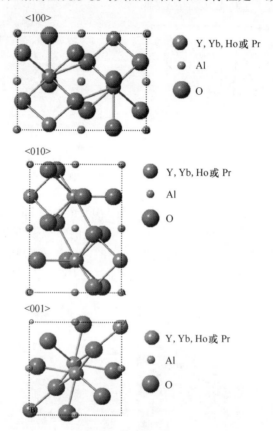

图 1-91　从三个不同结晶方向观察得到的 Yb, Ho, Pr∶YAP 晶体原子位置排列示意图

1.3.4.5　散射颗粒

Tm∶YAP 晶体上、下两端及相对的两侧面经研磨、抛光后，用 He-Ne 激光束照射，散射颗粒在晶体中分布情况如图 1-92 所示[163]，由图可见，从晶体头部至尾部，散射颗粒逐渐减少，且晶体中心部分相对于边缘部分散射颗粒较多。经过分析可知造成这种现象的原因可能是熔体固-液界面处及熔体表面的温度波动。当晶体生长处于放肩和等径初期阶段时，为了控制晶体直径按照设置的参数进行

生长，需要不断调节加热功率，从而引起了温度和生长速率的起伏，导致熔体中的杂质容易在固-液界面处聚集而进入晶体中形成散射中心。可通过调整放肩速度，采取缓慢放肩工艺来减小温度波动；另外，也可通过降低炉膛内的充气压力，以减少由气体对流引起的温度振荡，从而可有效抑制散射颗粒的出现。

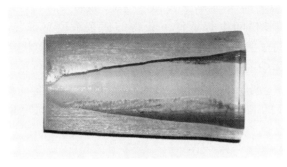

图 1-92　Tm：YAP 晶体沿 b 轴向的散射颗粒分布

为了确定散射颗粒的组成，在沿 b 轴方向生长的掺杂浓度（原子分数）为 6% 的 Tm：YAP 晶体上，在散射颗粒集中区选取厚度为 1.5mm 薄片作为测试片，经处理后使用场发射扫描电子显微镜（FESEM）对样品表面进行观察，发现在基体中弥散分布着一定数量、形状不规则的夹杂物，其尺寸为 20~30μm，并对其中的夹杂物作了 EDS 分析，发现夹杂物的主要组成元素为 C、Al 和 Y。

另外，在晶体散射集中区沿垂直生长方向切取厚度为 5mm 的晶片，经抛光处理后置于正交偏光显微镜下观察，发现晶体中还存在许多固体小颗粒。这些固体小颗粒在正交偏光下完全消光，即为全黑色，而且与基体有明显的分界线。采用电子探针对这些固体小颗粒进行了微区分析，结果表明这些固体颗粒以及枝蔓包裹物的主要组分为 Ir。结合 Tm：YAP 晶体的生长条件进行分析，得出散射颗粒中的 C 杂质很可能来自生长原料，而 Ir 颗粒应该来源于晶体生长所使用的铱坩埚。散射颗粒不仅存在于 Tm：YAP 晶体中，在其他掺杂稀土离子的 YAP 晶体中也存在。这是因为在晶体生长过程中，原料中的杂质、铱坩埚的氧化以及保温材料中的挥发物等均有可能成为熔体中的夹杂物，导致晶体中散射颗粒的形成。因此采用高纯度原料，同时尽量减少在配制、压块和烧结过程中对原料的污染，保证坩埚干净、炉膛清洁，在生长过程中还需保持热场稳定，避免温度和生长速率的起伏，这些措施可减少或抑制晶体中散射颗粒的形成。

1.3.4.6　核心与生长条纹

通常采用提拉法生长的掺杂氧化物晶体都具有核心缺陷，且掺杂离子在核心区的浓度较高而导致晶体中产生化学应力，化学应力的存在对晶体材料的光学均匀性有直接影响，因此，消除核心缺陷有利于获得大直径和光学均匀性良好的激光棒，提高激光输出功率和效率。

由于激光晶体的激光性能和光学均匀性与晶体中掺杂的激活离子浓度有关，为此陆燕玲选取了不同掺杂浓度的 Tm：YAP 晶体，并对其进行了干涉条纹的测量，发现当 Tm：YAP 晶体样品中 Tm^{3+} 离子的掺杂浓度（原子分数）为 4% 时，其干涉条纹平直，表明该掺杂浓度的 Tm：YAP 晶体具有较好的光学均匀性。而在相同的条件下，对相同生长条件下获得的掺杂浓度（原子分数）为 10% 的 Tm：YAP 晶体进行了测量，发现其干涉条纹呈十字花瓣形状。这是因为 Tm^{3+} 离子与 YAP 基质晶体中的 Y^{3+} 离子有相近的离子半径、电子结构和化学性能，掺杂的 Tm^{3+} 离子占据 Y^{3+} 离子的格位，当 Tm^{3+} 离子的掺杂浓度（原子分数）为 4% 时，不会引起明显的晶格畸变；但随着 Tm^{3+} 离子的掺杂浓度增大，晶格畸变现象越来越明显导致化学应力的产生，从而造成应变的集中，破坏了晶体的均匀性。

为了进一步研究 Tm：YAP 晶体中的核心和生长条纹缺陷，还采用了同步辐射形貌术作了分析与研究。垂直于生长方向 Tm：YAP 晶体样品的白光形貌如图 1-93（a）所示，从图中可以看到清晰的生长条纹，是由一系列的同心曲线组成，中间的黑色区域表明存在结构应力。图 1-93（b）为平行于生长方向的 Tm：YAP 晶体样品的白光形貌图，图中存在明显的生长条纹。形成生长条纹的主要因素是在晶体生长过程中存在机械振动和温度波动。生长条纹的存在同样会对晶体的光学均匀性造成影响。因此，应选择较为合适的工艺参数进行晶体生长，以减少晶体中的核心和生长条纹缺陷，提高晶体的质量。

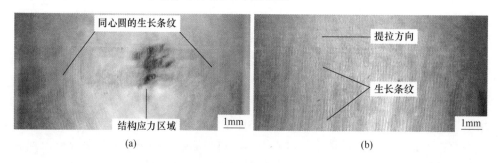

图 1-93　同步辐射白光形貌
（a）横向样品；（b）纵向样品

1.3.4.7　孪晶

孪晶[167]是指两个晶体（或一个晶体的两部分）沿一个公共晶面构成镜面对称的位向关系。孪晶可分为生长过程中形成的生长孪晶、在固体相变时所形成的转移孪晶和由外力使晶体发生形变时所形成的机械孪晶。在光学晶体中的孪晶缺陷主要是生长孪晶。与位错一样，孪晶的存在也会降低晶体的光学均匀性。

在晶体生长过程中存在诸多因素，如杂质、熔体的黏滞性、熔体固-液界面处的过冷度以及生长方法等均会影响孪晶的形成。Matkovskii 等人[183]报道在粗坯的肩部和尾部观察到了个别层状孪晶，孪晶层与（001）面垂直交叉直至表面，在偏光镜下观察到孪晶边界通过底层且平行于<110>方向，由此认为孪晶在放肩和收尾部分出现是由这两区域的结晶速率过快导致的。晶体生长方向是<010>，而生长界面过凸时将导致表面晶体接近（110）孪晶面，这就加快了孪晶核在放肩和收尾区域的形成。Savytskii 等人[184]认为 YAP 系列晶体在以过快的生长速率生长时容易出现孪晶，当固-液界面形状很凸时孪晶更容易形成，在这种情况下为了避免形成孪晶，需确保温场在晶体生长过程中具有较好的稳定性以使固-液生长界面不易出现过凸。李敢生等人[172]在对 Nd∶YAP 晶体生长的研究中提出在晶体生长结束后的冷却阶段用真空替代惰性气氛以减小炉膛内的温度梯度，该方法可有效减少或避免孪晶的产生。

1.3.4.8 小面

一般在 Nd∶YAP 和 Tm∶YAG 晶体中容易观察到小面缺陷。陆燕玲[163]分别对掺杂浓度（原子分数）为 2%、4%、6%、8%和 10%的 Tm∶YAP 晶体进行研究，结果表明当掺杂离子的浓度较低时未出现小面缺陷，而当掺杂浓度（原子分数）升高到 10%时，发现在采用倾倒法生长的晶体中存在小面，并且从头部开始贯穿整个晶体至尾部，如图 1-94 所示。经 X 射线衍射分析确定该小面为（110）面，该晶体的光学均匀性呈现花瓣状，这是由应力引起小面生长区产生双折射造成的，因此小面的存在会严重影响晶体的光学均匀性。

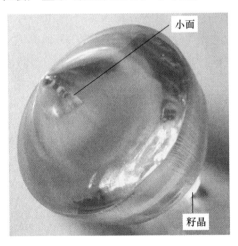

图 1-94　Tm∶YAP 晶体中出现的小面

有文献报道[185]，小面形成的必要条件是奇异面与熔体固-液界面相切，因此要避免小面的出现，必须改变固-液界面的形状，拉平固-液界面，使其与低指数面不再平行,这样小面就难以形成。为抑制小面的形成,在晶体生长过程中可采取的措施有:(1)增加晶体旋转速率;(2)减小熔体固-液界面的径向温度梯度。

1.3.5 晶体性能及应用

1.3.5.1 Nd:YAP 晶体

最近几年,有很多关于 Nd:YAP 激光晶体的报道,Nd:YAP 是一种性能优良的 1.3μm 激光材料,与 Nd:YAG 晶体相比,Nd:YAP 晶体具有较大的发射截面,实现 1.3μm 激光输出的阈值较低,且容易实现高功率激光输出[186]。

在 Nd:YAP 晶体中,其荧光发射光谱中存在三个最强荧光峰,分别位于 1.0645μm、1.0725μm 和 1.0795μm[187]。1971 年,Massey 等人[188]在泵浦功率 4.5kW 下,在 Nd:YAP 激光晶体上实现了输出功率 75W、波长 1.08μm 的激光输出。1995 年,Stankov 等人[189]报道在被动锁模的 Nd:YAP 激光器上,利用二次谐波的非线性获得了 1.3μm 波段的激光输出。2000 年,Wu 等人[190]采用 LD 侧面泵浦 Nd:YAP 晶体,在泵浦功率 571W 下,获得了 120W 的 1.08μm 波长激光输出。在国内,中科院福建物构所沈鸿元课题组较早对 Nd:YAP 晶体的激光理论和实验进行了研究,其研究重点在于 1.08μm 和 1.34μm 两个波段的高功率激光输出以及双波长激光器件,并在 1979 年和 1982 年分别实现了 32.8W 的 1079nm 和 21.5W 的 1341.4nm 波长激光连续输出[191,192]。2014 年,Liu 等人[193]报道了二极管侧面泵浦主动调 Q Nd:YAP/YVO$_4$ 晶体,在 250W 的泵浦功率下,获得平均输出功率 4.5W、脉宽 60ns、重复频率 4.5kHz、1525nm 人眼安全波长的稳态拉曼激光输出。2015 年,Chen 等人[194]首次报道了以 V^{3+}:YAG 晶体为可饱和吸收体,采用二极管侧面泵浦被动调 Q Nd:YAP 晶体,实现了最高输出功率 7.52W、最窄脉宽 197ns、最大脉冲能量 1.36mJ、最高峰值功率 6.93kW、波长为 1.34μm 的激光输出。

1.3μm 波段激光具有光纤损耗低、接近零色散区域以及水分子对该波段激光的吸收较大且该波段激光处于大气透过窗口等特点,在大气环境监测、光谱学、光纤通信、视频显示、医学以及工业加工等领域都有广泛的应用[195]。因此,Nd:YAP 激光器在很多方面具有应用价值。

1.3.5.2 Er:YAP 晶体

Nemec 等人对 Er:YAP 晶体进行过研究,在泵浦不同轴向的 Er:YAP 晶体时,其吸收波长和吸收效率可能也有所不同。哈尔滨工业大学孙晓桁[196]对不同轴向的 Er:YAP 晶体各能级之间跃迁的吸收峰及对应轴向的折射率参数进行了研究,采用 1537nm 波长激光作为泵浦光,保持晶体温度 77K,在泵浦功率 7W 下,获得最大输出功率 170mW、波长 1609nm 的激光输出。此外,对于 Er:YAP

晶体，Er^{3+}离子的$^4I_{11/2}$和$^4I_{13/2}$分别有6个和7个斯塔克子能级，因此相应的能级跃迁有42个，其荧光发射波长从2.6255μm延伸到2.9205μm[197]。1990年，中科院福建物构所曾瑞荣等人[198]报道在掺杂浓度（原子分数）为10%和20%的a取向Er：YAP晶体上，能同时实现3条谱线的激光振荡，波长分别为2.7110μm、2.7299μm和2.7950μm。

由于Er^{3+}离子发射的1.4~1.7μm处于人眼安全波段，在激光通信、激光测距、光谱学、非线性光学以及图像处理等方面有很好的应用前景；2.7~3μm激光波段处于水的强吸收带，可用于多水分的身体组织的切开、切除手术，其穿越身体组织的深度和损伤范围小，创口愈合快，因此在生物医疗中有着重要的应用，目前已应用于眼科、牙科及激光美容手术中。

1.3.5.3 Tm：YAP晶体

2μm波段激光处于水分子的较强吸收波段，这使得2μm波段激光在很多方面具有优越的性能，有着重要的应用，主要表现在以下几个方面：（1）激光雷达发射机。激光雷达相比于普通雷达，在探测地面目标时，很容易将金属物品或水泥构件从草地、树木等绿色植皮中分辨出来，分辨率可提高8~10倍；并且2μm波段的激光具有良好的大气传输特性，能够较好地穿透烟雾等，且保密性好，因此在军事雷达方面也有较好的应用。此外，2μm波段激光对人眼也极为安全，损伤阈值是常用0.4~1.4μm波段激光的2000倍左右。因此2μm人眼安全的相干激光雷达在应用中占有重要地位[163,199]。（2）激光医疗。2μm波段激光覆盖了H_2O分子和CO_2分子的吸收带，这使得该波段激光很容易被生物组织吸收，因此，可利用该波段激光器做表浅性手术，目前在肌肉组织焊接、牙科治疗、光镇痛以及光针灸等方面已有应用。（3）环境保护。采用2μm激光差分仪可以高精度地测量环境温度和大气湿度[200]，用相干多普勒雷达来测量风速和风的切变情况，此外，还可以采用2μm波段的激光大气雷达监测远距离的大气变化情况。（4）材料加工[201]。2μm波段激光在材料加工，特别是塑料加工中（如切割、熔接及标记等）的应用效果较好。因此，2μm波段的激光工作物质及其器件在军事、医疗、环境保护以及材料加工等领域有着极为重要的应用。

1973年，Weber等人[202]用闪光灯泵浦Er^{3+}敏化的Tm：YAP，在77K的温度下获得波长为1.861μm的激光输出，相应的输出能量为145mJ，斜率效率较低约为0.13%。2002年，Matkovskii等人[203]采用提拉法成功生长出了掺杂浓度（原子分数）为4%的Tm：YAP晶体，并对其激光性能进行了研究。采用792nm的钛蓝宝石激光器作为泵浦源，获得波长为1936nm的激光输出，输出功率为1.07W，斜率效率将近54%。2004年，Sullivan等人报道[204]在泵浦功率为110W时，Tm：YAP激光器在连续运转模式下实现了输出功率达到50W的1940nm激光输出；使用TeO_2声光调Q开关，在110W泵浦功率下，实现了单脉冲能量

7mJ、脉宽75ns、重复频率5kHz、波长为1940nm的激光输出,其光束质量M^2因子几乎达到衍射极限。2008年,哈尔滨工业大学姚宝权等人[205]报道了全固态声光调Q的Tm:YAP激光器,实现了重复频率为5kHz、平均功率为3.9W,波长为1937nm的激光输出,斜率效率为29.4%。2010年,他们[206]又报道了双波长调Q的Tm:YAP激光器,在泵浦功率35W、连续运转模式下,获得输出功率为5.44W的激光;在调Q运转时,实现了1940nm和1986nm双波长运转,单脉冲能量28.1μJ,重复频率43.7kHz,脉宽447ns。

1.3.5.4　Ho:YAP晶体[207]

钬激光器的2μm激光输出波长处于大气透过窗口、水的吸收带以及人眼安全区,在激光医疗、激光测距、光电对抗以及激光雷达等领域有广泛的应用,也可作为光参量振荡(OPO)和光参量放大(OPA)的泵浦源,以实现中红外波段的激光输出。YAP晶体属于正交晶系,具有双折射和各向异性等特点,其双折射特性可抑制热致双折射效应,各向异性特点致使不同取向的YAP激光晶体具有不同的激光性能、输出波长和运转模式。此外,YAP晶体相对于YAG晶体的生长速率快,输出功率不易饱和,而且Ho:YAP晶体在1.97~1.98μm波段有较大的偏振吸收系数。2012年,申英杰等人[208]采用Tm:YLF的1.91μm波长激光作为泵浦光,在室温连续运转模式下,分别对a轴向和c轴向的Ho:YAP晶体进行端面泵浦。在a轴向晶体上获得了最大输出功率8.78W、波长为2119nm的激光输出;在c轴向晶体上分别获得了最大输出功率7.8W的2103nm和6.09W的2130nm激光输出,a轴向和c轴向Ho:YAP晶体的最大斜率效率分别为52.7%和57.8%。2013年,Zhu等人[209]采用腔内式、二极管泵浦的Tm:YLF激光泵浦掺杂浓度(原子分数)为0.3%、c取向的Ho:YAP激光晶体,获得2102nm和2129nm波长的激光输出,平均功率为8W,斜率效率为10.9%,光束质量M^2因子约为2.2。

2014年,Yang等人[210]采用Tm光纤激光,在连续运转模式下分别使用透过率为20%、30%和50%的输出镜,对长为40mm、掺杂浓度(原子分数)为0.5%、a取向的Ho:YAP激光晶体进行泵浦,实验表明,输出镜透过率为30%时,激光性能最佳,在泵浦功率12.1W下,获得最大输出功率6.1W、波长2118.1nm的激光输出,斜率效率为63.4%,光束质量M^2因子约为1.5。2015年,Yu等人[211]采用波长为1915nm的Tm光纤激光,在连续运转模式下泵浦掺杂浓度(原子分数)为0.5%的Ho:YAP激光晶体,获得功率20.2W的2118.4nm波长激光输出,其斜率效率为72%。另外,Ho:YAP晶体还可实现2.8~3.1μm波段内的小范围调谐激光输出。Rabinovich等人[212]采用Nd:YAP晶体输出的1.08μm激光作为泵浦光,腔内式泵浦以及MgF_2作为双折射晶体,调谐实现了2.844μm、2.854μm、2.855μm、2.856μm、2.858μm、2.920μm、

3.017μm 七个波长激光输出，其中 2.855μm 和 2.920μm 波长激光输出能量曲线如图 1-95 所示。目前 Ho∶YAP 晶体在 2μm 波长附近的激光已发展得较为成熟，但是其在 2.8～3.1μm 波段的激光输出，由于能量较低还没有得到实际应用，因此提高 2.8～3.1μm 波段激光输出效率和功率将是今后 Ho∶YAP 激光晶体的主要发展方向。

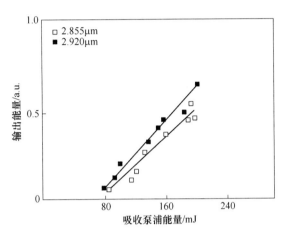

图 1-95　Ho∶YAP 晶体中 2.855μm 和 2.920μm 波长激光输出能量曲线

1.3.5.5　Tm,Ho∶YAP 晶体

在单掺 Ho^{3+} 的激光晶体材料中，由于 Ho^{3+} 离子对闪光灯泵浦源的吸收很弱，所以泵浦效率很低。另外，其吸收波长与目前发展较为成熟的 LD 的发射波长范围不匹配，很难实现 LD 泵浦[213]。因此，常采用 Tm^{3+} 作为敏化离子以吸收泵浦光能量，再将能量传递给 Ho^{3+} 离子，从而实现与泵浦源的有效匹配，提高晶体对泵浦光的吸收效率。近年来，由于晶体生长技术的不断提高，在国内外多家单位已成功获得大尺寸、高质量的 Tm,Ho∶YAP 晶体，为 2μm Tm,Ho∶YAP 激光器的发展奠定了基础。目前，在国内外从事 Tm,Ho∶YAP 激光器开发及研究的单位主要有德国康斯坦茨大学、德国汉堡大学、中科院上海硅酸盐所、中科院上海光机所、山东大学、哈尔滨工业大学、哈尔滨工程大学以及黑龙江工程学院等[214]。

2013 年，李林军等人[215]报道了采用中心波长分别为 794.1nm 和 794.0nm 的 LD 双端面泵浦 b 取向切割的晶体 Tm,Ho∶YAP 激光器，激光晶体的尺寸为 4mm×4mm×8mm，其中 Tm^{3+} 和 Ho^{3+} 离子的掺杂浓度（原子分数）分别为 5% 和 0.3%，实验装置如图 1-96 所示。此激光器在连续模式下输出功率高达 15W 的 2.12μm 波长激光，激光输出曲线如图 1-97 所示。

采用 LD 泵浦 Tm,Ho∶YAP 晶体的固体激光器是目前实现 2μm 波段激光输

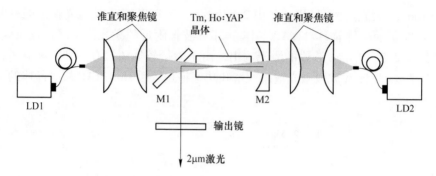

图 1-96　LD 双端面泵浦 Tm,Ho∶YAP 实验装置示意图

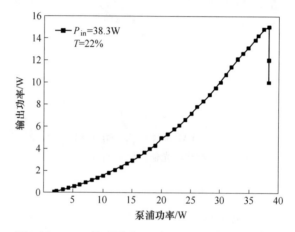

图 1-97　LD 双端面泵浦 Tm,Ho∶YAP 激光输出曲线

出的有效途径之一,且 Tm,Ho∶YAP 激光晶体具有受激发射截面大、阈值低、偏振激光输出、适合 LD 泵浦以及力学性能良好等特点,是 $2\mu m$ 固体激光技术领域的研究热点。

1.3.5.6　Pr∶YAP 晶体

可见激光（380~780nm）在当今社会诸多领域具有重要的应用：绿色激光（532~556nm）主要用于材料加工和生物医疗领域；黄色激光（577~597nm），尤其是 589nm 波长,广泛应用于大气层遥感和实验室光谱研究；橙红激光（610~780nm）在数据存储、量子光学方面应用普遍。Pr^{3+} 在可见光区具有多个荧光跃迁：$^3P_1+^1I_6\rightarrow ^3H_5$（绿光）、$^3P_0\rightarrow ^3H_6$（橙光）、$^3P_0\rightarrow ^3F_2$（红光）、$^3P_0\rightarrow ^3F_4$（深红光），为可见光受激辐射提供了能级条件。尽管掺 Pr^{3+} 氟化物的研究取得了较大的进步,但氟化物的化学稳定性和机械强度较差,这使其大范围应用存在一定的难度。

氧化物与氟化物相比,具有更好的化学稳定性和机械强度,更大的实用价值。因此，研究 Pr^{3+} 掺杂氧化物的可见激光，更具应用潜力。由于氧化物声子能量较高，易引起激发态 $^3P_0$ 能级的多声子无辐射跃迁，增加受激辐射的难度，加之受泵浦源的限制，因此相关的报道较少，直到近期才有了较大突破。Pr^{3+} 最先在 YAG 晶体中实现了低温激光输出[216]。2009 年，Fibrich 等人[217]在室温下利用闪光灯泵浦 Pr：YAP 实现了 102mJ 的 747nm 和 6.1mJ 的 662nm 红光输出。2011 年，他们[218]又在 Pr：$YAlO_3$ 晶体中在室温下实现了 140mW、斜率效率高达 45% 的 747nm 输出，又将 662nm 的输出能量提高到 27.4mW，如图 1-98 和图 1-99 所示。同时采用腔内倍频，又获得了 12.7mW 的 373.5nm 的绿光输出，如图 1-100 和图 1-101 所示。

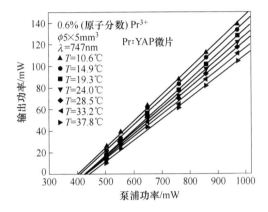

图 1-98 Pr：YAP 晶体 747nm 激光输出曲线

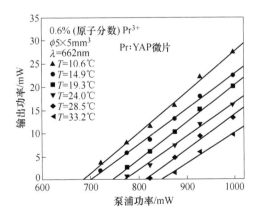

图 1-99 Pr：YAP 晶体 662nm 激光输出曲线

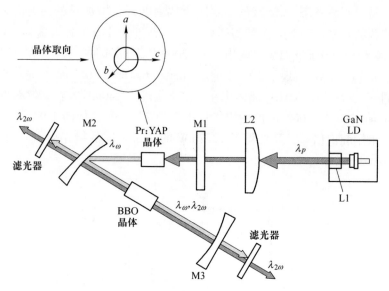

图 1-100　Pr：YAP 晶体腔内倍频激光实验装置图

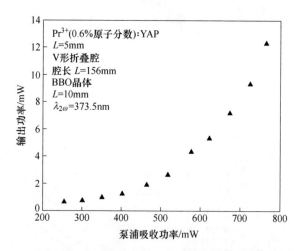

图 1-101　Pr：YAP 晶体 373.5nm 激光输出曲线

1.4　稀土钨酸盐系列晶体

　　稀土钨酸盐作为一类激光晶体已为大家所熟悉。早在 1972 年前苏联著名的激光晶体学家卡明斯基就研究了钨酸盐晶体结构、物化、光谱和激光性能。下面主要介绍四种常见的 $CaWO_4$、$SrWO_4$、$KY(WO_4)_2$ 和 $KGd(WO_4)_2$ 钨酸盐系列激光晶体。

1.4.1 化学成分及晶体结构

钨酸盐晶体可以分为白钨矿和黑钨矿两类。第一类是白钨矿结构，如 $CaWO_4$、$PbWO_4$、$SrWO_4$、$NaY(WO_4)_2$ 和 $NaGd(WO_4)_2$ 等。这些晶体为单轴晶，四方晶系，图 1-102 是 $CaWO_4$ 晶体结构示意图。$[WO_4]^{2-}$ 为变形的扁平状四面体，晶体中 Ca^{2+} 和 $[WO_4]^{2-}$ 四面体均以 c 轴成四次螺旋排列，并相间分布。Ca^{2+} 周围有 8 个 $[WO_4]^{2-}$ 四面体并与 8 个 O^{2-} 相连，而在 c 轴方向上与 Ca^{2+} 相连，配位数为 8。第二类是黑钨矿结构，如 $FeWO_4$、$ZnWO_4$、$CdWO_4$、$KGd(WO_4)_2$、$KY(WO_4)_2$ 和 $KLu(WO_4)_2$ 等。黑钨矿为钨铁矿和钨锰矿的完全类质同象，这些晶体为双轴晶，单斜晶系，空间群 P2/c，晶体中有两种配位结构，一种是六个 O^{2-} 围绕 $Mn^{2+}(Fe^{2+})$ 构成 Mn(Fe)-O_6 八面体，它们以棱相连接平行于 c 轴方向成锯齿形链状分布，而 $[WO_4]^{2-}$ 四面体由于其畸变程度比白钨矿更严重，W^{6+} 除与其周围四个 O^{2-} 连接外，还与其周围另两个较远的 O^{2-} 连接，构成 $[WO_6]^{2-}$ 八面体，它们也同样构成链状，并位于 Mn(Fe)-O_6 八面体所成的链体之间，以四个顶角与其相连接，因而整个晶体结构是一个平行于 c 轴链状的近似层状结构，如图 1-103 所示。

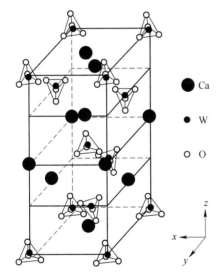

图 1-102 白钨矿 $CaWO_4$ 晶体结构

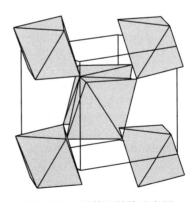

图 1-103 黑钨矿结构示意图

在双掺的钨酸盐晶体中，一价碱金属离子（Li、K、Na、Rb、Cs 等）和三价稀土离子（Y、Sc、Gd、Nd、Yb、Lu、La 等）以相等的几率取代 Ca^{2+} 的位置[219,220]。由于一价碱金属离子和三价稀土离子的无序分布，当激活离子占据三价稀土离子的位置时，这些晶体的电子跃迁和振动谱带非均匀加宽，它们的偏振行为在某种程度上被减弱。

1.4.2 基本物理性质

表 1-13 中列出了四种典型钨酸盐及其基本物理性质，分属于四方晶系的白钨矿结构和单斜晶系的黑钨矿结构，透过范围可从紫外到中红外波段，密度在 6.1~7.3g/cm³ 之间。钨酸盐具有自拉曼特性，表中列出了它们的拉曼频移、拉曼线宽和 1064nm 的拉曼增益。

表 1-13 四种钨酸盐及其基本物理性质[219]

性 质	$CaWO_4$	$SrWO_4$	$KGd(WO_4)_2$	$KY(WO_4)_2$
分子量	287.88	335.02	731.15	623.61
类别	白钨矿	白钨矿	黑钨矿	黑钨矿
晶系	四方	四方	单斜	单斜
莫氏硬度	4.5	4.5	5	5
空间群	$I41/a\text{-}C_{4h}^6$	$I41/a\text{-}C_{4h}^6$	$P2/c\text{-}C_{2h}^6$	$P2/c\text{-}C_{2h}^6$
熔点/℃	1620	1540	1075	1080
相变温度/℃	无	无	1005	1014
透光波段/μm	0.25~5.3	0.26~3	0.35~5.5	0.28~6
热导率/W·(m·K)$^{-1}$	约 3	$a=3.133$ $c=2.948$	$a=2.6$ $b=3.8$ $c=3.4$	3.3
晶格常数	$a=0.5243$nm $c=1.1376$nm	$a=0.5408$nm $c=1.1932$nm	$a=1.065$nm $b=1.037$nm $c=0.7582$nm $\beta=130.80°$	$a=1.064$nm $b=1.035$nm $c=0.7540$nm $\beta=130.50°$
折射率	$n_o=1.884$ $n_e=1.898$	$n_o=1.8696$ $n_e=1.651$ (546.1nm)	$n_1=1.978$ $n_2=2.014$ $n_3=2.049$	—
密度/g·cm^{-3}	6.116	6.354	7.27	6.56
拉曼频移/cm^{-1}	910.7	921	901	905
拉曼线宽/cm^{-1}	4.8	2.7	5.9	7
1064nm 拉曼增益/cm·GW^{-1}	3	5	3.3	5.1

1.4.3 晶体生长

属于白钨矿结构的 $CaWO_4$ 和 $SrWO_4$ 均为同成分一致熔融化合物，并且从室温到熔点没有相变发生，故可采用提拉法进行晶体生长。图 1-104 和图 1-105 为中科院福建物构所涂朝阳课题组用提拉法生长的 $CaWO_4$ 及 $SrWO_4$ 系列晶体。

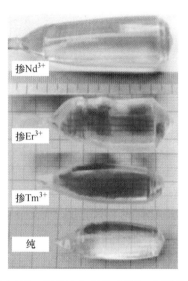

图 1-104　提拉法生长的 $CaWO_4$ 晶体　　图 1-105　提拉法生长的 $SrWO_4$ 系列晶体

属于黑钨矿结构的 $KGd(WO_4)_2$ 与 $KY(WO_4)_2$ 也是一致熔融化合物，但是这类单斜晶体在其熔点以下有一个晶相转变点，若在此温度以上生长晶体，则冷却过程中经过晶相转变点时，会经历由高温相到低温相的不可逆相变[220]，这一过程可能会引起晶体的开裂、失透，甚至会产生畴结构等宏观缺陷，因而不能用提拉法生长。为了降低结晶温度至相变温度以下，只得使用助熔剂（高温溶液法，HTSG）在其相变温度以下生长[220,221]。为了避免晶体在坩埚壁上生长而导致质量恶化，人们进一步采用顶部籽晶法（TSSG）生长此类晶体[222,223]。助熔剂一般选用 K_2O-WO_3 体系，这样可以避免将额外的杂质引入晶体中。已有过用 $K_2W_2O_7$ 与 K_2WO_4 作助熔剂生长 $KGd(WO_4)_2$ 与 $KY(WO_4)_2$ 晶体的报道，并且对于助熔剂的选择问题也有过详细研究。Gallucci 等人[224]用热力学近似的方法测出用 K_2WO_4 助熔剂优于用 $K_2W_2O_7$，他们根据成核速率公式提出 $K_2W_2O_7$ 作助熔剂会产生更多的晶核，并更容易引起组分过冷，且溶液的黏滞度大于用 K_2WO_4 作助熔剂，导致晶体生长速率缓慢。图 1-106 是 $KY(WO_4)_2$-K_2WO_4 相图[223]，图 1-107 是用 K_2WO_4 作助熔剂生长的 Nd：$KY(WO_4)_2$ 晶体。涂朝阳等人[225,226]选择了 $K_2W_2O_7$，采用熔盐提拉法生长了 Er/Yb：KGW 及 Nd：KGW 晶体，他们认为采用 K_2WO_4 作助熔剂时熔体容易形成分层，需要长时间的恒温才能实现熔体的匀质化，而采用 $K_2W_2O_7$ 就不易出现分层，可以大大缩短该过程所需的时间，而且 $K_2W_2O_7$（619℃）比 K_2WO_4（921℃）的熔点要低很多。图 1-108 为生长的 Nd：KGW 晶体照片。

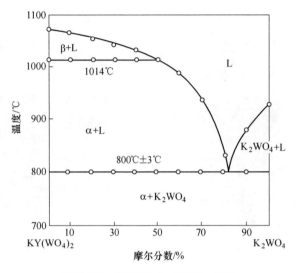

图 1-106　$KY(WO_4)_2$-K_2WO_4 相图

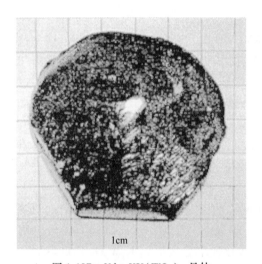

图 1-107　$Nd:KY(WO_4)_2$ 晶体

图 1-108　$Nd:KGd(WO_4)_2$ 晶体

1.4.4　晶体缺陷

长春理工大学刘景和课题组[227,228]对 Er,Yb：KGW 及 Yb：KYW 晶体的生长和缺陷进行了研究。图 1-109 是选用 $K_2W_2O_7$ 作助熔剂，采用顶部籽晶提拉法 (TSSG) 生长出的 Er,Yb：KGW 晶体。他们认为晶体开裂的原因可能是生长末期的快速降温过程，等温线的形状不够合理造成的。另外，降温速率过快，使晶体内部热应力较大，产生裂纹。对于晶体边缘产生裂纹，可能是温度梯度仍不合适,即轴向温度梯度过大。由于 Yb^{3+} 在晶格中取代 Gd^{3+},两者之间半径仍有差距,导致 Yb^{3+} 在晶体中完全均匀分布还有一定困难,在晶体生长过程后期,随着晶体的不断析出,助熔剂浓度相对增高,也可能作为杂质包入晶体或进入晶格中产生化学应力而造成开裂。图 1-110 所示为 Yb:KYW 晶体的外侧表面呈现彼此平行的生长条纹,它近乎平行于固体与液体的分界面。从实验结果来看,条纹的出现与晶体生长条件的变化密切相关,尤其与温度的波动、熔体对流及生长速率起伏有关。图 1-111 为在晶体自然生长面上的生长丘,表明晶体生长过程中螺旋位错生长机制起主要作用。图 1-112 为在晶体自然生长面上的台阶。台阶有宽有窄,与台阶生长的运动速度成正比。当台阶间距较宽时,很容易形成包裹。因为受到的阻力较大,它到达下一台阶所需的时间较长,因此台阶生长扩散速度较为缓慢,台阶间距增宽,在它上面停留的被吸附杂质会比较多。台阶间距多大于其高度,表明晶体平面堆积二维生长机制起主要作用。图 1-113 和图 1-114 分别是显微镜下观察到的 Yb:KYW 晶体中无定形包裹物、气泡和微晶包裹物。包裹物的出现主要是由于引晶温度过低,生长速度过快。白色包裹物多见于晶体的边沿和棱角处,这是因为该处是溶液过饱和度容易发生突变的地方。在晶体转动的过程中,受流体力学的影响,沿晶体表面会出现较大的浓度梯度,尤其是在两晶面的夹角和晶体边缘区域。一方面,由于熔体的对流减缓所以助熔剂杂质容易在此集聚,形成杂质包裹;另一方面,由于助熔剂含量较高,可能导致存在大量的包含钾和钨离子的网状结构,这种网状结构具有屏蔽作用,阻碍了熔体的扩散。另外,熔体有相当的黏滞度,溶质扩散困难,产生组分过冷,也会导致晶体中产生包裹物。

图 1-109　Er,Yb:KGW 晶体

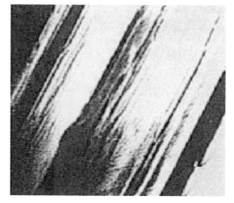

图 1-110　Yb:KYW 晶体的生长条纹

通过对开裂、生长条纹、生长丘和台阶、包裹物等晶体缺陷的观察分析,他们认为,晶体裂缝及包裹物等缺陷与生长工艺条件密切相关,应尽量减小生长过

程中的温度、浓度及生长速度的波动,保持晶体的稳态生长,可以有效减小晶体缺陷,提高晶体质量。

图 1-111　Yb∶KYW 晶体的生长丘

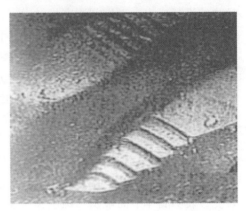

图 1-112　Yb∶KYW 晶体的生长台阶

图 1-113　Yb∶KYW 晶体的无定形包裹物

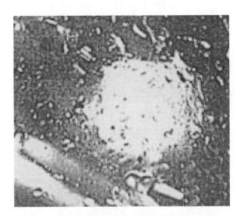

图 1-114　Yb∶KYW 晶体中的气泡和微晶包裹物

1.4.5　晶体性能及应用

1961 年,Johnson 等人[229]成功研制出以 Nd^{3+}∶$CaWO_4$ 白钨矿结构晶体为工作物质的第一台连续激光器,激光波长为 1.06μm,随后,他们又实现了 1.34μm 和低温 77K 下 0.9μm 的激光输出[230]。从 20 世纪 70 年代初,俄罗斯著名的激光晶体学家卡明斯基(Kaminskii)就开始着手研究许多掺稀土离子钨酸盐晶体的结构、物化、光谱和激光性能,至今已发表了许多相关的文章和专著[231~241]。80 年代,Cr^{3+}∶$Al_2(WO_4)_3$、Cr^{3+}∶$Sc_2(WO_4)_3$ 等钨酸盐晶体作为新型可调谐激光材料相继在近红外区实现激光输出[242];90 年代,是单斜双钨酸盐 Nd^{3+}∶$KGd(WO_4)_2$ 晶体研究趋于成熟的时期,它的各种激光实验被相继报道,同时出现了一些新的掺稀土离子的钨酸盐晶体,如 KY(WO$_4$)$_2$、K,La,Pr(WO$_4$)$_2$ 和 KSc(WO$_4$)$_2$ 等。

钨酸盐系列晶体具有优良的物理及激光性能,如 Nd:KGd(WO$_4$)$_2$ 晶体具有偏振吸收发射带较宽、激光阈值低和斜率效率高等优点,在小型激光器的应用方面具有明显的优势。同时,Yb^{3+} 作为稀土掺杂离子,比人们常用的 Nd^{3+} 具有很多的优点,Yb^{3+} 掺杂的两种钨酸盐晶体 Yb:KY(WO$_4$)$_2$ 和 Yb:KGd(WO$_4$)$_2$ 也是高效 LD 泵浦的激光晶体。它们具有大的吸收截面、低的泵浦阈值和高的斜率效率,单斜低对称结构的各向异性使其吸收及发射光谱表现出很强的各向异性,且折射率随温度变化小,量子效率高,可实现超短脉冲的高功率激光输出,在飞秒脉冲激光领域有着广泛的应用[243]。

2010 年,瑞士和德国共同进行了吉赫兹高重复频率的 Yb:KGW 飞秒激光器研究[244],采用布拉格分布反馈式激光二极管(DBR TDL)泵浦,选用 "Z 型" 腔,SESAM 锁模机制,曲率半径为 50mm 单分散镜进行色散补偿。最终获得了重复频率高达 1GHz、脉冲宽度 281fs、平均功率 1.1W 的输出。通过谐波锁模重复频率可提高到 4GHz,此时脉冲宽度 290fs、平均功率 900mW。直到 2011 年,我国才有 Yb:KGW 飞秒激光器的相关报道。中科院上海光机所梁晓燕课题组[245]采用 12.5W 的 978nm LD 对 3mm 长掺 5%(原子分数)的 Yb:KGW 晶体进行泵浦,采用 "Z 型" 腔结构,SESAM 锁模机制,分别研究了 SF10 棱镜对和 GTI 镜对两种色散补偿方式,最终获得脉冲宽度 350fs、平均功率 2.4W 的激光输出,如图 1-115 所示。

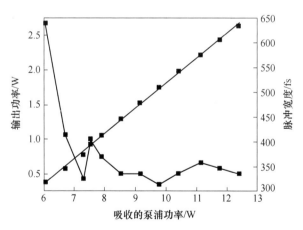

图 1-115 Yb:KGW 晶体吸收泵浦功率与输出功率及脉宽曲线

近年来,人们对钨酸盐晶体在电子顺磁响应、介电性能、微结构、拉曼光谱和受激拉曼频移技术等方面产生了深厚的兴趣并取得了很大的进展。由于 [WO$_4$]$^{2-}$ 具有很高的三阶非线性系数,因此具有较强的受激拉曼散射特性。如

Nd∶KGW 能产生 0.94μm 的反斯托克斯散射、1.18μm 的一阶斯托克斯和 1.32μm 的二阶斯托克斯散射,经倍频成为可见光波段的多波长光源[246]。许多钨酸盐可以掺入三价稀土离子而具有激光和拉曼的复合特性,即通常所说的自拉曼特性[247~249]。

1.5 倍半氧化物系列晶体

许多稀土倍半氧化物激光晶体的声子能量低,可减小无辐射跃迁的几率,提高量子发光效率,另外还具有热导率高及发射带较宽等特点,非常适合于高功率激光和超短脉冲激光领域的应用。

1.5.1 化学成分及晶体结构

稀土倍半氧化物 RE_2O_3 主要是指以稀土离子(RE=Y,Sc,Lu,Gd,La 等)与氧组成的氧化物,稀土与氧的摩尔比为 2∶3,因此称为倍半氧化物。目前可以作为激光基质的主要有 Y_2O_3、Lu_2O_3、Sc_2O_3 等。早在 20 世纪 20 年代,人们就开始了对这类材料的探索[250,251]。1965 年,Paton 等人[252]报道了 Y_2O_3 晶体的结构,同时也对过渡金属和稀土离子掺杂 Y_2O_3 晶体的结构进行了研究。RE_2O_3 晶体属于立方晶系,Ia3 空间群,方铁锰矿结构。晶体空间结构如图 1-116 所示,在这一结构中有两种不同的阳离子位置,如图 1-117 所示。单位晶胞内分子数 Z 为 16,其中 24 个 RE^{3+} 位于晶胞 C_2 点对称点位置,8 个位于 C_{3i} 点对称点位置[253]。

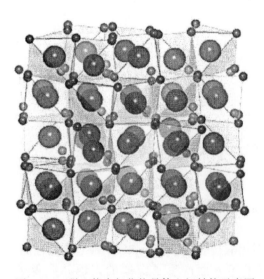

图 1-116 稀土倍半氧化物晶体空间结构示意图

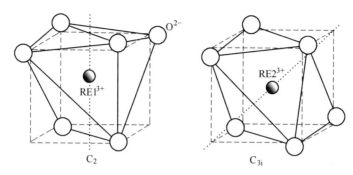

图 1-117　晶体中 RE^{3+} 两种不同位置示意图

1.5.2　基本物理性质

表 1-14 是几种稀土倍半氧化物[254]和 YAG 晶体的基本物理性质。以 Y_2O_3 为例，其具有理想激光基质材料的许多优点：（1）声子能量低，其最大声子能量大约为 591cm^{-1}，在倍半氧化物激光基质中是最低的之一，根据半经验"能隙定理"，$p=E/M$，能隙为 E 的能级之间非辐射跃迁几率强烈地依赖于 E 与基质最大声子能量 M 的比值 p，声子能量小，p 值就变大，通常当 p 值增大 1 时，非辐射跃迁的几率能减少 1~2 个数量级，因此低的声子能量可以抑制无辐射跃迁的几率，提高辐射跃迁的几率，从而提高发光量子效率；（2）热导率高，发射带较宽，如 Yb：Y_2O_3 的热导率比 Yb：YAG 大，其荧光发射带宽也比 Yb：YAG 大，非常适合于高功率激光和超短脉冲激光领域的应用；（3）激活离子的上能级在该基质中的荧光寿命长，例如，测得 Er：Y_2O_3 激光陶瓷中 Er^{3+} 的 $^4I_{11/2}$ 能级荧光寿命达到 2.4ms，而 Er：YAG 晶体的对应数值为 100μs。长的激光上能级寿命有利于储能，容易实现粒子数反转，对于减小激光阈值、提高效率是非常重要的。

表 1-14　几种稀土倍半氧化物和 YAG 晶体基本物理性质

基质晶体	Sc_2O_3	Y_2O_3	Lu_2O_3	YAG
熔点/℃	2430	2410	2450	1930
晶系	立方	立方	立方	立方
空间群	$Ia3(T_h^7)$	$Ia3(T_h^7)$	$Ia3(T_h^7)$	$Ia\text{-}3d(O_h^{10})$
热导率/W·(m·K)$^{-1}$	16.5	13.6	12.5	13
晶格常数/nm	0.9844	1.0603	1.0391	1.2007
线膨胀系数/K^{-1}	—	7×10^{-6}	6.8×10^{-6}	8×10^{-6}
莫氏硬度	<6.8	<6.8	7	8.5
透光范围/μm	0.22~8	0.2~8	0.23~8	0.24~6
密度/g·cm^{-3}	3.3	2.7	9.39	5.76
最大声子能量/cm^{-1}	672	591	620	857

1.5.3 晶体生长

早在20世纪50年代就有关于稀土倍半氧化物晶体的报道，但当时晶体生长主要采用焰熔法[255]，晶体的质量并不高，从而大大限制了激光性能的研究。Lefever 等人[256]在晶体生长过程中发现，晶体在较快的降温过程中容易产生平行于八面体面的开裂。Gasson 等人[257]在1970年首次采用CO_2激光源加热的光学浮区炉，生长得到了Y_2O_3晶体。随着晶体生长方法的改进，晶体的尺寸和质量有了明显的提高，关于稀土倍半氧化物的生长研究也越来越多。所涉及的主要有提拉法[253,258]、热交换法[259]、微下拉法[254]、助熔剂法[260]和水热法[261]等方法生长单晶，以及真空烧结技术制备透明陶瓷[262]。

德国汉堡大学 Huber 教授课题组采用提拉法[253,258]生长倍半氧化物单晶，提拉法中采用铼坩埚，铼坩埚对氧气氛极其敏感，因此通入 Ar 或 He 气加 H_2（约10%）作为保护气氛，由于2000℃以上铼与保温材料 ZrO_2 和 HfO_2 反应，因此采用三根铼棒固定坩埚，但晶体生长出现螺旋且晶体尺寸受到限制（长度小于6mm）。2008年，他们改用热交换法生长[259]，图 1-118 和图 1-119 分别是热交换法装置示意图和生长出的 Yb：Lu_2O_3 单晶。日本东北大学 Fukuda[254] 教授研究组采用微型下拉法生长 Y_2O_3 激光晶体（光纤），通入 Ar(96%~97%)+H_2(3%~4%)的保护气氛。原料融化后经过微型喷嘴，到达籽晶处结晶，并以固定速度慢速下拉。图 1-120 是微型下拉法单晶生长装置结构示意图，图 1-121 为采用微型下拉法生长的 Yb：Y_2O_3 单晶。国内山东大学张怀金教授课题组[263,264]用光学浮区法生长过 Nd：Lu_2O_3、Nd：Y_2O_3 和 Er：Lu_2O_3 等单晶，如图 1-122 所示。

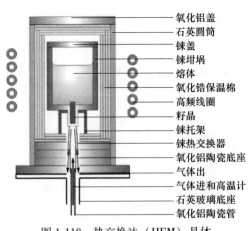

图 1-118 热交换法（HEM）晶体生长装置示意图

图 1-119 热交换法生长的 Yb：Lu_2O_3 晶体

1.5 倍半氧化物系列晶体

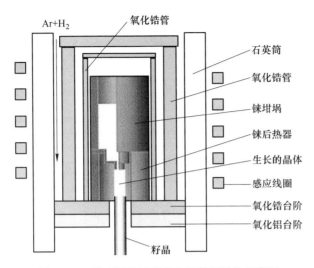

图 1-120 微型下拉法单晶生长装置结构示意图

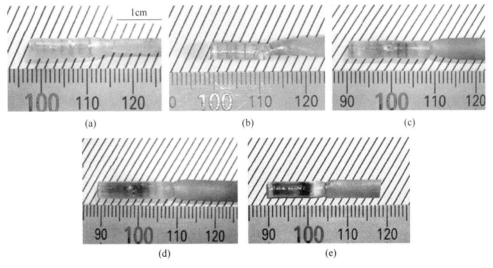

图 1-121 采用微型下拉法生长的 $(Yb_xY_{1-x})_2O_3$ 单晶
(a) $x=0$; (b) $x=0.005$; (c) $x=0.05$; (d) $x=0.08$; (e) $x=0.15$

1.5.4 晶体缺陷

图 1-123 是在显微镜下观察热交换法生长的 $Yb:Lu_2O_3$ 晶体（下部为籽晶，上部为生长的晶体）中存在尺寸 5~20μm 的铼包裹物，由于这些颗粒的密度较高，因此会下沉到坩埚的底部并聚集在籽晶的顶部。图 1-124 是在正交偏光显微

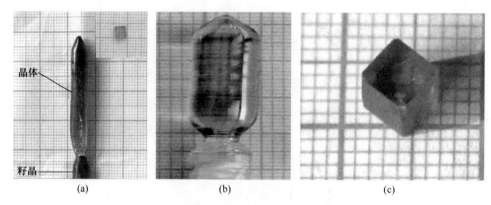

图 1-122 浮区法生长的倍半氧化物激光晶体

(a) $Nd:Lu_2O_3$ 晶体；(b) $Tm:Lu_2O_3$ 晶体；(c) $Nd:Y_2O_3$ 晶体

镜下观察到 $Yb:Lu_2O_3$ 晶体中的应力分布，在籽晶与晶体连接处，应力双折射较大，其他部位应力较小，表明采用热交换法有希望生长出应力较小和较大单晶区域的晶体。

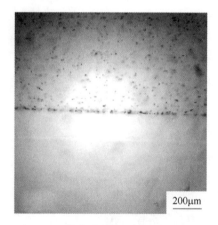

图 1-123 热交换法生长的 $Yb:Lu_2O_3$ 晶体中的铼包裹物

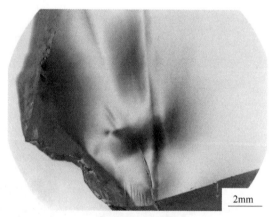

图 1-124 热交换法生长的 $Yb:Lu_2O_3$ 晶体中的应力

1.5.5 晶体性能及应用

倍半氧化物晶体可为激活离子提供合适的晶格场从而实现不同波段激光辐射。Yb^{3+}、Nd^{3+}、Tm^{3+} 和 Ho^{3+} 等具有宽光谱、高量子效率、大发射截面及 $2\mu m$ 发射等特点，适合超短脉冲的精密加工等激光制造领域应用。其中，采用 Yb^{3+} 掺杂倍半氧化物晶体已获得高效、百瓦级连续和脉冲激光输出。1999 年，Fornasiero 等人测定了 $Yb:Sc_2O_3$ 晶体的吸收及发射光谱，实现了 310mW 的连续激光输出[258]。2004年，Klopp等人在Yb：Sc_2O_3上实现了平均功率为540mW的230fs的脉冲锁模激光输出[265]。德国汉堡大学Huber等人[266,267]在2010年和2011年分别实现了热交换法生长Yb：Lu_2O_3晶体的高功率141W、738fs锁模激光和301W连续激光输出，展示了其在高功率连续激光器领域重要的应用前景。随后，他们在Tm：Lu_2O_3晶体上，获得室温下75W、斜率效率近40%的约2μm激光输出[268]。2012年，山东大学Li Tao等人与他们合作，在Er：Lu_2O_3晶体上实现了5.9W、斜率效率27%、M^2在1.2~1.4之间的2.85μm激光输出[269]。2016年，山东大学又采用MoS_2作饱和吸收体，实现了平均功率1.03W、脉宽335ns、重复频率121kHz的2.84μm被动调Q激光输出[270]。

目前，Nd^{3+}掺杂的稀土倍半氧化物晶体已经在雷达探测和人眼安全激光等领域展现出了诱人的前景。2014年山东大学于浩海教授[271]使用拓扑绝缘体Bi_2Se_3作为调Q开关，在浮区法生长的浓度（原子分数）1%、尺寸2mm×2mm×4mm的Nd：Lu_2O_3晶体上实现了1077nm和1081nm的双波长激光输出，斜率效率31%，如图1-125所示。2012年，李金环等人[272]在浓度（原子分数）1%、厚度0.1mm的Nd：Lu_2O_3晶体上，实现了斜率效率31%、功率3.25W的1359nm连续激光输出。

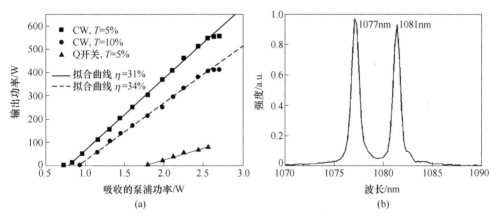

图1-125 在Nd：Lu_2O_3上实现的连续及调Q激光输出（a）和实现的双波长激光输出（b）

1.6 稀土氟化物系列激光晶体

氟化物晶体是重要的激光基质材料之一，氟化物晶体为离子型晶体，键能较弱，因此晶体质地较软。与氧化物晶体相比，氟化物晶体拥有更宽的透光范围和较低的声子能量。低声子能量可以降低无辐射跃迁的几率，因此氟化物晶体中稀土离子大多有较长的荧光寿命。应用于激光基质晶体的稀土氟化物晶体主要有氟化钇锂（$LiYF_4$）晶体、氟化镥锂（$LiLuF_4$）晶体、氟化镧（LaF_3）晶体、氟化钇钡（BaY_2F_8）晶体等。

1.6.1 化学成分及晶体结构

$LiYF_4$是具有白钨矿型四方晶系结构的正单轴晶体，晶格常数 $a=b=0.5168$nm，$c=1.074$nm，空间群 $I41/a$[273]，每个晶胞有四个 $LiYF_4$ 分子，每个 Li^+ 被空间等价的四个 F^- 包围，构成 LiF_4 四面体，每个 Y^{3+} 与相邻的八个 F^- 形成对称性为 S_4 的 YF_8 多面体，每个 Y^{3+} 周围有四个距离相等的次近邻 Li^+，每个 Li^+ 周围有四个距离相等的次近邻 Y^{3+}，即由 Y^{3+} 和 Li^+ 构成亚晶格为两个相互渗透的类金刚石网，如图 1-126 所示。

$LiLuF_4$ 与 $LiYF_4$ 类似，是具有白钨矿型四方晶系结构的正单轴晶体，晶格常数 $a=b=0.5126$nm，$c=1.053$nm，空间群 $I41/a$[274]。晶体结构如图 1-127 所示，每个晶胞有四个 $LiLuF_4$ 分子，每个 Li^+ 被空间等价的四个 F^- 包围，构成 LiF_4 四面体，每个 Lu^{3+} 与相邻的八个 F^- 形成对称性为 S_4 的 LuF_8 多面体，每个 Lu^{3+} 周围有四个距离相等的次近邻 Li^+，每个 Li^+ 周围有四个距离相等的次近邻 Lu^{3+}，即由 Lu^{3+} 和 Li^+ 构成亚晶格为两个相互渗透的类金刚石网。

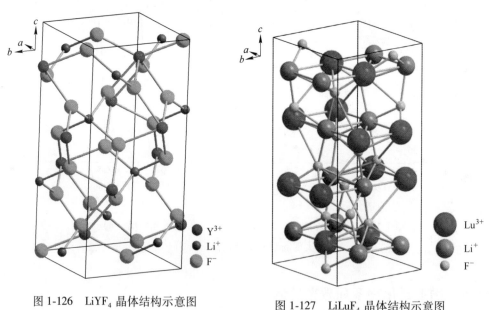

图 1-126　$LiYF_4$ 晶体结构示意图　　图 1-127　$LiLuF_4$ 晶体结构示意图

LaF_3 属于六方晶系结构晶体，晶格常数 $a=b=0.719$nm，$c=0.737$nm，空间群 $P\bar{3}c1$[275]。晶体结构如图 1-128 所示，La^{3+} 被周围 F^- 以三角双锥方式形成五配位。

BaY_2F_8 属于单斜晶系结构晶体，晶格常数 $a = 0.698$nm，$b = 1.051$nm，$c = 0.426$nm，$\beta = 99.7°$，空间群 C2/m[276]。晶体结构如图 1-129 所示，一个 Y^{3+} 与 10 个 F^- 形成近八配位十二面体，Ba^{2+} 充填在形成的空隙中。

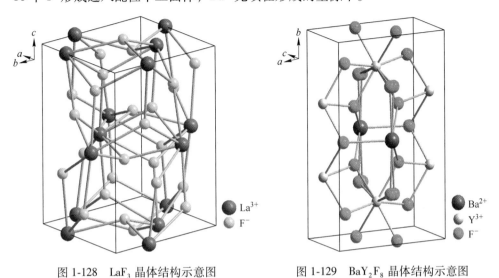

图 1-128　LaF_3 晶体结构示意图　　　　图 1-129　BaY_2F_8 晶体结构示意图

1.6.2　基本物理性质

氟化物晶体作为固体激光基质材料，在很多方面具有氧化物晶体无法比拟的特点：(1) 在光泵光谱区域内有宽的透光波段（0.125~12.5μm）和较高的透过率，因此可以实现较长波段的激光输出；(2) 较低的熔点利于晶体生长；(3) 低声子能量可以降低无辐射跃迁的几率，激活离子在氟化物基质中具有较高的发光量子效率和较长的荧光寿命。特别是 $LiLuF_4$ 与 $LiYF_4$ 晶体拥有负的折射率温度系数，作为激光基质可以部分地补偿激光棒端面由于正的线膨胀系数导致的正的热透镜效应。表 1-15 列出了 $LiYF_4$、$LiLuF_4$、LaF_3 以及 BaY_2F_8 四种氟化物晶体的基本物理性质。

表 1-15　四种常见氟化物晶体的基本物理性质

基质晶体	$LiYF_4$	$LiLuF_4$	LaF_3	BaY_2F_8
熔点/℃	830	852	1493	960
晶系	四方	四方	六方	单斜
空间群	I41/a	I41/a	$P\bar{3}c1$	C2/m
热导率/W·(m·K)$^{-1}$	$a = 5.3$ $c = 7.2$	$a = 5.0$ $c = 6.3$	$a = 5.1$ $c = 2.1$	6

续表 1-15

基质晶体	LiYF$_4$	LiLuF$_4$	LaF$_3$	BaY$_2$F$_8$
晶格常数/nm	$a=0.5168$ $c=1.0736$	$a=0.5126$ $c=1.053$	$a=0.719$ $c=0.737$	$a=0.698$ $b=1.051$ $c=0.426$
线膨胀系数/K^{-1}	$a=13.3\times10^{-6}$ $c=8.3\times10^{-6}$	$a=13.6\times10^{-6}$ $c=10.8\times10^{-6}$	$a=15.8\times10^{-6}$ $c=11.0\times10^{-6}$	$a=17.0\times10^{-6}$ $b=18.7\times10^{-6}$ $c=19.4\times10^{-6}$
莫氏硬度	4.5	约 4.5	4.5	约 4.5
密度/g·cm^{-3}	3.95	6.19	5.94	4.97
最大声子能量/cm^{-1}	447	400	350	415

1.6.3 晶体生长

图 1-130 给出了 LiF-YF$_3$ 以及 LiF-LuF$_3$ 的二元体系的相图[277,278]。从相图上可以看出 LiLuF$_4$ 与 LiYF$_4$ 的熔点分别为 852℃ 和 830℃，LiLuF$_4$ 为同成分熔化，而 LiYF$_4$ 是在富 LiF 区域非同成分熔化，相对来说同成分熔化更容易长出光学质量较好的晶体。

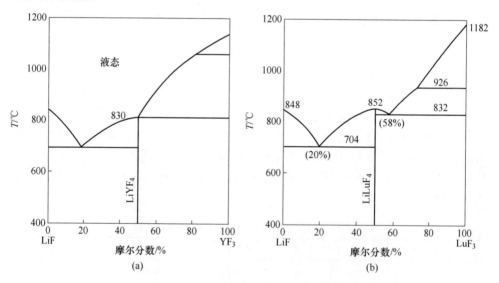

图 1-130 LiF-YF$_3$ 相图 (a) 和 LiF-LuF$_3$ 相图 (b)

生长氟化物晶体常用方法之一是提拉法，如图 1-131 所示为上海光机所用提拉法生长的 Ho:LiLuF$_4$、Nd:LiLuF$_4$、Yb:LiLuF$_4$、Ho,Pr:LiLuF$_4$ 晶体[279~282]。氟化物晶体的生长除了对原料纯度有很高的要求之外，对生长过程中排除氧的污染要求更高,氧污染可能来自于原料本身提纯过程、原料暴露在空气中吸附的水分和气体、炉膛真空度不高和热场系统吸附的水分和空气等。一旦出现上述氧污染,晶体将会出现散射颗粒、包裹物、杂质吸收峰等缺陷。即使原料纯度和设备方面均竭力避免了氧污染,氧杂质也不可能绝对去除。因此晶体生长炉内需采用强还原氛围,坩埚、保温屏、反射屏、坩埚托均采用高纯石墨制成,保护气体是高纯 CF_4 气体(纯度为 99.9999%),这样可以大大降低氧的污染[275]。

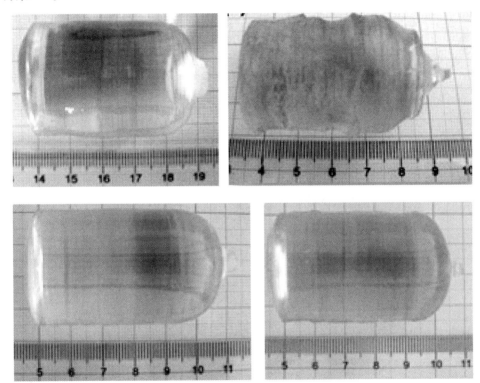

图 1-131 提拉法生长的 Ho:$LiLuF_4$、Nd:$LiLuF_4$、Yb:$LiLuF_4$、Ho,Pr:$LiLuF_4$ 晶体

另一种常用的氟化物晶体生长方法是坩埚下降法,由 Bridgman 于 1925 年提出[283],1936 年苏联学者 Stockbarger 提出了相似的方法[284],因此该方法又称为 Bridgman-Stockbarger 法。将晶体生长的原料装入坩埚中,在具有合适温度梯度的 Bridgman 长晶炉内进行生长。图 1-132 所示为下降法生长的稀土掺杂的 Yb:Na:PbF_2 和 Ho:PbF_2 激光晶体[285]。

1.6.4 晶体缺陷

氟化物晶体中时常含有一些缺陷,如散射颗粒、位错等。散射颗粒是指分布

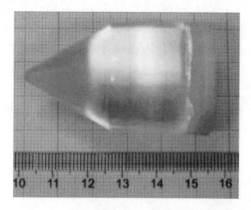 

图 1-132　下降法生长的 Yb：Na：PbF_2 和 Ho：PbF_2 晶体

在晶体中的微小的光学性质不同于基质晶体材料的部分，会导致晶体光学性能的不均匀，对通过晶体的激光或者强白光有散射损耗作用，对晶体的使用危害很大。散射颗粒可以是第二相、杂质、包裹物、气泡、微小镶嵌结构等，如图 1-133（a）、（c）、（e）是激光笔打到晶体上因晶体散射颗粒而引起的散射光路；对比图 1-133（b）、（d）、（f）则晶体无散射[286]。

位错是晶体中局部滑移区域的边界线，是晶体中的一种线缺陷，对晶体的物理性能有影响。化学腐蚀法是一种研究氟化物晶体表面缺陷的常用方法，能够观察晶体中出现的位错分布、对称性及双晶结构等[287]。化学腐蚀法之所以能显示位错，主要是因为在一定条件下晶体的腐蚀优先在表面上的位错露头处发生和发展，因而只要选择适当的腐蚀剂，同时腐蚀时间控制得当，就可以得到与位错露头一一对应的腐蚀坑。将晶体样品浸入适当的腐蚀剂中一段时间，就会在晶体表面上形成许多有一定形状，能反映晶面结构特点的腐蚀坑。腐蚀后的样品放置在光学显微镜下观察晶体表面的位错露头的形状、分布及腐蚀坑的密度，以此来表征晶体的缺陷。图 1-134 是氟化铅（PbF_2）晶体的（111）面在 40℃、4mol/L 的 HCl 溶液中腐蚀 30min 后的形貌图。

1.6.5　晶体性能及应用

在氟化物晶体中掺入稀土离子如 Nd^{3+}、Er^{3+}、Ho^{3+}、Yb^{3+}、Ce^{3+} 等后可作为激光工作物质，实现各种波长的激光输出，满足工业、医学、科研等领域的应用需要。

1.6.5.1　掺铈（Ce^{3+}）$LiLuF_4$ 晶体

传统的紫外可调谐激光通常是利用非线性光学效应方法获得的。一类基于掺 Ce^{3+} 氟化物晶体也可以获得紫外可调谐激光输出，采用这类晶体和特定波长的紫外激光器（如准分子激光器）做泵源，可以直接实现 Ce^{3+} 离子 5d→4f 跃迁的可

1.6 稀土氟化物系列激光晶体

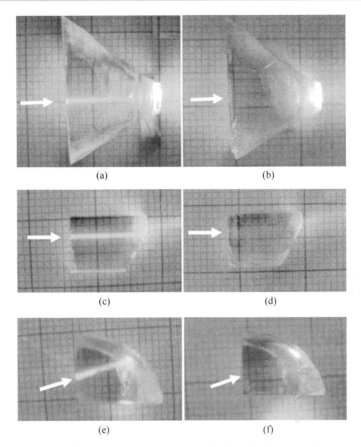

图 1-133 散射光路 (a)、(c)、(e) 和晶体无散射 (b)、(d)、(f)

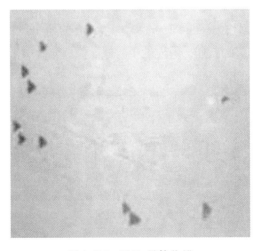

图 1-134 PbF$_2$ 晶体位错

调谐的紫外激光输出。这一类掺 Ce^{3+} 氟化物晶体主要有 $YLiF_4$、LaF_3、$LiCaAlF_6$、$LiSrAlF_6$ 和 $LuLiF_4$[288~294]。Ce^{3+} 离子的 5d→4f 跃迁表现为宽的吸收和发射光谱,因为是允许跃迁,所以 5d 能级寿命为纳秒级。Ce^{3+}:$LiLuF_4$ 晶体中 Ce^{3+} 离子替代 Lu^{3+} 离子后,其 5d 能级分裂成五个,其吸收光谱上有 207nm、245nm 和 295nm 三个吸收峰,荧光光谱有 310nm 和 327nm 两个峰[290],其 5d 能级寿命为 40ns,308nm 处发射截面分别为 6.7×10^{-18} cm^2 (π 偏振) 和 4.5×10^{-18} cm^2 (σ 偏振)[292]。Ce^{3+}:$LiLuF_4$ 中的色心会严重影响晶体的激光效率,Sekmashko 等人在 Ce^{3+}:$LiLuF_4$ 晶体中掺入 Yb^{3+} 离子可以显著减少色心的数量,获得了斜率效率高达 62%的紫外激光输出[295]。

1.6.5.2 掺镨(Pr^{3+})$LiLuF_4$ 晶体

掺 Pr^{3+} 的晶体可以提供从蓝色到红色的可见光激光通道,Pr^{3+} 的主要吸收峰位于蓝光波段(400~480nm),最早实现 Pr^{3+} 的可见光激光输出所采用的泵浦源是 Ar^+ 激光器和染料激光器。而这些激光器体积庞大、成本较高,因此制约了掺 Pr^{3+} 晶体在可见光波段激光的应用。近年来,由于瓦级蓝光 LD 商品化应用,推动了掺 Pr^{3+} 激光晶体的研究发展,掺 Pr^{3+} 全固态紧凑型可见光激光器将在数据存储、医疗、光谱学、荧光显微、显示技术等领域具有广泛的应用前景。目前,研究较多的掺 Pr^{3+} 激光晶体主要有 $YAlO_3$、$SrAl_{12}O_{19}$、BaY_2F_8、KY_3F_{10}、$LiYF_4$、$LiGdF_4$ 和 $LiLuF_4$ 等[296~299],这些晶体的最大声子能量都较低,可以降低 Pr^{3+} 无辐射跃迁几率。2008 年,F. Cornacchia 等人较系统地报道了 Pr^{3+}:$LiLuF_4$ 晶体的生长、光谱和激光性能[300]。由于 Pr^{3+} 的离子半径(0.127nm)与 Lu^{3+} 的离子半径(0.112nm)相差较大,因此 Pr^{3+} 在 $LiLuF_4$ 晶体中的分凝系数较小,仅为 0.1~0.2。Pr^{3+}:$LiLuF_4$ 晶体位于约 480nm 和约 444nm 的两个重要的吸收峰分别对应于基态到 $^3P_0$ 和 $^3P_2$ 能级的跃迁,对应的吸收截面分别为 $2.02\times10^{-19}cm^2$ 和 1.03×10^{-19} cm^2,吸收峰半高宽(FWHM)分别为 0.5nm 和 1.7nm,444nm 处的吸收峰较适合 GaN 基 LD 泵浦。Pr^{3+}:$LiLuF_4$ 晶体主要有四个激光跃迁通道,分别为绿色($^3P_1\to{}^3H_5$:522nm)、橙色($^3P_0\to{}^3H_6$:607nm)、红色($^3P_0\to{}^3F_2$:640nm)、深红色($^3P_0\to{}^3F_4$:720nm),发射截面分别为 $0.3\times10^{-19}cm^2$(π 偏振)、$1.2\times10^{-19}cm^2$(σ 偏振)、$2.1\times10^{-19}cm^2$(σ 偏振)和 $0.7\times10^{-19}cm^2$(π 偏振)。2007 年,F. Cornacchia 等人采用输出波长可调的激光器作为泵浦源,波长调节到 480nm,在一根长 4.07mm 的 Pr^{3+}:$LiLuF_4$ 晶体中获得了波长分别为 522.8nm、607.2nm、640.2nm 和 721.5nm 的可见光激光输出,最大输出功率分别为 16.0mW、34.5mW、52.7mW 和 50.0mW,斜率效率分别达到 33%、31%、56% 和 46%。2008 年,F. Cornacchia 等人改用输出波长为 444nm 的 GaN 基 LD 作为泵浦源,获得了波长分别为 522nm、607nm、640nm 和 720nm 的可见光激光输出,最大输出功率分别为 18.0mW、122mW、208mW 和 149mW,斜率效率分别达到 28%、12%、38% 和 24%。2011 年,Bin Xu 等采用经过倍频的 Nd:YAG 激光作为泵浦源,输出波长位于 469nm,在一根长 9mm 的 Pr^{3+}:$LiLuF_4$ 晶体中获得了波长分别为 522.5nm、607nm 和 640nm 的可见光激光输出,最大输出功率分别为 12mW、37mW 和 60mW,斜率效率分别达到 13%、21% 和 41%[299]。

1.6.5.3 掺镱(Yb^{3+})$LiLuF_4$ 晶体

Yb^{3+}:$LiLuF_4$ 晶体是一种研究较晚、报道较少的激光晶体。2004 年,Bensalah 等人首次报道了该晶体的生长和光谱性能[301]。他们采用提拉法生长出了未掺杂、掺 0.5% 和掺 5% 的 Yb^{3+}:$LiLuF_4$ 晶体,尺寸达到 $\phi 18mm \times 70mm$。由于 Yb^{3+} 和 Lu^{3+} 离子半径十分接近,因此 Yb^{3+} 在 $LiLuF_4$ 晶体中的分凝系数接近于 1。Yb^{3+}(0.5%):$LiLuF_4$ 晶体在室温和低温 12K 时的上能级寿命分别为 2.03ms 和 1.80ms。Yb^{3+} 在 $LiLuF_4$ 晶体中上下两个能级分裂成 5 个 Stark 能级,其能量分别为 0、$215cm^{-1}$、$243cm^{-1}$、$486cm^{-1}$、$10290cm^{-1}$、$10438cm^{-1}$ 和 $10570cm^{-1}$。Yb^{3+} 的 $^2F_{7/2}$ 能级劈裂仅为 $486cm^{-1}$,远低于 Yb^{3+} 在 YAG 晶体中的 $785cm^{-1}$[302],说明 $LiLuF_4$ 晶体的晶格场较弱,由于电子热布居效应,低能级劈裂可能导致高的激光阈值。Yb^{3+}:$LiLuF_4$ 晶体的吸收截面为 $0.9 \times 10^{-20} cm^2$(958nm,π 偏振),发射截面为 $1.5 \times 10^{-20} cm^2$(995nm,π 偏振),略大于 Yb^{3+}:$LiYF_4$ 晶体的 $0.9 \times 10^{-20} cm^2$(960nm,π 偏振)和 $1.3 \times 10^{-20} cm^2$(995nm,π 偏振)。2008 年,Yutaka Akahane 等人首次报道了 Yb^{3+}:$LiLuF_4$ 晶体的激光输出[303],采用 960nm 的 LD 泵浦,晶体用液氮冷却,获得了脉冲宽度为 13.2ps、脉冲能量为 6mJ、波长为 999nm 的激光输出。2009 年,Yasukevich 等采用 960nm 的 LD 泵浦 Yb^{3+}:$LiLuF_4$ 晶体,在室温下获得了波长为 1020nm 连续激光输出,最大输出功率和斜率效率分别为 0.21W 和 41%[304]。2012 年,中科院上海光机所报道了 Yb:$LiLuF_4$ 晶体室温下最大输出功率 1.68W、斜率效率 27.7% 的激光输出[281]。Yb:$LiLuF_4$ 和 Yb:$LiYF_4$ 晶体激光输出功率曲线如图 1-135(a)所示,Yb:$LiYF_4$ 晶体的激光效率低于 Yb:$LiLuF_4$ 晶体。在准连续模式运行下,Yb:$LiYF_4$ 晶体的阈值功率为 2.99W,在吸收功率为 9.44W 时最大输出功率为 1.42W,斜率效率为 24.2%。对于 Yb:$LiLuF_4$ 晶体,阈值功率为 2.12W,在吸收功率为 8W 时最大输出功率为 1.68W,斜率效率为 27.7%,泵浦光和激光的光谱如图 1-135(b)所示。

1.6.5.4 掺钕(Nd^{3+})$LiLuF_4$ 晶体

同 Yb^{3+}:$LiLuF_4$ 晶体类似,Nd^{3+}:$LiLuF_4$ 晶体的研究报道也很少。1993 年,Kaminskii 等人初步研究了 Nd^{3+}:$LiLuF_4$ 晶体的能级结构和光谱性能,Nd^{3+} 在

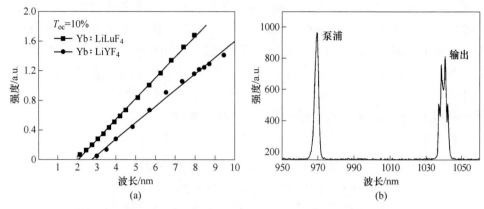

图 1-135　Yb：LiLuF$_4$ 和 Yb：LiYF$_4$ 晶体激光输出功率（a）和
Yb：LiLuF$_4$ 晶体泵浦光和激光光谱（b）

LiLuF$_4$ 晶体中的能级结构如图 1-136 所示[305]。在 800nm 附近该晶体有三个吸收峰，分别在 791nm、796nm 和 805nm，适合 LD 泵浦，室温荧光谱的 $^4F_{3/2} \rightarrow {}^4I_{11/2}$ 跃迁带的峰值波长分别为 1047nm（π 偏振）和 1053nm（σ 偏振），发射截面分别为 $2 \times 10^{-20} cm^2$ 和 $1.4 \times 10^{-20} cm^2$。采用输出波长为 805nm 的 LD 作为泵浦源，获得了波长为 1047nm、最大输出功率为 8mW、斜率效率为 9.2% 的激光输出。1998 年，Barnes 等人研究了 Nd^{3+}：LiLuF$_4$ 晶体的偏振吸收和偏振荧光光谱，使用闪光灯作为泵浦源，在 $^4F_{3/2} \rightarrow {}^4I_{11/2}$ 和 $^4F_{3/2} \rightarrow {}^4I_{13/2}$ 两个跃迁通道获得了波长分别为 1047nm（1053nm，σ 偏振）和 1313nm（1321nm，σ 偏振）激光输出，由于闪光灯泵浦效率很低，所以获得的激光输出斜率效率均低于 1%[306]。2001 年，I. R. Martin 等使用 Judd-Ofelt 理论计算了 Nd^{3+}：LiLuF$_4$ 晶体的晶格场参数和能级间的跃迁几率等性能，并测得了 $^4F_{3/2}$ 能级的荧光寿命为 495μs[307]。2001 年，Schmidt 等人实现了 $^4F_{3/2} \rightarrow {}^4I_{9/2}$ 准三能级跃迁激光输出，激光波长为 910nm，输出功率和斜率效率分别为 790mW 和 62%，他们通过 LBO 晶体倍频，获得了 40mW 的蓝光输出[308]。2011 年，中科院上海光机所对 Nd^{3+}：LiLuF$_4$ 晶体的光谱和激光性能进行了系统研究，获得了更高的激光功率输出[309,310]。研究了该晶体的 910nm 激光输出性能，当晶体尺寸为 3mm×3mm×4mm 时，激光阈值为 2.94W，输出光为 σ 偏振。当泵浦功率为 10.3W 时，获得了 1.17W 的输出功率（图 1-137），斜率效率为 16.3%，光-光转换效率为 11.4%，是目前报道的 Nd：LiLuF$_4$ 晶体 910nm 激光的最高输出功率。研究了该晶体的 1047nm 激光输出性能，耦合镜透过率为 5%，得到斜率效率为 20.1%、最高为 1.3W 的功率输出（图 1-138）；研究了该晶体的 1053nm 激光输出性能。在连续波模式下，使用 2%

的输出镜,输出功率最大,阈值功率为 1.6W,当泵浦功率为 18.2W 时,获得了最高 6.22W 的激光输出,对应的光-光转换效率为 34%,斜率效率为 37.2%,是目前报道的 Nd：LiLuF$_4$ 晶体 1053nm 激光的最高输出功率（图 1-139）。在调 Q 模式下,当重复频率为 10kHz 时,获得了最大功率为 4.68W 的输出,斜率效率为 36%。当重复频率为 0.5kHz、吸收的泵浦功率为 14.6W 时获得了最短为 17ns 的脉冲激光输出（图 1-140）。

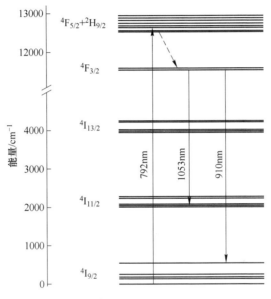

图 1-136　Nd^{3+} 在 LiLuF$_4$ 晶体中的能级图

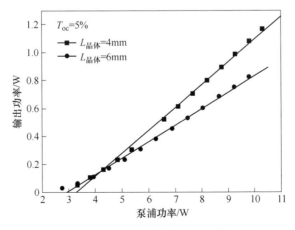

图 1-137　Nd：LiLuF$_4$ 晶体 910nm 激光功率

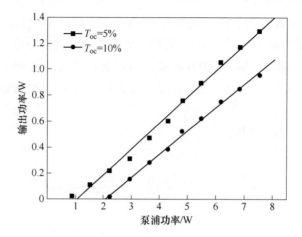

图 1-138 Nd：LiLuF$_4$ 晶体 1047nm 激光功率

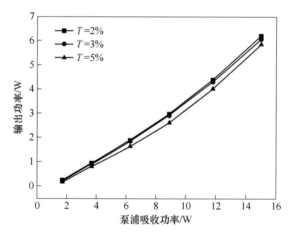

图 1-139 Nd：LiLuF$_4$ 晶体 CW 模式 1053nm 激光功率

1.6.5.5 掺铥（Tm^{3+}）和铥（Tm^{3+}）、钬（Ho^{3+}）共掺 LiLuF$_4$ 晶体

Tm^{3+}：LiLuF$_4$ 和 Tm^{3+}，Ho^{3+}：LiLuF$_4$ 晶体是 2μm 波段的重要激光工作物质，国内外对其光谱和激光性能的研究较多。Tm^{3+}：LiLuF$_4$ 晶体的激光波长在 1920nm 左右，Tm^{3+}，Ho^{3+}：LiLuF$_4$ 晶体的激光波长在 2053nm 左右。为了保证高效的能量传递同时又不至于导致能量上转换和浓度猝灭，Ho^{3+} 的掺杂浓度（原子分数）常保持在 0.5% 附近，敏化离子 Tm^{3+} 的浓度保持在 Ho^{3+} 离子浓度的 10 倍附近，典型的掺杂浓度（原子分数）为 Tm^{3+}（5%），Ho^{3+}（0.5%）：LiLuF$_4$。2008 年，Francesco 等人首次详细报道了 Tm^{3+}：LiLuF$_4$ 晶体的光谱性能[311]，LiLuF$_4$ 晶体由于具有低的声子能量，保证了 Tm^{3+} 长的激光上能级（$^3F_4$）寿命，

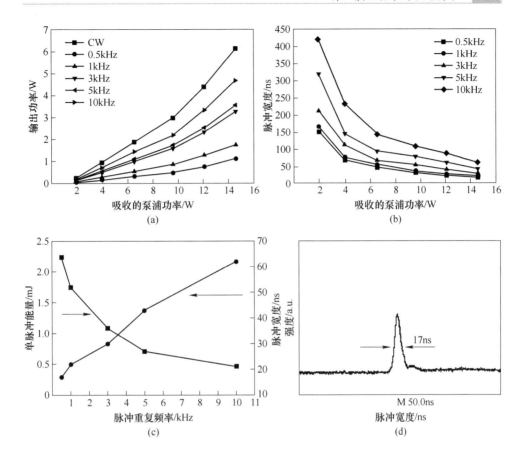

图 1-140 Nd:LiLuF$_4$ 晶体调 Q 模式激光输出（输出镜透光率为 2%）
(a) 不同重复频率下激光输出功率随泵浦吸收功率的变化；
(b) 不同脉冲频率下激光脉冲宽度随泵浦功率的变化；
(c) 在泵浦吸收功率为 14.6W 时，脉冲能量以及脉冲宽度随重复频率的变化；
(d) 在泵浦吸收功率为 14.6W 时的一个典型脉冲

同时又不至于过分地降低发射截面。Tm^{3+}:LiLuF$_4$ 晶体在 800nm 附近有一个适合商用化高功率 LD 泵浦的吸收带（$^3H_6 \rightarrow\, ^3H_4$），最大吸收在 779.8nm（π 偏振），FWHM 为 7.5nm，吸收截面为 $7.48\times10^{-21}\mathrm{cm}^2$。由于比较难以将 LD 的输出波长调节到 779.8nm 这个波长，常用 792nm 的 LD 作为泵浦源，这个波长的吸收截面为 $5.86\times10^{-21}\mathrm{cm}^2$（π 偏振），FWHM 为 6.2nm。常温下，$^3F_4$ 能级寿命为 13.2ms，稍长于 Tm^{3+}:LiYF$_4$ 晶体的 11.9ms[312]。在 2μm 波段 Tm^{3+}:LiLuF$_4$ 最大发射截面为 $4.0\times10^{-21}\mathrm{cm}^2$（σ 偏振），波长为 1912nm，发射截面与 Tm^{3+}:LiYF$_4$ 晶体相当[312]。表 1-16 列出了这两种晶体激光实验结果。

表1-16　$Tm^{3+}:LiLuF_4$ 和 Tm^{3+}，$Ho^{3+}:LiLuF_4$ 晶体最新实验结果

晶　体	激光波长/μm	连续波输出功率/W	脉冲能量/mJ	斜率效率/%	参考文献
$Tm^{3+}:LiLuF_4$	1.82~2.06	1.05	—	46	[313]
$Tm^{3+}:LiLuF_4$	1.875~1.895	0.12	—	13	[314]
$Tm^{3+}:LiLuF_4$	1.985~2.038	0.28	—	56	[311]
$Tm^{3+}:LiLuF_4$	1.916	7.3	—	32.3	[315]
$Tm^{3+}:LiLuF_4$	1.916	10.4	—	40.4	[316]
Tm^{3+}，$Ho^{3+}:LiLuF_4$	2.0	—	30	12.9	[317]
Tm^{3+}，$Ho^{3+}:LiLuF_4$	2.053	—	1100	5（光-光）	[318]
Tm^{3+}，$Ho^{3+}:LiLuF_4$	2.0	—	30	0.93（光-光）	[319]
Tm^{3+}，$Ho^{3+}:LiLuF_4$	2.0	—	106	2.3（光-光）	[320]
Tm^{3+}，$Ho^{3+}:LiLuF_4$	2.054	0.95	—	24	[321]

1.6.5.6　掺钬（Ho^{3+}）和钬（Ho^{3+}）、镨（Pr^{3+}）共掺 $LiLuF_4$ 晶体

由于缺乏合适的泵浦源，单掺 Ho^{3+} 的 $LiLuF_4$ 晶体研究比较晚。2004年，Brian 等人研究了 $Ho^{3+}:LiLuF_4$ 晶体的能级结构和光谱性能，并用 Judd-Ofelt 理论计算了光谱参数[322,323]。$Ho^{3+}:LiLuF_4$ 晶体吸收截面分别为 $0.441\times10^{-20} cm^2$（2.053μm，π 偏振）、$0.252\times10^{-20} cm^2$（2.065μm，π 偏振）、$0.168\times10^{-20} cm^2$（2.053μm，σ 偏振）和 $0.226\times10^{-20} cm^2$（2.065μm，σ 偏振），发射截面分别为 $1.577\times10^{-20} cm^2$（2.053μm，π 偏振）、$1.200\times10^{-20} cm^2$（2.065μm，π 偏振）、$0.631\times10^{-20} cm^2$（2.053μm，σ 偏振）和 $0.887\times10^{-20} cm^2$（2.065μm，σ 偏振），$Ho^{3+}:LiLuF_4$ 晶体 $^5I_7$ 能级寿命为 14.8ms。2010年，Kim 等人首次报道了 $Ho^{3+}:LiLuF_4$ 晶体激光性能[324]，使用输出波长为 1937nm 的 Tm 光纤激光器泵浦 0.25%（原子分数）$Ho^{3+}:LiLuF_4$ 晶体，获得了 5.1W 的 2066nm 和 5.4W 的 2053nm 激光输出，斜率效率达到 76%。同年，Martin 等人报道了调 Q 激光输出[325]，采用 Tm 光纤激光器泵浦 0.5%（原子分数）$Ho^{3+}:LiLuF_4$ 晶体，获得了脉冲重复频率为 100Hz、脉冲能量 24.8mJ、脉冲宽度 47ns、波长为 2052nm 激光输出。2011年，Martin 等人又报道了功率更高的 $Ho^{3+}:LiLuF_4$ 连续激光输出，输出波长为 2067.7nm，最大功率 20.5W，斜率效率 58.4%，光-光转换效率 39.8%，激光性能均高于同时作为对比用的 $Ho^{3+}:LiYF_4$[326]。Strauss 等人利用 $Ho^{3+}:LiYF_4$ 和 $Ho^{3+}:LiLuF_4$ 作为光放大介质，获得了脉冲能量达 210mJ、波长为 2064nm 的激光输出[327]。

除了 2μm 激光，Ho^{3+} 离子 $^5I_6 \to {}^5I_7$ 的跃迁还可以获得 2.9μm 的激光输出。2.9μm 波段激光在生物工程、医疗卫生等领域具有广泛的应用前景，而且是可以通过非线性途径获得更长波段激光的理想泵源。但是 Ho^{3+} 的 $^5I_6$ 能级荧光寿命远小于 $^5I_7$ 能级荧光寿命，使得 $^5I_6 \to {}^5I_7$（约 2.9μm）跃迁存在自终止态瓶颈效应，难以实现激光输出。2012 年，中科院上海光机所[282]研究了在 Ho^{3+}：$LiLuF_4$ 晶体中掺入退敏化离子镨（Pr^{3+}）的光谱性能，掺入 Pr^{3+} 可以显著降低激光下能级（$^5I_7$）寿命，同时不显著减少激光上能级（$^5I_6$）寿命，从而为 2.9μm 连续激光的输出提供了一条有效可行的途径，其中 Ho^{3+}-Pr^{3+} 能级结构及能级间能量传递如图 1-141（b）所示。研究发现 Ho，Pr：$LiLuF_4$ 晶体在 2.9μm 波段的荧光比 Ho：$LiLuF_4$ 晶体更强，有利于该波段激光输出，结果如图 1-141（a）所示。另外，如图 1-142 所示，Pr^{3+} 的退敏化效果明显，Ho^{3+} 的 $^5I_7$ 能级荧光寿命由原来的 16ms 降低到 1.97ms，降低了 78%，而 Ho^{3+} 的 $^5I_6$ 能级荧光寿命由原来的 1.8ms 降低到 1.47ms，仅仅降低了 18%。2017 年，山东大学 Nie 等人[328]采用该 Ho，Pr：$LiLuF_4$ 晶体，成功实现了 2.9μm 中红外波段的激光输出，在 2954nm 处最大输出功率为 172mW，斜率效率为 6%，光束质量 $M^2 = 1.5$，如图 1-143 和图 1-144 所示。

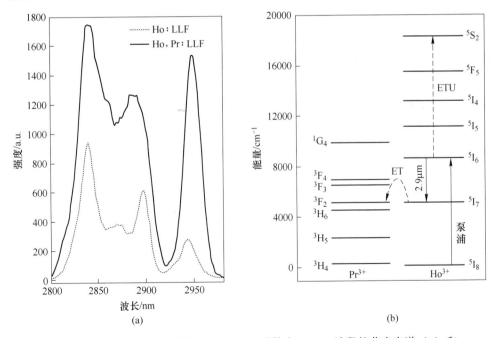

图 1-141　Ho，Pr：$LiLuF_4$ 以及 Ho：$LiLuF_4$ 晶体在 2.9μm 波段的荧光光谱（a）和 Ho^{3+}-Pr^{3+} 能级结构及能级间能量传递（b）

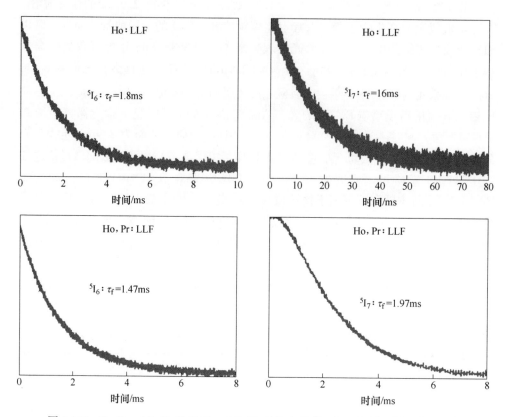

图 1-142 Ho,Pr：LiLuF$_4$ 以及 Ho：LiLuF$_4$ 晶体中 Ho^{3+}：$^5I_6$ 以及 $^5I_7$ 能级荧光寿命

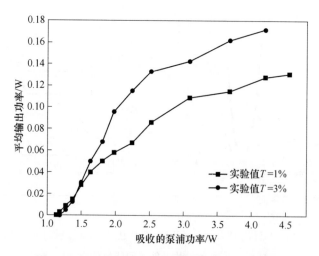

图 1-143 Ho,Pr：LiLuF$_4$ 晶体激光输出功率曲线

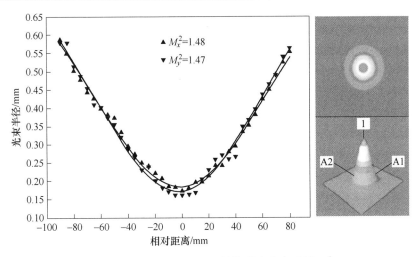

图 1-144　Ho,Pr：LiLuF$_4$ 晶体激光光束质量 M^2

1.6.5.7　Nd：LaF$_3$ 晶体

1988 年，Macfarlane 等人报道了 Nd：LaF$_3$ 晶体在紫外波段 380nm 的激光输出[329]。其中在 20K、1%输出耦合镜下得到 12mW 的单模连续输出激光，在 77K 时最大输出功率降至 4mW。1989 年，Fan 等人报道了 Nd：LaF$_3$ 晶体用钛宝石激光作为泵浦源，在 1.06μm 波段处获得激光输出，斜率效率为 47%[330]。1992 年，Dubinskii 等人报道了 Nd：LaF$_3$ 晶体在 172nm 的真空紫外激光输出，其中最大斜率效率 21%，最高输出能量 0.4mJ[331]。中科院上海光机所在 2016 年也报道了 Nd：LaF$_3$ 晶体在 1.04μm 及 1.06μm 波段处的连续双波长激光输出，斜率效率 18.5%，最大输出功率 302mW，如图 1-145 所示[332]。

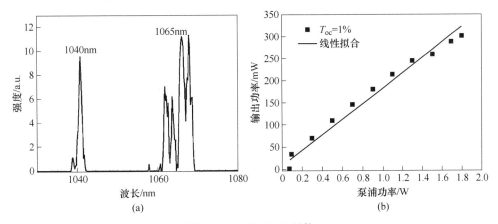

图 1-145　Nd：LaF$_3$ 晶体

（a）双波长激光谱；（b）总输出能量

1.6.5.8　Pr∶LaF₃晶体

2012年，Reichert等人实现了Pr∶LaF₃晶体在可见光波段的激光输出[333]，其中，537.1nm最大功率15.1mW，斜率效率16%；612nm最大功率20.1mW，斜率效率15%；635.4nm最大功率22.6mW，斜率效率16%；719.8nm最大功率80mW，斜率效率37%，如图1-146所示。

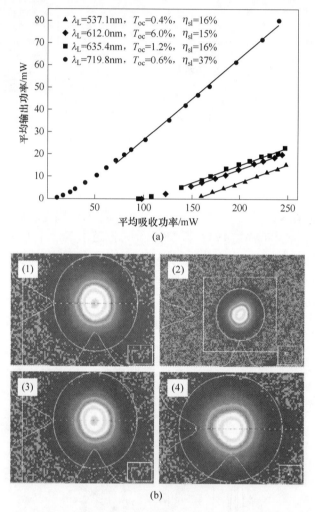

图1-146　0.42% Pr∶LaF₃晶体不同波段激光输入-输出
功率（a）和激光操作模式（b）
(1) 537.1nm；(2) 612.0nm；(3) 635.4nm；(4) 719.8nm

Pr离子已在多种氟化物晶体中实现了可见光波段的激光输出，表1-17做了一些总结。

表 1-17 Pr 在不同氟化物晶体中实现的可见光波段激光性能

晶体	声子能量 /cm^{-1}	泵浦波长 /nm	激光波长 /nm	输出功率	斜率效率 /%	参考文献
Pr：LaF$_3$	350	442	537.1	15.1mW	16	[333]
			612.0	20.1mW	15	
			635.4	22.6mW	16	
			719.8	80.0mW	37	
Pr：YLF	447	479	523	2.9W	67	[334]
			546	2.0W	52	
			604	1.5W	40	
			607	1.8W	45	
			640	2.8W	64	
			698	1.5W	48	
			720	1.0W	53	
Pr：LuLiF$_4$		480	640.2	52.7mW	56	[335]
			721.5	50.0mW	46	
			607.2	34.5mW	31	
			522.8	16.0mW	33	
Pr：KY$_3$F$_{10}$	400	445	554	121mW	27	[336]
			610	97mW	18	
			645	268mW	38	
Pr：KYF$_4$		444	642.3	7.8mW	7	[337]
			605.5	2mW	5.8	
		469.1	642.3	11.3mW	9.3	
			605.5	1mW	3.4	
Pr：BaY$_2$F$_8$	350	444	607	78mW	13	[338]

1.6.5.9 Ho：LaF$_3$ 晶体

Ho 离子除了常见的 2μm 激光输出，还能利用其上转换实现可见光波段激光输出。2014 年，Reichert 等人[339]实现了 Ho：LaF$_3$ 晶体约 550nm 激光输出，最大平均输出功率 7.7mW，如图 1-147 所示。

1.6.5.10 Ho：BaY$_2$F$_8$ 晶体

3~5μm 波段红外辐射处于大气最理想的传输窗口，在军事、民用、医学等各个领域都有广泛用途。至今为止，3μm 以上的氟化物激光报道较少，其中 Ho：BaY$_2$F$_8$ 晶体实现了 3.9μm 的激光输出。1999 年，Tabirian 等人[340]利用高掺

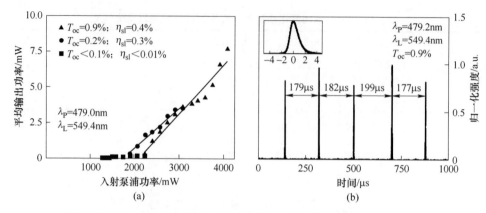

图 1-147 Ho：LaF₃ 激光输入-输出功率（a）和最大泵浦功率脉冲下的
时间特性（b）（插图为单个脉冲）

杂的 Ho：BaY₂F₈ 晶体，采用级联激发技术，得到了 3.9μm 的脉冲激光输出。2001 年，Tabirian 等人[341]又利用直接泵浦激发方式，在室温下获得 3.9μm 的 Ho：BYF 激光输出，其中脉冲激光最大输出能量达 30mJ，斜率效率为 14.5%，光-光转换效率约 9.5%。2004 年，Stutz 等人[342]利用 889nm 脉冲激光泵浦高掺杂的 Ho：BYF 晶体获得了高能量 3.9μm 脉冲激光输出：对于 30% Ho：BYF 晶体，当采用单端泵浦方式时，最高可获得 55mJ 的单脉冲能量，光-光转换效率 10%；当采用双端泵浦方式时，可以获得 90mJ 脉冲激光输出，实验结果如图 1-148 所示。2007 年，Tabirian 等人[343]又报道了在 Ho：BaY₂F₈ 晶体中获得了 153mJ、斜率效率 17.4%、波长为 3.89μm 的激光输出，在 Ho：YLF 晶体中获得

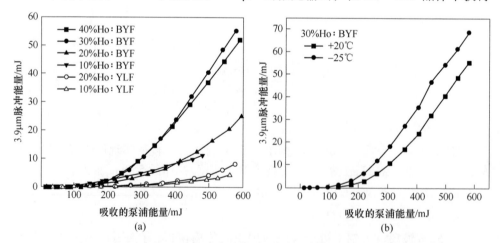

图 1-148 不同 Ho 掺杂浓度下的泵浦吸收-激光脉冲能量（a）和不同温度下 30%
Ho：BYF 的泵浦吸收-激光脉冲能量（b）

了 180mJ、斜率效率 17.9%、波长为 3.915μm 的激光输出。这是到目前为止，掺 Ho 的激光晶体在 3.9μm 波段获得的最大激光能量输出报道。

参 考 文 献

[1] Hurrell J P, Porto P S. Optical phonons of yttrium aluminum garnet [J]. Physical Review, 1968, 173 (3): 851~856.

[2] Kuwano Y, Suda K, Ishizawa N, et al. Crystal growth and properties of (Lu, Y)$_3$Al$_5$O$_{12}$ [J]. J. Cryst. Growth, 2004, 260: 159~165.

[3] Wood D L, Nassau K. Optical properties gadolinium gallium garnet [J]. Appl. Opt., 1990, 29: 3704~3707.

[4] Kruple W F, Shinn M D, Marion J E, et al. Spectroscopic, and thermomechanical properties of neodymium- and chromium-doped gadolinium scandium gallium garnet [J]. J. Opt. Soc. Am. B, 1986, 3: 102~113.

[5] Linares R C. Growth of garnet laser crystals [J]. Solid State Commun., 1964, 2: 229~232.

[6] Cockayne B. Non-uniform impurity distributions in yttrium aluminium garnet single crystals [J]. Philosophical Magazine, 1965, 12: 943~950.

[7] Cockayne B, Gasson D B. Yttrium aluminium garnet single crystals: polishing, etching and dislocation distribution [J]. J. Materials Sciences, 1967, 2: 118~123.

[8] Cockayne B, Gasson D B, Findlay D, et al. The growth and laser characteristics of yttrium-gadolinium- aluminium garnet single crystals [J]. J. Physics and Chemistry of Solids, 1968, 29: 905~910.

[9] Lu J, Prabhu M, Song J, et al. Optical properties and highly efficient laser oscillation of Nd：YAG ceramics [J]. Appl. Phys. B, 2000, 71 (3): 469~473.

[10] Katsurayama M, Anzai Y, Sugiyama A, et al. Growth of neodymium doped Y$_3$Al$_5$O$_{12}$ single crystals by double crucible method [J]. J. Cryst. Growth, 2001, 229: 193~198.

[11] Zhang Yongzong. Growth of high quality large Nd：YAG crystals by Temperature Gradient Technique (TGT) [J]. J. Cryst. Growth, 1986, 78 (1): 31~35.

[12] Nicolas J, Coutures J, Coutures J P. Sm$_2$O$_3$-Ga$_2$O$_3$ and Gd$_2$O$_3$-Ga$_2$O$_3$ phase diagrams [J]. J. Solid State Chemistry, 1984, 52: 101~113.

[13] Geusic J E, Marcos H M, Van Uitert L G. Laser oscillations in Nd-doped yttrium aluminum, yttrium gallium and gadolinium garnets [J]. Appl. Phys. Lett., 1964, 4 (10): 182~184.

[14] Brandle C, Valentino A. Czochralski growth of rare earth gallium garnets [J]. J. Cryst. Growth, 1972, 12 (1): 3~8.

[15] Allibert M, Chatillon C, Mareschal J, et al. Etude du diagramme de phase dans le système Gd$_2$O$_3$-Ga$_2$O$_3$ [J]. J. Cryst. Growth, 1974, 23 (4): 289~294.

[16] Cockayne B, Lent B, Roslington J. Interface shape changes during the Czochralski growth of

gadolinium gallium garnet single crystals [J]. J. Materials Science, 1976, 11 (2): 259~263.

[17] Carruthers J. Flow transitions and interface shapes in the Czochralski growth of oxide crystals [J]. J. Cryst. Growth, 1976, 36 (2): 212~214.

[18] Brandle C D. Growth of 3″ diameter $Gd_3Ga_5O_{12}$ crystals [J]. J. Appl. Phys., 1978, 49: 1855~1858.

[19] 胡康德, 潘绍瑜. φ55mm 优质 GGG 单晶的生长 [J]. 人工晶体学报, 1988, 17: 233.

[20] Parker A. Bright future for compact tactical laser weapons [OL]. LLNL Sci. Technol. Rev., 2002, 4: 11-21. http://www.eurekalert.org/features/doe/2002-04/dlnl-bff053102.php.

[21] Asadian M, Hajiesmaeilbaigi F, Mirzaei N, et al. Composition and dissociation processes analysis in crystal growth of Nd: GGG by the Czochralski method [J]. J. Cryst. Growth, 2010, 312 (9): 1645~1650.

[22] Saeedi H, Asadian M, Enayati S, et al. The effect of crucible bottom deformation on the quality of Nd: GGG crystals grown by Czochralski method [J]. Cryst. Res. Technol., 2011, 46 (12): 1229~1234.

[23] Asadian M, Mirzaei N, Saeedi H, et al. Improvement of Nd: GGG crystal growth process under dynamic atmosphere composition [J]. Solid State Sciences, 2011, 14 (2): 262~268.

[24] Zimik K, Rai C R, Kumar R, et al. Study on the growth of Nd^{3+}: $Gd_3Ga_5O_{12}$ (Nd: GGG) crystal by the Czochralski technique under different gas flow rates and using different crucible sizes for flat interface growth [J]. J. Cryst. Growth, 2013, 363: 76~79.

[25] 贾志泰, 陶绪堂, 董春明, 等. 5 英寸 Nd: GGG 激光晶体的生长 [J]. 人工晶体学报, 2007, 36 (6): 1257~1260.

[26] 贾志泰. 大尺寸激光晶体和半导体硅光纤的制备及性质研究 [D]. 济南: 山东大学, 2009.

[27] Sun Dunlu, Zhang Qingli, Wang Zhaobing, et al. Co-precipitation synthesis and sintering of nanoscaled Nd: $Gd_3Ga_5O_{12}$ polycrystalline material [J]. Materials Science & Engineering A, 2005, 392 (1-2): 278~281.

[28] Kaminskii A A, Bagdasarov S, Bogomolova G A, et al. Luminescence and stimulated emission of Nd^{3+} ions in $Gd_3Sc_2Ga_3O_{12}$ crystals [J]. Phys. Status Solidi (a), 1976, 34 (2): 109~114.

[29] Stokowsik S E, Randles M H, Morris R C. Growth and characterization of large Nd, Cr: GSGG crystals for high-average-power slab lasers [J]. IEEE J. Quantum Electron, 1988, 24 (6): 934~948.

[30] 荀大敏, 朱化南, 靳福慧, 等. GGG(Ca, Mg, Zr): (Nd, Cr) 激光新晶体的生长及测试 [J]. 中国激光, 1985, 13 (11): 710~713.

[31] Sun D L, Luo J Q, Xiao J Z, et al. Effects of annealing treatment and gamma irradiation on the absorption and fluorescence spectra of the Cr: GSGG laser crystal [J]. Appl. Phys. B, 2008, 92: 529~533.

[32] Chen J K, Sun D L, Luo J Q, et al. Er^{3+} doped GYSGG crystal as a laser material resistant to

ionizing radiation [J]. Opt. Commun., 2013, 301~302: 84~87.

[33] 孙敦陆, 罗建乔, 张庆礼, 等. 2.7μm 激光晶体 Yb,Er,Ho：GSGG 的生长与光谱性能研究 [J]. 人工晶体学报, 2012, 41 (3): 547~550.

[34] 罗建乔, 孙敦陆, 张庆礼, 等. 中红外激光晶体 Er：YSGG 的生长及 LD 泵浦的激光性能 [J]. 人工晶体学报, 2012, 41 (3): 564~567.

[35] 程毛杰, 孙敦陆, 罗建乔, 等. 新型 GYSGG（$Gd_xY_{3-x}Sc_2Ga_3O_{12}$）晶体的生长、结构及透过光谱研究 [J]. 无机材料学报, 2014, 29 (10): 1077~1081.

[36] Glass H. X-ray double crystal analysis of facets in Czochralski grown gadolinium gallium garnet [J]. Mater. Res. Bull., 1972, 7 (10): 1087~1092.

[37] Matthews J, Plaskett T, Ahn J. Observation of dislocations in large crystals of gadolinium gallium garnet [J]. Philosophical Magazine, 1976, 33 (1): 73~85.

[38] Matthews J, Klokholm E, Sadagopan V, et al. Dislocations in gadolinium gallium garnet ($Gd_3Ga_5O_{12}$)-I. dislocations at inclusions [J]. Acta Metall., 1973, 21 (3): 203~211.

[39] Matthews J, Klokholm E, Plaskett T, et al. Helical dislocations in gadolinium gallium garnet ($Gd_3Ga_5O_{12}$) [J]. Physica Status Solidi (a), 1973, 19 (2): 671~678.

[40] 王召兵, 张庆礼, 孙敦陆, 等. Nd：GGG 激光晶体的缺陷研究 [J]. 量子电子学报, 2005, 22 (4): 574~578.

[41] Cockayne B, Roslington J. The dislocation-free growth of gadolinium gallium garnet single crystals [J]. J. Materials Science, 1973, 8 (4): 601~605.

[42] Takagi K, Ikeda T, Fukazawa T, et al. Growth striae in single crystals of gadolinium gallium garnet grown by automatic diameter control [J]. J. Cryst. Growth, 1977, 38 (2): 206~212.

[43] Naumowicz P, Wieteska K, Szarras S, et al. Growth spirals of gadolinium gallium garnet (GGG) crystals [J]. Kristall und Technik, 1981, 16 (9): 983~988.

[44] Mateika D. Substrates for epitaxial garnet layers: crystal growth and quality in current topics in material science [M]. New York: Elsevier, 1984: 168~170.

[45] Sugimoto N, Terui H, Tate A, et al. A hybrid integrated waveguide isolator on a silica-based planar lightwave circuit [J]. J. Lightwave Techn., 1996, 14 (11): 2357~2546.

[46] Shirashi K. Fiber-embedded micro-faraday rotator for the infrared [J]. Applied Optics, 1995, 24 (7): 951~953.

[47] Wang C L, Tsai C S. Integrated magnetooptic braggcell modulator in yttrium iron garnet-gadolinium gallioum garnet taper waveguide and applications [J]. J. Lightwave Tech., 1997, 15 (9): 1708~1715.

[48] Pardavi-Horvath M. Defects and their avoidance in LPE of garnets [J]. Prog. Cryst. Grow. Charact., 1982, 5 (3): 175~220.

[49] Hskuraku Y, Ogata H. A magnetic refrigerator for superfluid helium equipped with a rotating superconducting magnet system [J]. Jan. J. Appl. Phys., 1986, 25 (1): 140~146.

[50] Goodno G, Komine H, Mcnaught S, et al. Coherent combination of high-power, zigzag slab lasers [J]. Opt. Lett., 2006, 31 (9): 1247~1249.

[51] 姜腾雨，陈熙基，张华，等．大尺寸 Nd：YAG 晶体生长技术［J］．激光与红外，1992，22（6）：21~30．

[52] 陈家璧．激光原理及应用［M］．北京：电子工业出版社，2010．

[53] 曹凤国．激光加工［M］．北京：化学工业出版社，2015．

[54] 孙华燕，张廷华，韩意．军事激光技术［M］．北京：国防工业出版社，2012．

[55] Reinberg A R, Risenberg L A, Brown R M, et al. GaAs：Si pumped Yb：-doped YAG laser [J]. Appl. Phys. Lett., 1971, 19: 11~13.

[56] Fattahi H, Alismail A, Wang H C, et al. High-power, 1-ps, all-Yb：YAG thin-disk regenerative amplifier [J]. Opt. Lett., 2016, 41 (6): 1126~1129.

[57] Rutherford T S, Tulloch W M, Gustafson E K, et al. Edge-pumped quasi-three-level slab lasers: design and power scaling [J]. IEEE J. Quantum Electron, 2000, 36: 205~219.

[58] Bieau C, Beach R J, Mitchell S C, et al. High-average-power 1-μm prformance and frequency conversion of a diode-end-pumped Yb：YAG laser [J]. IEEE J. Quantum Electron, 1998, 34 (10): 2010~2019.

[59] Rutherford T S, Tulloch W M, Sinha S, et al. Yb：YAG and Nd：YAG edge-pumped slab laser [J]. Opt. Lett., 2001, 26 (13): 986~988.

[60] Goodno G D, Palese S, Harkenrider J, et al. Yb：YAG power oscillator with high brightness and linear polarization [J]. Opt. Lett., 2001, 26 (21): 1672~1674.

[61] Giesen A, Hügel H, Voss A, et al. Scalable concept for diode-pumped high-power solid-state lasers [J]. Appl. Phys. B, 1994, 58: 365~372.

[62] 陆燕玲，王俊，孙宝德．2μm 波段激光晶体研究进展［J］．无机材料学报，2005，20（3）：513~521．

[63] Johnson L F, Geusic J E, Van Uitert L G. Coherent oscillations from Tm^{3+}, Ho^{3+}, Yb^{3+} and Er^{3+} ions yttrium aluminum garnet [J]. Appl. Phys. Lett., 1965, 7 (5): 127~129.

[64] Antipenko B M, Glebov A S, Kseleva T I, et al. 2.12μm Ho：YAG laser [J]. Sov. Tech. Phy. Lett., 1985, 11 (6): 284~288.

[65] Imai S, Yamada T, Fujimori Y, et al. A 20 W Cr^{3+}, Tm^{3+}, Ho^{3+}：YAG laser [J]. Optical and Laser Technology, 1990, 22 (5): 351~353.

[66] Scott A M, Whitney W T, Duiqnan M T, et al. Stimulated Brillouin scattering and loop threshold reduction with a 2.1μm Cr, Tm, Ho：YAG laser [J]. J. Opt. Soc. Am. B, 1994, 11 (10): 2079~2088.

[67] Zendzian W, Jankiewicz Z, Jabezynski J K, et al. Performance investigation of lamp-pumped pulsed Cr：Tm：Ho：YAG laser [C]. Proc. SPIE, 1996, 2772: 28~34.

[68] Wang Li, Cai Xuwu, Yang Jingwei, et al. 520mJ langasite electro-optically Q-switched Cr, Tm, Ho：YAG laser [J]. Opt. Lett., 2012, 37: 1986~1988.

[69] Chen D W, Fincher C L, Rose T S, et al. Diode-pumped 1 W continous-wave Er：YAG 3μm laser [J]. Opt. Lett., 1999, 24: 385~387.

[70] 鲍良弼，叶兵，程萍，等．Er：YAG 激光在生物医学中的应用研究［J］．应用激光，2000，6：58~62．

[71] Geusic J E, Marcos H M, Van L G. Laser oscil-lationsin Nd-doped yttrium aluminium yttrium gallium and gadolinium garnets [J]. J. Appl. Phys., 1964, 4: 182~184.

[72] Kane T J, Eggleston J M, Byer R L. The slab laser-part II: thermal effects in a finite slab [J]. IEEE J. Quantum Electron., 1985, 21: 1195~1209.

[73] Eggleston J M, Kane T J, Kuhn K, et al. The slab geometry laser-part I: Theory [J]. IEEE J. Quantum Electron., 1984, 20: 289~301.

[74] Kane T J, Eckard R C, Byer R L. Reduced thermal focusing and birefringence in zig-zag slab geometry crystalline lasers [J]. IEEE J. Quantum Electron., 1983, 19: 1351~1354.

[75] Puell H B, Wöstenbrink U. Lasing properties of flashlamp pumped GGG-crystals [C]. Proc. SPIE, 1988, 1021: 51~55.

[76] Hayakawa H, Yoshida H, Tukeda N, et al. High average power neodymium-doped gadolinium gallium garnet slab laser [C]. Proc. SPIE, 1989, 1040: 199.

[77] Smith W L. Nonlinear optical measurements in 1982 laser prog. Annu rep., Lawrence Livermore nat lab., rep, UCRL-50021-82 [R], 1983, 8: 734~738.

[78] Hayakawa H, Maeda K, Ishikawa T, et al. High average power Nd:$Gd_3Ga_5O_{12}$ slab laser [J]. Jap. J. Appl. Phys., 1987, 26 (10): L1623~L1625.

[79] Maeda K, Wada N, Umino M, et al. Concentration dependence of fluorescence lifetime of Nd^{3+}-doped $Gd_3Ga_5O_{12}$ lasers [J]. Jap. J. Appl. Phys., 1984, 23 (10): 759~760.

[80] Yoshida K, Yoshida H, Kato Y. Characterization of high average power Nd: GGG slab lasers [J]. IEEE J. Quantum Electron., 1988, 24: 1188~1192.

[81] Kazuki Kuba, Takashi Yamamoto, Shigenori Yagi. Improvement of slab-laser beam divergence by using an off-axis unstable-stable resonator [J]. Opt. Lett., 1990, 15 (2): 121~123.

[82] Zaprta L E, Manes K R, Christie D, et al. Performance of a 500 watt Nd: GGG zigzag slab oscillator [C]. Proc. SPIE, 1990, 1223: 259~273.

[83] 廖严, 何慧娟, 李永春, 等. GGG 晶体板状激光器特性的研究 [J]. 光学学报, 1992, 12 (10): 953~955.

[84] Barrington S J, Bhutta T, Shepherd D P, et al. The effect of particulate density on performance of Nd:$Gd_3Ga_5O_{12}$ waveguide lasers grown by pulsed laser deposition [J]. Opt. Commun., 2000, 185: 145~152.

[85] Field S J, Hanna D C, Large A C, et al. An efficient diode-pumped, ion implanted Nd: GGG planar waveguide laser [J]. Opt. Commun., 1991, 86: 161~166.

[86] Laser Focus word, 1997, 11: 9.

[87] Kane T J, Eggleston J M, Byer R T. The slab geometry laser-part II: thermal effects in a finite slab [J]. IEEE J. Quantum Electron, 1985, 21: 1195~1209.

[88] Keszei B, Paite J, Vandlik J, et al. Control of Nd and Cr concentrations in Nd, Cr: $Gd_3Ga_5O_{12}$ single crystals grown by Czochralski method [J]. J. Cryst. Growth, 2001, 226 (1): 95~100.

[89] Kuwano Y. Effective distribution coefficient of neodymium in Nd:$Gd_3Ga_5O_{12}$ crystals grown by the Czochralski method [J]. J. Cryst. Growth, 1982, 57: 353~361.

[90] Lupei V, Lupei A, Gheorghe C, et al. Spectroscopic and de-excitation properties of (Cr, Nd): YAG transparent ceramics [J]. Optical Materials Express, 2016, 6 (2): 552~557.

[91] 张庆礼, 殷绍唐, 王爱华, 等. GGG 系列激光器研究进展 [J]. 量子电子学报, 2002, 19 (6): 481~484.

[92] 张乐㵘, 黄学珂, 刘海润. 掺钕钆镓石榴石 (GGG: Nd^{3+}) 单晶的生长、完整性及其激光性能 [J]. 硅酸盐学报, 1980, 8 (3): 207~215.

[93] 李运奎, 汤洪高. 新型激光晶体 $Gd_3(In, Ga)_2Ga_3O_{12}:Cr^{3+}$ 的发光 [J]. 中国激光, 1990, 1223: 259~273.

[94] Li Yunkui, Yin Shaotang, Qin Qinghai, et al. Czochralski growth and optical spectral properties of GInGG: Cr^{3+} single crystal [J]. Progress in Crystal Growth and Characterization of Materials, 2000: 201~209.

[95] Li Yunkui, Kai Gäkel, Yuan Yiqian, et al. Luminescence and color centers from CNGG: Cr^{3+} crystal grown by Czochralski method [J]. J. Cryst. Growth, 2000, 209: 867~873.

[96] 陶德节, 邴根祥, 闫如顺, 等. 提拉法生长钆镓石榴石 (GGG) 晶体 [J]. 量子电子学报, 2003, 20 (5): 550~552.

[97] Sun D L, Zhang Q L, Wang Z B, et al. Concentration distribution of Nd^{3+} in Nd: $Gd_3Ga_5O_{12}$ crystals studied by optical absorption method [J]. Crystal Research Technology, 2005, 40 (7): 698~702.

[98] Yoshida K, Yoshida H, Kato Y. Characterization of high average power Nd: GGG slab lasers [J]. IEEE J. Quantum Electron., 1988, 24 (6): 1188~1192.

[99] Rotter M D, Dane C B, Fochs S, et al. Solid-state heat-capacity lasers: good candidates for the marketplace [J]. Photonics Spectra, 2004, 38 (8): 44~46.

[100] Zuo C, Zhang B, Liu Y, et al. Diode-pumped passively Q-switched and mode-locked Nd: GGG laser at 1.3μm with V^{3+}: YAG saturable absorber [J]. Laser Phys., 2010, 20 (8): 1717~1720.

[101] Zuo C H, Zhang B T, He J L, et al. The acousto-optical Q-switched Nd: GGG Laser [J]. Laser Phys. Lett., 2008, 5 (10): 719~721.

[102] Gerhardt R, Kleine-Borger J, Beilschmidt L, et al. Efficient channel-waveguide laser in Nd: GGG at 1.062μm wavelength [J]. Appl. Phys. Lett., 1999, 75 (9): 1210~1212.

[103] Yang Y, Yang X, Jia Z, et al. Diode-pumped passively mode-locked Nd: GGG laser at 1331.3nm [J]. Laser Phys. Lett., 2012, 9 (7): 481~484.

[104] Beimowski A, Huber G, et al. Efficient Cr^{3+} sensitized Nd^{3+}: GSGG-garnet laser at 1.06μm [J]. Appl. Phys. B, 1982, 28: 234~235.

[105] Caffey D P, Utano R A. Diode array side-pumped neodymium-doped gadolinium scandium gallium garnet rod and slab lasers [J]. Appl. Phys. Lett., 1990, 56 (9): 808~810.

[106] 罗建乔, 吴路生, 马明俊, 等. 激光二极管纵向抽运 Nd: GSGG 全固化激光器的输出特性 [J]. 中国激光, 2007, 34: 191~194.

[107] Sun Dunlu, Luo, Jianqiao, Zhang Qingli, et al. Gamma-ray irradiation effect on the absorption and luminescence spectra of Nd: GGG and Nd: GSGG laser crystals [J]. J. Lumin.,

2008, 128: 1886~1889.

[108] Stoneman R C, Esterowitz L. Efficient resonantly pumped 2.7~2.8μm Er^{3+}: GSGG laser [J]. Opt. Lett., 1992, 17: 816~818.

[109] Dinerman B J, Moulton P F. 3μm CW laser operations in erbium-doped YSGG, GGG, and YAG [J]. Opt. Lett., 1994, 19: 1143~1145.

[110] Sun D L, Zhang Q L, Yin S T, et al. Gamma-ray irradiation effect on the absorption and luminescence spectra of Nd:GGG and Nd:GSGG laser crystals [J]. J. Lumin., 2008, 128: 1886~1889.

[111] Sun D L, Luo J Q, Zhang Q L, et al. Growth and radiation resistant properties of 2.7~2.8μm Yb, Er:GSGG laser crystal [J]. J. Cryst. Growth, 2011, 318: 669~673.

[112] Wu Z H, Sun D L, Wang S Z, et al. Performance of a 967nm CW diode end-pumped Er:GSGG laser at 2.79μm [J]. Laser Phys., 2013, 23: 055801~055805.

[113] 刘金生. 2.79μm Cr, Er:YSGG 固体激光器发展现状 [J]. 红外与激光工程, 2008, 37 (2): 217~225.

[114] Liu J S, Liu J J, Tang Y. Performance of a diode end-pumped Cr, Er:YSGG laser at 2.79μm [J]. Laser Phys., 2008, 18 (10): 1124~1127.

[115] Shen B J, Kang H X, Sun D L, et al. Investigation of laser diode end pumped Er:YSGG/YSGG composite crystal lasers at 2.79μm [J]. Laser Phys. Lett., 2014, 11: 015002~015005.

[116] Shen Benjian, Kang Hongxiang, Chen Peng, et al. Performance of continuous-wave laser-diode side-pumped Er:YSGG slab lasers at 2.79μm [J]. Appl. Phys. B, 2015, 121: 511~515.

[117] Wang Jintao, Cheng Tingqing, Wang Li, et al. Compensation of strong thermal lensing in an LD side-pumped high-power Er:YSGG laser [J]. Laser Phys. Lett., 2015, 12: 105004~105008.

[118] Maak P, Jakab L, Richter P, et al. Efficient acousto-optic Q-switching of Er:YSGG lasers at 2.79μm wavelength [J]. Appl Optics, 2000, 39: 3053~3059.

[119] Wang T J, He Q Y, Gao J Y, et al. Comparison of electrooptically Q-switched Er:Cr:YSGG lasers by two polarizers: glan-taylor prism and brewster angle structure [J]. Laser Phys. Lett., 2006, 3: 349~352.

[120] Liu J S, Liu J J. Cr, Er:$Y_{2.93}Sc_{1.43}Ga_{3.64}O_{12}$ laser giant pulse generation at 2.79μm using electro-optic Q-switch [J]. Chin. Phys. Lett., 2008, 25: 1293~1295.

[121] Fang Zhongqing, Sun Dunlu, Luo Jianqiao, et al. Influence of Cr^{3+} concentration on the spectroscopy and laser performance of Cr, Er:YSGG crystal [J]. Optical Engineering, 2017, 56: 107111~107117.

[122] Huber G, Duczynski E W, Petermann K. Laser pumping of Ho, Tm, Er garnet laser at room temperature [J]. IEEE J. Quantum Electron., 1988, 24: 920~923.

[123] Gross R, Denisov A L, Zharikov E V, et al. Depopulation of lower laser level $^4I_{13/2}$ in YSGG:Cr:Er [J]. Laser Phys., 1991, 1: 52~56.

[124] Benjamin S D. Lasers in the dental office: Treatment considerations for hard and soft tissue contouring [J]. Proact Ptnced Aesthet Dent, 2003, 15: 156~157.

[125] Högele A, Hörbe G, Lubatschowski H, et al. 2.7μm Cr, Er: YSGG laser with high output energy and FTIR-Q-switch [J]. Opt. Commun., 1996, 125: 90~94.

[126] 程竑, 邓汉龙. ErCr: YSGG 激光在口腔医疗中的应用研究进展 [J]. 生物医学工程学进展, 2012, 33: 18~22.

[127] Zhong K, Sun C L, Yao J Q, et al. Continuous-wave Nd: GYSGG laser around 1.3μm [J]. Laser Phys. Lett., 2012, 9: 491~495.

[128] Zhong K, Sun Chongling, Yao Jianquan, et al. Efficient continuous-wave 1053nm Nd: GYSGG laser with passively Q-switched dual-wavelength operation for terahertz generation [J]. IEEE J. Quantum Electron., 2013, 49 (3): 375~379.

[129] Zhang B Y, Xu J L, Wang G J, et al. Diode-pumped passively mode-locked Nd: GYSGG laser [J]. Laser Phys. Lett., 2011, 8: 1~4.

[130] Zhang Bingyuan, Xu Jinlong, Wang Guoju, et al. Continuous-wave and passively Q-switched laser performance of a disordered Nd: GYSGG crystal [J]. Opt. Commun., 2011, 284: 5734~5737.

[131] Li Hui, Wang Zhimin, Zhang Fengfeng, et al, Sub-pm linewidth nanosecond Nd: GYSGG laser at 1336.6nm [J]. Opt. Lett., 2015, 40 (5): 776~779.

[132] Chen J K, Sun D L, Luo J Q, et al. Spectroscopic and diode-pumped laser properties of Yb, Er, Ho: GYSGG radiation resistance crystal [J]. Opt. Lett., 2013, 38 (8): 1208~1210.

[133] Chen J K, Sun D L, Luo J Q, et al. Spectroscopic properties and diode end-pumped 2.79μm laser performance of Er, Pr: GYSGG crystal [J]. Opt. Express, 2013, 21 (20): 23425~23432.

[134] Luo Jianqiao, Sun Dunlu, Zhang Huili, et al. Growth, spectroscopic and laser performances of 2.79μm Cr, Er, Pr: GYSGG radiation-resistant crystal [J]. Opt. Lett., 2015, 40 (18): 4194~4197.

[135] Chen J K, Sun D L, Luo J Q, et al. Performances of a diode end-pumped GYSGG/Er, Pr: GYSGG composite laser crystal operated at 2.79μm [J]. Opt. Express, 2014, 22 (20): 23795~23800.

[136] Fang Z Q, Sun D L, Luo J Q, et al. Thermal analysis and laser performance of a GYSGG/Gr, Er, Pr: GYSGG composite laser crystal operated at 2.79μm [J]. Opt. Express, 2017, 25 (18): 21349~21357.

[137] Gambin J R, Guare C J. Yttrium and rare earth vanadates [J]. Nature, 1963, 198: 1084~1085.

[138] Studenikin P A, Zagumennyi A I, Zavartsev Y D, et al. $GdVO_4$ as a new medium for solid-state lasers: some optical and thermal properties of crystals doped with Cd^{3+}, Tm^{3+}, and Er^{3+} ions [J]. Quantum Electron., 1995, 25 (12): 1162~1165.

[139] Baglio J A, Gashurov G. A refinement of the crystal structure of yttrium vanadate [J]. Struc-

tural Crystallography and Crystal Chemistry, 1968, 1324: 292~293.

［140］ 梁宇. 提拉法生长双折射晶体钒酸钇（YVO$_4$）及其缺陷研究 [D]. 长春：长春理工大学，2009.

［141］ Subbarao E C, Agrawal D K, Mckinstry H A. Thermal expansion of compounds of Zircon structure [J]. J. Am. Ceram. Soc., 1990, 173: 1246~1252.

［142］ Broch E. The crystal structure of yttrium vanadate [J]. Z. Phys. Chem., 1933, 20: 345~350.

［143］ Vanuitert L G, Linares R C, Soden R R, et al. Role of f-orbital electron wave function mixing in the concentration quenching of Eu^{3+} [J]. J. Chem. Phys. 1962, 36 (3): 702~705.

［144］ Rubin J J, Van Uitert L G. Growth of large yttrium vanadate single crystals for optical maser studies [J]. J. Appl. Phys., 1966, 37 (7): 2920~2921.

［145］ Fields R A, Birnbaum M, Fincher C L. Highly efficient Nd：YVO$_4$ diode laser end pumped laser [J]. Appl. Phys. Lett., 1987, 51 (23): 1885~1886.

［146］ Zagumennyi A I, Ostroumov V G, Shcherbakov I A, et al. The Nd：GdVO$_4$ crystal: a new material for diode-pumped lasers [J]. Sov. J. Quantum Electron., 1992, 22 (12): 1071~1072.

［147］ Jensen T, Ostroumov V G, Meyn J P, et al. Spectroscopic characterization and laser performance of diode-laser pumped Nd：GdVO$_4$ [J]. Appl. Phys. B., 1994, 58 (3): 373~379.

［148］ Zhang H J, Liu J H, Wang J Y, et al. Characterization of the laser crystal Nd：GdVO$_4$ [J]. J. Opt. Soc. Am. B, 2002, 19 (1): 18~27.

［149］ Qin Lianjie, Meng Xianlin, Zhang Jiguo, et al. Growth and defects of Nd：GdVO$_4$ single crystal [J]. J. Cryst. Growth, 2002, 242: 183~188.

［150］ 宋浩亮. 新方法提拉生长 Nd：YVO$_4$ 激光晶体 [D]. 合肥：中国科学技术大学，2010.

［151］ Maunders E A, Deshazer L G. Use of yttrium orthovanadate for polarizers [J]. J. Opt. Soc. Am, 1971, 61 (5): 684~688.

［152］ Levine A K, Palilla F C. Epitaxial growth of Si on Si in ultra high vacuum [J]. Appl. Phys. Letters, 1964, 5 (5): 108~110.

［153］ 耿爱丛. 固体激光器及其应用 [M]. 北京：国防工业出版社，2014.

［154］ Zhang Huaijin, Meng Zianlin, Liu Junhai, et al. Growth of lowly Nd doped GdVO$_4$, single crystal and its laser properties [J]. J. Cryst. Growth, 2000, 216: 367~371.

［155］ Jensen T, Ostoumov V G, Meyn J P, et al. Spectroscopy characterization and laser performance of diode-laser-pumped Nd：GdVO$_4$ [J]. Applied Physics B, 1994, 59: 373~379.

［156］ Studenikin P A, Zagumennyi A I, Zavartsev Y D, et al. GdVO$_4$ as a new medium for solid-state lasers: some optical and thermal properties of crystals doped with Cd^{3+}, Tm^{3+}, and Er^{3+} ions [J]. Quantum Electron., 1995, 25 (12): 1162~1165.

［157］ 于浩海，王正平，徐民，等. 钒酸盐系列激光晶体进展 [J]. 人工晶体学报，2012，41：128~136.

[158] Kemp A J, Valentine G J, Burns D. Progress towards high-power, high-brightness neodymium-based thin-disk lasers [J]. Prog. in Quantum Electron. , 2004, 28: 305~344.

[159] Kaminskii A A, Ueda K, Eichler H J, et al. Tetragonal vanadates YVO_4 and $GdVO_4$-new efficient χ^3-materials for Raman lasers [J]. Opt. Commun. , 2001, 194: 201~206.

[160] Chen Y F. Compact efficient all-solid-state eye-safe laser with self-frequency Raman conversion in a Nd: YVO_4 crystal [J]. Opt. Lett. , 2004, 29 (18): 2172~2174.

[161] Chen Y F. Efficient 1521nm Nd: $GdVO_4$ Raman laser [J]. Opt. Lett. , 2004, 29 (22): 2632~2634.

[162] Diehl R, Brandt G. Crystal structure refinement of $YAlO_3$, a promising laser material [J]. Mat. Res. Bull. , 1975, 10: 85~90.

[163] 陆燕玲. 掺铥铝酸钇晶体 Tm: YAP 制备与性能研究 [D]. 上海: 上海交通大学, 2007.

[164] Zeng Z D, Shen H Y, Hung M L, et al. Measurement of the refravtive index and thermal refractive index coefficients of Nd: YAP crystal [J]. Appl. Opt. , 1990, 29 (9): 1281~1286.

[165] 《激光晶体》编写组. 激光晶体 [M]. 上海: 上海人民出版社, 1976.

[166] 莫小刚, 王永国, 朱建慧, 等. 大尺寸掺钕和掺铥铝酸钇晶体的生长和退火技术 [J]. 人工晶体学报, 2007, 36 (3): 520~525.

[167] 郑卫新. Tm: YAP 晶体生长与缺陷分析 [D]. 长春: 长春理工大学, 2010.

[168] 李涛, 赵广军, 何晓明, 等. YAP 晶体变色现象的研究 [J]. 人工晶体学报, 2002, 31 (5): 456~459.

[169] 张克从, 张乐惠. 晶体生长科学与技术 [M]. 北京: 科学出版社, 1997: 474.

[170] Niki M, Nrrsch K, et al. Origin of the 420nm absorption band in $PbWO_4$ single crystals [J]. Phys. Stat. Sol. , (b), 1996, 196: 7~10.

[171] 曲昭君, 于春英, 李文钊, 等. 掺杂钙钛矿型氧化物的固体结构及其可交换氧 [J]. 物理化学学报, 1994, 10 (9): 796~801.

[172] 李敢生, 施真珠, 陈莹, 等. 大尺寸 Nd^{3+}: YAP 晶体中云层和孪晶的克服途径 [J]. 硅酸盐学报, 1989, 17 (6): 481~484.

[173] 刘景和, 乔茂友. 提拉法生长晶体开裂的理论分析 [J]. 人工晶体学报, 1984, 13 (4): 281~287.

[174] Brice J C. The cracking of Czochralski-grown crystals [J]. J. Cryst. Growth, 1977, 42: 427~430.

[175] Weber M J, Bass M, Andringa K, et al. Czocharalski growth and properties of $YAlO_3$ laser crystals [J]. Appl. Phys. Lett. , 1969, 15 (10): 342~345.

[176] Cockayne B, Lent B, Abell J S, et al. Cracking in yttrium orthoaluminate single crystals [J]. J. Mater. Sci. , 1973, 8: 871~875.

[177] Korczak P, Staff C B. Czochralski growth of neodymium-doped yttrium orthoaluminate [J]. J. Cryst. Growth, 1973, 20: 71~72.

[178] 李红军, 赵广军, 曾雄辉, 等. 高温闪烁晶体 Ce: $YAlO_3$ 开裂现象的分析 [J]. 硅酸

盐学报, 2004, 32 (5): 599~602.

[179] Li Gansheng, Shi Zhenzhu, Guo Xibin, et al. Growth and characterization of high-quality Nd^{3+}: YAP laser crystals [J]. J. Cryst. Growth, 1990, 106: 524~530.

[180] Lu Yanling, Dai Yongbing, Yang Yang, et al. Anisotropy of thermal and spectral characteristics in Tm: YAP laser crystals [J]. J. Alloys and Compounds, 2008, 453: 482~486.

[181] Zhang Huili, Sun Dunlu, Luo Jianqiao, et al. Growth, thermal, and spectroscopic properties of a Cr,Yb,Ho,Eu: YAP laser crystal [J]. Opt. Mater., 2014, 36: 1361~1365.

[182] Zhang Huili, Sun Xiaojun, Luo Jianqiao, et al. Structure, defects, and spectroscopic properties of a Yb,Ho,Pr: YAP laser crystal [J]. J. Alloys and Compounds, 2016, 672: 223~238.

[183] Matkovskii A O, Savytskii D I, Sugak D Y, et al. Growth and properties of $YAlO_3$: Tm single crystals for $2\mu m$ laser operation [J]. J. Cryst. Growth, 2002, 241: 455~462.

[184] Savytskii D I, Vasylechko L O, Matkovskii A O, et al. Growth and properties of $YAlO_3$: Nd single crystals [J]. J. Cryst. Growth, 2000, 209: 874~882.

[185] 闵乃本. 晶体生长的物理基础 [M]. 上海: 上海科学技术出版社, 1982.

[186] 欧阳小军. 1339nm Nd: YAP 固体激光器的理论与实验研究 [D]. 福州: 福建师范大学, 2009.

[187] Koechner W. Solid-state laser engineering [M]. Berlin: Springer, 2006.

[188] Massey G A, Yarborough J M. High average power operation and nonlinear optical generation with the Nd: $YAlO_3$ laser [J]. Appl. Phys. Lett., 1971, 18 (12): 576~579.

[189] Stankov K A, Kubecek V, Hamal K. Mode locking of a Nd: $YAlO_3$ laser at the $1.34\mu m$ transition by a second-harmonic nonlinear mirror [J]. Opt. Lett., 1995, 16 (7): 505~507.

[190] Wu R F, Poh B P, Kin S L. Linearly polarized 120W output from a diode pumped Nd: $YAlO_3$ laser [C]. Proc. SPIE., 2000, 3929: 25~32.

[191] 沈鸿元, 黄小良, 周玉平, 等. 连续 Nd+Cr: YAP 激光器 [J]. 中国激光, 1979, 6 (5): 17~22.

[192] 沈鸿元, 周玉平, 于桂芳, 等. $1.34\mu m$ Nd: YAP 连续激光器输出达21.5W [J]. 中国激光, 1982, 9 (11): 714.

[193] Liu A Y, Zhu S, Yin H, et al. Diode-side-pumped actively Q-switched Nd: YAP/YVO_4 multi-Watt first-Stokes laser [J]. Optical Engineering, 2014, 53 (6): 167~174.

[194] Chen Xinyu, Liu Jingliang, Yu Yongji, et al. Diode-side-pumped passively Q-switched Nd: YAP laser operation at $1.34\mu m$ with V^{3+}: YAG saturable absorption [J]. J. Russian Laser Research, 2015, 36 (1): 86~91.

[195] Boquillon J P, Musset O, Guillet H, et al. High efficiency flashlamp-pumped lasers at $1.3\mu m$ with Nd-doped crystals: scientific and medical applications [C]. CLEO, 1999: 126~127.

[196] 孙晓术. $1.6\mu m$ 掺铒固体激光器激光特性研究 [D]. 哈尔滨: 哈尔滨工业大学, 2011.

[197] Chang T Y. Improved uniform-field electrode profiles for TEA laser and high-voltage applica-

[198] 曾瑞荣, 沈鸿元, 黄呈辉, 等. 2.7μm 的 Er：YAP 激光器 [J]. 中国激光, 1990, 17: 60~62.

[199] 杨慧. 高功率 Tm：YAP 连续激光器的研究 [D]. 北京：北京交通大学, 2015.

[200] Platt U, Stutz J. Differential optical absorption spectroscopy [M]. Berlin：Springer, 2008, 29 (9): 2458~2462.

[201] 蒙裴贝. 单掺 Tm^{3+} 激光器功率提高的研究 [D]. 哈尔滨：哈尔滨工业大学, 2012.

[202] Weber M J, Bass M, Varitimos T, et al. Laser action from Ho^{3+}, Er^{3+}, and Tm^{3+} in $YAlO_3$ [J]. IEEE J. Quantum Electron, 1973, 9 (11): 1079~1086.

[203] Matkovskii A O, Savytskii D I, Sugak D Y, et al. Growth and properties of $YAlO_3$：Tm single crystals for 2μm laser operation [J]. J. Cryst. Growth, 2002, 241 (4): 455~462.

[204] Sullivan A C, Wagner G J, Gwin D, et al. High power Q-switched Tm：$YAlO_3$ lasers [C]. Advanced solid-state photonics, 2004: 329~332.

[205] Yao B Q, Cai Y, Duan X M, et al. Diode-pumped Q-switched Tm：YAP laser with a pump recycling scheme [J]. Laser Phys., 2008, 18 (10): 1128~1130.

[206] Yao B Q, Tian Y, Li G, et al. InGaAs/GaAs saturable absorber for diode-pumped passively Q-switched dual-wavelength Tm：YAP lasers [J]. Opt. Express, 2010, 18 (13): 13574~13579.

[207] 杨晓涛. 常温谐振泵浦 Ho：YAP 激光的实验研究 [D]. 哈尔滨：哈尔滨工业大学, 2009.

[208] Shen Yingjie, Yao Baoquan, Dai Tongyu, et al. Performance of a c- and a-cut Ho：YAP laser at room temperature [J]. Chin. Phys. Lett., 2012, 29 (3): 034209~034211.

[209] Zhu G L, He X D, Yao B Q, et al. Ho：YAP laser intra-cavity pumped by a diode-pumped Tm：YLF laser [J]. Laser Phys., 2013, 23: 015002~015004.

[210] Yang X T, Ma X Z, Li W H, et al. Evaluation of the performance of an Ho：YAP laser resonantly pumped by a thulium fiber laser [J]. J. Russian Laser Research, 2014, 35 (3): 219~223.

[211] Yu Ting, Bai Gang, Yang Zhongguo, et al. 20.2W CW 2.118μm Ho：$YAlO_3$ laser pumped by 1915nm Tm-doped fiber laser [C]. Proc. SPIE, 2015, 9466: 94660U1~94660U5.

[212] Rabinovich W S, Bowman S R, Feldman B J, et al. Tunable laser pumped 3μm Ho：$YAlO_3$ laser [J]. IEEE J. Quantum Electron., 1991, 27 (4): 895~897.

[213] 张会丽, 孙敦陆, 罗建乔, 等. 2.9μm Tm,Ho：LuAG 激光晶体的生长与光谱性能研究 [J]. 光学学报, 2014, 34 (4): 0416006~0416010.

[214] 李林军, 张治国, 白云峰, 等. 2μm 波段 Tm,Ho：$YAlO_3$ 激光器研究进展及展望 [J]. 激光与光电子学进展, 2014, 51: 070003~070010.

[215] Li L J, Bai Y F, Duan X M, et al. A continuous-wave b-cut Tm,Ho：$YAlO_3$ laser with a 15W output pumped by two laser diodes [J]. Laser Phys. Lett., 2013, 10 (3): 035802~035805.

[216] Malinowski M, Joubert M F, Jacquier B. Simultaneous laser action at blue and orange wave-

lengths in YAG：Pr^{3+} [J]. Phys. Stat. Sol. (a), 1993, 140 (1)：K49~K52.

[217] Fibrich M, Jelínková H, Šulc J, et al. Flash-lamp pumped Pr：YAP laser operated at wavelengths of 747nm and 662nm [C]. Proc. SPIE 7193, 2009, 71932N.

[218] Fibrich M, Jelínková H, Šulc J, et al. Diode-pumped Pr：YAP laser [J]. Laser Phys. Lett., 2011, 8 (8)：559~568.

[219] 朱忠丽, 林海, 钱艳楠, 等. 泡生法生长 Ho^{3+}, Yb^{3+} 双掺 $KGd(WO_4)_2$ 晶体及其光谱性能 [J]. 中国激光, 2007, 34：1436~1440.

[220] Klevtsov P V, Perepelitsa A P, Slikevich A V. The crystal structure and thermal stability of double tungstates of copper (I) and rare earths, $CuLn(WO_4)_2$ [J]. Kristallografiya, 1980, 25：624~627.

[221] Patel A R, Aorra S K. Growth of strontium tartrate tetrahydrate single crystals in silica gels [J]. J. Cryst. Growth, 1973, 18：175~178.

[222] Wanklyn B M. The prediction of starting compositions for the flux growth of complex oxide crystals [J]. J. Cryst. Growth, 1977, 37：334~343.

[223] Yudanova L I, Potapova O G, Pavlyuk A A. Phase diagram of the system $KLu(WO_4)_2$-$KNd(WO_4)_2$ and growth of $KLu(WO_4)_2$ single crystals [J]. Lzvestiya Akademii Nauk Sssr, Neorganicheskie Materialy, 1987, 23：1884~1887.

[224] Gallucci E, Goutaudier C, Boulon G, et al. Growth of $KY(WO_4)_2$ single crystal：investigation of the WO_3 rich region in the K_2O-Y_2O_3-WO_3 ternary system. 2-The $KY(WO_4)_2$ crystallization field [J]. European J Solid State and Inorganic Chemistry, 1998, 35：433~445.

[225] 朱昭捷, 涂朝阳, 李坚富, 等. Er^{3+}/Yb^{3+}：$KG(WO_4)_2$ 的熔盐提拉法生长及光谱性能 [J]. 光谱学与光谱分析, 2005, 25：1432~1434.

[226] 涂朝阳, 李坚富, 游振宇, 等. 熔盐提拉法生长的 Nd^{3+}：$KGd(WO_4)_2$ 单晶的性能研究 [J]. 无机材料学报, 2004, 19 (3)：536~540.

[227] 张莹, 王成伟, 刘文莉, 等. Er：Yb：KGW 激光晶体生长及缺陷研究 [J]. 中国稀土学报, 2006, 24：92~95.

[228] 李建立, 王宇明, 张礼杰, 等. Yb：$KY(WO_4)_2$ 晶体生长及缺陷分析 [J]. 稀有金属材料与工程, 2006, 35：1331~1333.

[229] Johnson L F, Nassau K. Infrared in $CaWO_4$ [C]. Proc. I. R. E, 1961, 49：1704~1710.

[230] Johnson L F, Thomas R A. Maser oscillations at 0.9 and 1.35 microns in $CaWO_4$：Nd^{3+} [J]. Phys. Rev., 1963, 131：2038~2040.

[231] Peterson E, Bridenbaugh P M. Laser oscillation at 1.061μm in the series $Na_{0.5}Gd_{0.5-x}Nd_xWO_4$ [J]. Applied Physic Letters, 1964, 10：173~175.

[232] Kaminskii A A, Klevtsov P V, Li L, et al. Stimulated emission from $KY(WO_4)_2$：Nd^{3+} crystal laser [J]. Phys. Stat. Sol. (a), 1971, 5：79~81.

[233] Kaminskii A A, Klevtsov P V, Li L, et al. Laser $^4F_{3/2} \rightarrow ^4I_{9/2}$ and $^4F_{3/2} \rightarrow ^4I_{13/2}$ transitions in $KY(WO_4)_2$：Nd^{3+} [J]. IEEE J. Quantum Electron., 1972, 8：457~459.

[234] Kaminskii A A, Sarkisov S E, Li L. Investigation of stimulated emission in the $^4F_{3/2} \rightarrow ^4I_{13/2}$ transition of Nd^{3+} ions in crystals (Ⅲ) [J]. Phys. Stal. Sol (a), 1973, 15：141~144.

[235] Kaminskii A A, Sarkisov S E, Klevtsov P V, et al. Investigation of stimulated emission in the $^4F_{3/2} \rightarrow {}^4I_{13/2}$ transition of Nd^{3+} ions in crystals (V) [J]. Phys. Stat. Sol. (a), 1973, 17: 75~77.

[236] Kaminskii A A. 激光晶体 [M]. 北京: 科学出版社, 1981.

[237] Kaminskii A A. Achievement in the field of physics and spectroscopy of activated laser crystals [J]. Phys. Stat. Sol. (a), 1985, 87: 11~57.

[238] Kaminskii A A, Nishioka H, Kubota Y, et al. New optical phenomena and in laser insulating crystal hosts with third-order nonlinear susceptibilities [J]. Phys. Stat. Sol. (a), 1995, 148: 619~628.

[239] Kaminskii A A, Hömmerich U, Temple D, et al. New laser potential of monoclinic $KR(WO_4)_2$: Ln^{3+} tungstates (R = Y and Ln) [J]. Phys. Stat. Sol. (a), 1999, 174: 7~8.

[240] Kaminskii A A, Hommerich U, Temple D, et al. Visible laser action of Dy^{3+} ions in monoclinic $KY(WO_4)_2$ and $KGd(WO_4)_2$ crystals under Xe-flash lamp pumping [J]. Jap. J. Appl. Phys., 2000, 39: L208~L211.

[241] Macalik L, Hanuza J, Kaminskii A A. Polarized Raman spectra of the oriented $NaY(WO_4)_2$ and $KY(WO_4)_2$ single crystals [J]. J. Molecular Structure, 2000, 555: 289~297.

[242] Petevmann K, Mitzscherlich P. Spectroscopic and laser properties of Cr^{3+}-doped $Al_2(WO_4)_3$ and $Sc_2(WO_4)_3$ [J]. IEEE J. Quantum Electron., 1987, 23: 1122~1126.

[243] Lagatsky A, Brown C, Sibbett W. Highly efficient and low threshold diode-pumped Kerr-lensmode Yb: KYW laser [J]. Opt. Express, 2004, 12: 3928~3933.

[244] Pekarek S, Fiebig C, Stumpf M C, et al. Diode-pumped gigahertz femtosecond Yb: KGW laser with a peak power of 3.9kW [J]. Opt. Express, 2010, 18: 16320~16326.

[245] Li Jinfeng, Liang Xiaoyan, He Jinping, et al. Stable efficient diode-pumped femtosecond Yb: KGW laser through optimization of energy density on SESAM [J]. Chin. Opt. Lett., 2011, 9(7): 071406~071409.

[246] Karlitschek P, Hillrichs G. Actives and passive Q-switching of a diode pumped Nd: KGW laser [J]. Appl. Phys. B, 1997, 64(1): 21~24.

[247] Ivleva L I, Basiev T T, Voronina I S, et al. $SrWO_4$: Nd^{3+}-new material for multifunctional lasers [J]. Opt. Mater., 2003, 23: 439~442.

[248] Grabtchikov A S, Kuzmin A N, Lisinetskii V A, et al. Stimulated Raman scattering in Nd: KGW laser with diode pumping [J]. J. Alloys and Compounds, 2000, 300~301: 300~302.

[249] Findeisan J, Eichler H J, Peuser P. Self-stimulating, transversally diode pumped Nd^{3+}: $KGd(WO)_4$ Raman laser [J]. Opt. Commun., 2000, 181: 129~133.

[250] Zachariasen W. The crystal structure of a-modification from the sesqui-oxides of rare earth metals (La_2O_3, Ce_2O_3, Pr_2O_3, Nd_2O_3) [J]. Zeitschrift fur Physikalische Chemie, 1926, 123: 134~150.

[251] Pauling J. The crystal structure of the a-modification of the rare earth sesquioxides [J].

Zeitschrift fur Kristallographie, 1929, 69: 415~421.

[252] Paton M G, Maslen E N. A refinement of the crystal structure of Yttria [J]. Acta Crystallogr., 1965, 19: 307~310.

[253] Fornasiero L, Mix E, Peters V, et al. Czochralski growth and laser parameters of RE^{3+}-doped Y_2O_3 and Sc_2O_3 [J]. Ceramics International, 2000, 26: 589~592.

[254] Mun J H, Novoselov A, Yoshikawa A, et al. Growth of Yb^{3+}-doped Y_2O_3 single crystal rods by the micro-pulling-down method [J]. Materials Research Bulletin, 2005, 40: 1235~1243.

[255] Barta C, Petru F, Hajek B. Uber die darstellung des einkristalls von scsndiumoxyd [J]. Naturwissenschaften, 1958, 45(2): 36.

[256] Lefever R A, Clark G W. Multiple-tube flame fusion burner for the growth of oxide single crystals [J]. Rev. Sci. Instrum., 1962, 33: 769~770.

[257] Gasson D B, Cockayne B. Oxide crystal growth using gas lasers [J]. J. Mater. Sci., 1970, 5: 100~104.

[258] Fornasicro L, Mix E, Peters V, et al. New oxide crystals for solid state lasers [J]. Cryst. Res. Technol., 1999, 34: 255~260.

[259] Peters R, Kränkel C, Petermann K, et al. Crystal growth by the heat exchanger method, spectroscopic characterization and laser operation of high-purity Yb : Lu_2O_3 [J]. J. Cryst. Growth, 2008, 310: 1934~1938.

[260] Veber P, Velazquez M, Jubera V, et al. Flux growth of Yb^{3+}-doped Re_2O_3(Re=Y,Lu) single crystal at half their melting point temperature [J]. Cryst Eng Comm, 2011, 13(6): 5220~5225.

[261] Brown D C, Mcmillen C D, Moore C, et al. Spectral properties of hydrothermally-grown Nd : LuAG, Yb : LuAG, and Yb : Lu_2O_3 laser materials [J]. J. Luminescence, 2014, 148: 26~32.

[262] Lu J, Bission J F, Takaichi K, et al. Promising ceramic laser material: highly transparent Nd^{3+} : Lu_2O_3 ceramic [J]. Appl. Phys. Lett., 2003, 83: 1101~1103.

[263] Merkle L D, Yu H H, Zhang H J, et al. Er : Lu_2O_3-laser-related spectroscopy [J]. Opt. Mater. Express, 2013, 3 (10): 1992~2002.

[264] Hao L Z, Wu K, Cong H J, et al. Spectroscopy and laser performance of Nd : Lu_2O_3 crystal [J]. Opt. Express, 2011, 19: 17774~17779.

[265] Klopp P, Petrov V, Griebner U, et al. Highly efficient mode-locked Yb : Sc_2O_3 laser [J]. Opt. Lett., 2004, 29(4): 391~393.

[266] Baer C R E, Kränkel C, Saraceno C J, et al. Femtosecond thin-disk laser with 141W of average power [J]. Opt. Lett., 2010, 35(13): 2302~2304.

[267] Peters R, Kränkel C, Fredrich-Thornton S T, et al. Thermal analysis and efficient high power continuous-wave and mode-locked thin disk laser operation of Yb-doped sesquioxides [J]. Appl. Phys. B, 2011, 102: 509~514.

[268] Koopmann P, Lamrini S, Scholle K, et al. Efficient diode-pumped laser operation of

Tm：Lu$_2$O$_3$ around 2μm [J]. Opt. Lett., 2011, 36(6)：948~950.

[269] Li T, Beil K, Kränkel C, et al. Efficient high-power continuous wave Er：Lu$_2$O$_3$ laser at 2.85μm [J]. Opt. Lett., 2012, 37(13)：2568~2570.

[270] Fan M Q, Li T, Zhao S Z, et al. Watt-level passively Q-switched Er：Lu$_2$O$_3$ laser at 2.84μm using MoS$_2$ [J]. Opt. Lett., 2016, 40(3)：540~543.

[271] Wang Baolin, Yu Haohai, Zhang Han, et al. Topological insulator simultaneously Q-switched dual-wavelength Nd：Lu$_2$O$_3$ laser [J]. IEEE Photonics Journal, 2014, 6(3)：1501007~1501014.

[272] Li J H, Liu X H, Wu J B, et al. High-power diode-pumped Nd：Lu$_2$O$_3$ crystal continuous wave thin-disk laser at 1359nm [J]. Laser Phys. Lett., 2012, 9(3)：195~198.

[273] Garcia E, Ryan R R. Structure of laser host material LiYF$_4$ [J]. Acta Crystallogr., 1993, C49：2053~2054.

[274] Walsh B M, Grew G W, Barnes N P. Energy levels and intensity parameters of Ho^{3+} ions in GdLiF$_4$, YLiF$_4$ and LuLiF$_4$ [J]. J. Phys.：Condens. Matter, 2005, 17(48)：7643~7665.

[275] Reichert F, Moglia F, Marzahl D T, et al. Diode pumped laser operation and spectroscopy of Pr^{3+}：LaF$_3$ [J]. Opt. Express, 2012, 20(18)：20387~20395.

[276] Guilbert L H, Gesland J Y, Bulou A, et al. Structure and raman spectroscopy of czochralski-grown barium yttrium and barium ytterbium fluorides crystals [J]. Mat. Res. Bull., 1993, 28：923~930.

[277] Thoma R E, Weaver C F, Friedman H A, et al. Phase equilibria in the system LiF-YF$_3$[J]. J. Phys. Chem., 1961, 65：1096~1099.

[278] Dos Santos I A, Ranieri I M, Klimm D, et al. Phase equilibria and prospects of crystal growth in the system LiF-GdF$_3$-LuF$_3$ [J]. Cryst. Res. Technol., 2008, 43：1168~1172.

[279] Zhao Chengchun, Hang Yin, Zhang Lianhan, et al. Polarized spectroscopic properties of Ho^{3+}-doped LuLiF$_4$ single crystal for 2 and 2.9μm lasers [J]. Optical Materials, 2011, 33：1610~1615.

[280] Zhao Chengchun, Zhang Lianhan, Hang Yin, He Xiaoming, Yin Jigang, Hu Pengchao, Chen Guangzhu, He Mingzhu, Huang Huang, Zhu Yongyuan. Optical spectroscopy of Nd^{3+} in LiLuF$_4$ single crystals [J]. J. Phys. D：Appl. Phys., 2010, 43：495403.

[281] Yin J G, Hang Y, He X M, Zhang L H, Zhao C C, Gong J, Zhang P X. Direct comparison of Yb^{3+}-doped LiYF$_4$ and LiLuF$_4$ as laser media at room-temperature [J]. Laser Phys. Lett., 2012, 9(2)：126~130.

[282] Zhang Peixiong, Hang Yin, Zhang Lianhan. Deactivation effects of the lowest excited state of Ho^{3+} at 2.9μm emission introduced by Pr^{3+} ions in LiLuF$_4$ crystal [J]. Opt. Lett., 2012, 37：5241~5243.

[283] Bridgman P W. Certain physical properties of single crystals of tungsten, antimony, bismuth, tellurium, cadmium, zinc, and tin [C]. Proceedings of the American Academy of Arts and Sciences, 1925, 60：306.

[284] Stockbarger D C. The production of larger single crystal of lithium fluoride [J]. Review of Science Instruments, 1936, 7: 133~136.

[285] Yin J, Hang Y, He X, et al. Crystal growth and spectroscopic characterization of Yb-doped and Yb, Na-codoped PbF_2 laser crystals [J]. Journal of Alloys and Compounds, 2011, 509 (23): 6567~6570.

[286] Zhao C, Zhang L, Hang Y, et al. Formation mechanism of scattering centers in $BaMgF_4$ single crystals [J]. J. Crys. Growth, 2011, 316(1): 158~163.

[287] 王文魁, 王继扬, 赵珊茸. 晶体形貌学 [M]. 武汉: 中国地质大学出版社, 2001.

[288] Ehrlich D J, Moulton P F, Osgood R M. Ultraviolet solid-state Ce: YLF laser at 325nm [J]. Opt. Lett., 1979, 4(6): 184~186.

[289] Ehrlich D J, Moulton P F, Osgood R M. Optically pumped Ce: LaF_3 laser at 286nm [J]. Opt. Lett., 1980, 5(8): 339~341.

[290] Pinto J F, Rosenblatt G H, Esterowitz L, et al. Tunable solid-state laser action in Ce^{3+}: $LiSrAlF_6$ [J]. Electron. Lett., 1994, 30(3): 240~241.

[291] Dubinskii M A, Semashko V V, Naumov A K, et al. Spectroscopy of a new active medium of a solid-state UV laser with broadband single-pass gain [J]. Laser Phys., 1993, 3(1): 216~217.

[292] Sarukura N, Dubinskii M A, Liu Z L, et al. Ce^{3+} activated fluoride crystals as prospective active media for widely tunable ultraviolet ultrafast laser with direct 10ns pumping [J]. IEEE J. Sel. Top. Quantum Electron., 1995, 1(3): 792~804.

[293] McGonigle A J S, Coutts D W, Girard S, et al. A 10kHz Ce: LiSAF laser pumped by the sum-frequency-mixed output of a copper vapour laser [J]. Opt. Commun., 2001, 193(1~6): 233~236.

[294] Liu Z L, Shimamura K, Nakano K, et al. Direct generation of 27mJ, 309nm pulses from a Ce^{3+}: $LiLuF_4$ oscillator using a large-size Ce^{3+}: $LiLuF_4$ crystal [J]. Jpn. J. Appl. Phys., Part 2, 2000, 39(2A): L88~L89.

[295] Semashko V V, Dubinskii M A, Yu R, et al. Anti-solarant codoping of Ce-activated tunable UV laser materials and their laser performance [C]. Proc. Tech. Dig. Conf. Lasers Electro-Optics, Washington, DC, 2001, 2.

[296] Fibrich M, Jelinkova H, Sulc J, et al. Diode-pumped Pr: YAP lasers [J]. Laser Phys. Lett., 2011, 8(8): 559~568.

[297] Fechner M, Reichert F, Hansen N O, et al. Crystal growth, spectroscopy, and diode pumped laser performance of Pr, Mg: $SrAl_{12}O_{19}$ [J]. Appl. Phys. B, 2011, 102(4): 731~735.

[298] Paboeuf D, Mhibik O, Bretenaker F, et al. Diode-pumped Pr: BaY_2F_8 continuous-wave orange laser [J]. Opt. Lett., 2011, 36(2): 280~282.

[299] Xu B, Camy P, Doualan J L, et al. Visible laser operation of Pr^{3+}-doped fluoride crystals pumped by a 469nm blue laser [J]. Opt. Express, 2011, 19(2): 1191~1197.

[300] Cornacchia F, Lieto A D, Tonelli M, et al. Efficient visible laser emission of GaN laser diode

pumped Pr-doped fluoride scheelite crystals [J]. Opt. Express, 2008, 16(20): 15932~15941.

[301] Bensalah A, Guyot Y, Brenier A, et al. Spectroscopic properties of Yb^{3+} : $LuLiF_4$ crystal grown by the Czochralski method for laser applications and evaluation of quenching processes: a comparison with Yb^{3+} : $YLiF_4$ [J]. J. Alloys Compd., 2004, 380: 15~26.

[302] Krupke W F, Chase L L. Ground-state depleted solid-state lasers: principles, characteristics and scaling [J]. Opt. Quantum Electron., 1990, 22: 1~22.

[303] Akahane Y, Aoyama M, Sugiyama A, et al. High-energy diode-pumped picosecond regenerative amplification at 999nm in wavelength with a cryogenically cooled Yb : $LuLiF_4$ crystal [J]. Opt. Lett., 2008, 33(5): 494~496.

[304] Yasukevich A S, Kisel V E, Kurilchik S V, et al. Continuous wave diode pumped Yb : LLF and Yb : NYF lasers [J]. Opt. Commun., 2009, 282(22): 4404~4407.

[305] Kaminskii A A, Ueda K, Uehara N. New laser-diode-pumped CW Laser based on Nd^{3+}-ion-doped tetragonal $LiLuF_4$ crystal [J]. Jpn. J. Appl. Phys., Part 2, 1993, 32(4B): 586~588.

[306] Barnes N P, Walsh B M, Murray K E, et al. Nd : LuLF operating on the $^4F_{3/2} \to {}^4I_{11/2}$ and $^4F_{3/2} \to {}^4I_{13/2}$ transitions [J]. J. Opt. Soc. Am. B: Opt. Phys., 1998, 15(11): 2788~2793.

[307] Martin I R, Guyot Y, Joubert M F, et al. Stark level structure and oscillator strengths of Nd^{3+} ion in different fluoride single crystals [J]. J. Alloys Compd., 2001, 323~324: 763~767.

[308] Schmidt M, Heumann E, Czeranowsky C, et al. Generation of 455nm radiation by intracavity doubling of a Nd : $LiLuF_4$ laser, presented at the CLEO 2001 [C]. Technical Digest. Summaries of papers presented at the Conference on Lasers and Electro-Optics. Postconference Technical Digest, Baltimore, 2001.

[309] Zhao C C, He M Z, Hang Y, et al. Spectroscopic characterization and diode-pumped 910nm laser of Nd : $LiLuF_4$ crystal [J]. Laser physics, 2012, 22(5): 918~921.

[310] Zhao C C, Hang Y, Zhang L H, et al. Crystal growth, spectroscopic characterization, and continuous wave laser operation of Nd^{3+}-doped $LiLuF_4$ crystal [J]. Laser Phys. Lett., 2011, 8(4): 263~268.

[311] Cornacchia F, Parisi D, Tonelli M. Spectroscopy and diode-pumped laser experiments of $LiLuF_4$: Tm^{3+} crystals [J]. IEEE J. Quantum Electron., 2008, 44(11~12): 1076~1082.

[312] Payne S A, Chase L L, Smith L K, et al. Infrared Cross-Section Measurements for Crystals. Doped with Er^{3+}, Tm^{3+}, and Ho^{3+} [J]. IEEE J. Quantum Electron., 1992, 28(11): 2619~2630.

[313] Coluccelli N, Galzerano G, Laporta P, et al. Tm-doped $LiLuF_4$ crystal for efficient laser action in the wavelength range from 1.82 to 2.06μm [J]. Opt. Lett., 2007, 32(14): 2040~2042.

[314] Coluccelli N, Galzerano G, Parisi D, et al. Diode-pumped single-frequency Tm∶LiLuF$_4$ ring laser [J]. Opt. Lett., 2008, 33(17): 1951~1953.

[315] Zhang S Y, Cheng X J, Xu L, et al. Power scaling of continuous-wave diode-end pump Tm∶LiLuF$_4$ slab laser [J]. Laser Phys. Lett., 2009, 6(12): 856~859.

[316] Cheng X J, Zhang S A, Xu J Q, et al. High-power diode-end-pumped Tm∶LiLuF$_4$ slab lasers [J]. Opt. Express, 2009, 17(17): 14895~14901.

[317] Sudesh V, Asai K, Shimamura K, et al. Pulsed laser action in Tm,Ho∶LuLiF$_4$ and Tm,Ho∶YLiF$_4$ crystals using a novel quasi-end-pumping technique [J]. IEEE J. Quantum Electron., 2002, 38(8): 1102~1109.

[318] Yu J R, Trieu B C, Modlin E A, et al. 1J/pulse Q-switched 2μm solid-state laser [J]. Opt. Lett., 2006, 31(4): 462~464.

[319] Qiao L, Hou X, Feng Y T, et al. Diode-side-pumped AO Q-switched Tm,Ho∶LuLiF laser [J]. Laser Phys., 2009, 19(7): 1402~1406.

[320] Shu S J, Yu T, Liu R T, et al. Diode-side-pumped AO Q-switched Tm,Ho∶LuLiF laser [J]. Chin. Opt. Lett., 2011, 9(9): 091407.

[321] Shu S J, Yu T, Hou J Y, et al. End-pumped all solid-state high repetition rate Tm,Ho∶LuLiF laser [J]. Chin. Opt. Lett., 2011, 9(2): 021401.

[322] Walsh B M, Barnes N P, Petros M, et al. Spectroscopy and modeling of solid state lanthanide lasers: Application to trivalent Tm^{3+} and Ho^{3+} in YLiF$_4$ and LuLiF$_4$ [J]. J. Appl. Phys., 2004, 95(7): 3255~3271.

[323] Walsh B M, Grew G W, Barnes N P. Energy levels and intensity parameters of Ho^{3+} ions in GdLiF$_4$, YLiF$_4$ and LuLiF$_4$ [J]. J. Phys.: Condens. Matter, 2005, 17(48): 7643~7665.

[324] Kim J W, Mackenzie J I, Parisi D, et al. Efficient in-band pumped Ho∶LuLiF$_4$ 2μm laser [J]. Opt. Lett., 2010, 35(3): 420~422.

[325] Martin Schellhorn. High-energy, in-band pumped Q-switched Ho^{3+}∶LuLiF$_4$ 2μm laser [J]. Opt. Lett., 2010, 35(15): 2609~2611.

[326] Schellhorn M. A comparison of resonantly pumped Ho∶YLF and Ho∶LLF lasers in CW and Q-switched operation under identical pump conditions [J]. Appl. Phys. B, 2011, 103(4): 777~788.

[327] Strauss H J, Koen W, Bollig C, et al. Ho∶YLF & Ho∶LLF slab amplifier system delivering 200mJ, 2μm single-frequency pulse [J]. Opt. Express, 2011, 19(15): 13974~13979.

[328] Nie Hongkun, Zhang Peixiong, Zhang Baitao, et al. Diode-end-pumped Ho, Pr∶LLuF$_4$ bulk laser at 2.95μm [J]. Opt. Lett., 2017, 42: 699~702.

[329] Macfarlane R M, Tong F, Silversmith A J, et al. Violet cw neodymium upconversion laser [J]. Appl. Phys. Lett., 1988, 52: 1300~1302.

[330] Fan T Y, Kokta M R. End-Pumped Nd∶LaF$_3$ and Nd∶LaMgAl$_{11}$O$_{19}$ Lasers [J]. IEEE J. Quantum Elect., 1989, 25: 1845~1849.

[331] Dubinskii M A, Cefalas A C, Sarantopoulou E, et al. Efficient LaF$_3$∶Nd^{3+}-based vacuum-ultraviolet laser at 172nm [J]. J. Opt. Soc. Am. B, 1992, 9: 1148~1150.

[332] Hong Jiaqi, Zhang Lianhan, Li Jing, et al. Spectroscopic, therma l and cw dual-wavelength laser characteristics of Nd∶LaF$_3$ single crystal [J]. Optical Materials, 2016, 53: 10~13.

[333] Reichert F, Moglia F, Marzahl D T, et al. Diode pumped laser operation and spectroscopy of Pr^{3+}∶LaF$_3$ [J]. Opt. Express, 2012, 20: 20387~20395.

[334] Philip Werner Metz, Fabian Reichert, Francesca Moglia, et al. High-power red, orange, and green Pr^{3+}∶LiYF$_4$ lasers [J]. Opt. Lett., 2014, 39: 3193~3196.

[335] Cornacchia F, Richter A, Heumann E G, et al. Visible laser emission of solid state pumped LiLuF$_4$∶Pr^{3+} [J]. Opt. Express, 2007, 15: 992~1002.

[336] Philip W Metz, Sebastian Müller, Fabian Reichert, et al. Wide wavelength tunability and green laser operation of diode-pumped Pr^{3+}∶KY$_3$F$_{10}$ [J]. Opt. Express, 2013, 20: 31274~31281.

[337] Xu B, Starecki F, Paboeuf D, et al. Red and orange laser operation of Pr∶KYF$_4$ pumped by a Nd∶YAG/LBO laser at 469.1nm and a InGaN laser diode at 444nm [J]. Opt. Express, 2013, 21: 5567~5574.

[338] David Paboeuf, Oussama Mhibik, Fabien Bretenaker, et al. Diode-pumped Pr∶BaY$_2$F$_8$ continuous-wave orange laser [J]. Opt. Lett., 2011, 36: 280~282.

[339] Reichert F, Moglia F, Metz P W, et al. Prospects of Holmium-doped fluorides as gain media for visible solid state lasers [J]. Opt. Mater. Express, 2015, 5: 88~101.

[340] Tabirian A M, Buchter S C, Jenssen H P. Efficient, room temperature cascade laser action at 1.4μm and 3.9μm in Ho∶BaY$_2$F$_8$ [C]. Conference on Lasers and Electro-Optics. Optical Society of America, 1999: CThJ2.

[341] Tabirian A M, Jenssen H P, Cassanho A. Efficient, room temperature mid-infrared laser at 3.9μm in Ho∶BaY$_2$F$_8$ [J]. Polarization, 2001, 5: 5F4.

[342] Stutz R, Miller H, Dinndorf K, et al. High-pulse-energy 3.9μm lasers in Ho∶BYF [C]. Lasers and Applications in Science and Engineering, International Society for Optics and Photonics, 2004: 111~119.

[343] Tabirian A M, Stanley D P, Selleck R R, Morton L H, Guch S. High energy MWIR and new eyesafe SWIR lasers [C]. Proceedings of the 20th Annual Meeting of the IEEE Lasers and Electro-Optics Society LEOS 2007, Orlando, October 2007.

2 稀土氧化物闪烁晶体材料

稀土闪烁晶体是指以稀土元素为基本组成或者以稀土离子为发光中心、在吸收 γ 射线、X 射线或其他高能粒子后能够发出快衰减紫外或可见光的光功能晶体材料。Y^{3+}、La^{3+}、Gd^{3+} 和 Lu^{3+} 离子的 4f 轨道电子数分别为零、半充满和全充满的稳定结构,它们属于光学惰性,适合于做基质材料。而 Ce^{3+} 和 Eu^{2+} 具有一个宽而强的 5d→4f 跃迁,不仅可以有效吸收能量,呈现较强的发射强度,而且其光谱为宽的带谱,荧光寿命短,因而常用作发光中心或激活剂。按照化学成分,稀土闪烁晶体可以划分为稀土氧化物和稀土卤化物闪烁晶体,前者还可以进一步划分为稀土硅酸盐、稀土铝酸盐和稀土硼酸盐闪烁晶体(表2-1)。其中,Eu^{2+} 发光的闪烁晶体的开发和应用相对较早,例如 20 世纪 50 年代发现的 LiI:Eu 晶体、20 世纪 60 年代发现的 CaF_2:Eu 晶体。不过,由于 Ce^{3+} 激活的稀土闪烁晶体具有密度高、发光效率高和衰减时间短的特点,所发射的闪烁光经过光电倍增管、硅光二极管或雪崩二极管等光电转换器收集、放大后所制成的闪烁晶体探测器被广泛应用于高能物理、核物理、核医学、地质勘探和安全检查等核辐射探测技术领域,因而自 20 世纪 90 年代以来,一个又一个 Ce^{3+} 激活的闪烁晶体相继被发现、研究或应用,使稀土闪烁晶体的发展进入了一个异常活跃的时代。

表 2-1 稀土氧化物闪烁晶体的类别

成分分类	结构分类	举 例
稀土硅酸盐	稀土正硅酸盐	Gd_2SiO_5,Lu_2SiO_5,$(Lu_{1-x}Y_x)_2SiO_5$
	稀土焦硅酸盐	$Gd_2Si_2O_7$,$Lu_2Si_2O_7$,$(Lu_{1-x}Y_x)_2Si_2O_7$
稀土铝酸盐	石榴石相	$Lu_3Al_5O_{12}$,$Lu_3Ga_5O_{12}$
	钙钛矿相	$YAlO_3$,$LuAlO_3$

2.1 稀土正硅酸盐系列闪烁晶体

在 Ln_2O_3-SiO_2 二元系稀土硅酸盐中,存在着 Ln_2O_3:SiO_2 = 1:1 和 Ln_2O_3:SiO_2 = 1:2 的两种化合物,即 $Ln_2O_3 \cdot SiO_2$(Ln_2SiO_5)和 $Ln_2O_3 \cdot 2SiO_2$($Ln_2Si_2O_7$)。前者被称为稀土正硅酸盐,其晶体化学式可统一表示为 Ln_2SiO_5(Ln = Y,Gd,Lu),其中包括 Y_2SiO_5:Ce(YSO:Ce)、Gd_2SiO_5:Ce(GSO:Ce)、Lu_2SiO_5:Ce(LSO:Ce)以及它们之间的固溶体$(Lu_{1-x}Y_x)_2SiO_5$:Ce(LYSO:Ce)、

$(Lu_{1-x}Gd_x)_2SiO_5:Ce(LGSO:Ce)$ 和 $(Gd_{1-x}Y_x)_2SiO_5:Ce(GYSO:Ce)$ 等（见图2-1）。最典型的代表是硅酸镥（Lu_2SiO_5）或硅酸钇镥 $(Lu_{1-x}Y_x)_2SiO_5:Ce(LYSO:Ce)$ 晶体。$Ln_2O_3:SiO_2=1:2$ 的化合物被称为稀土焦硅酸盐，其晶体化学式可表示为 $Ln_2Si_2O_7(Ln=Y,Gd,Lu)$，典型代表是焦硅酸镥（$Lu_2Si_2O_7$）。

正硅酸盐是由 [SiO_4] 四面体和 [LnO_n]（$n=7,9$）多面体连接

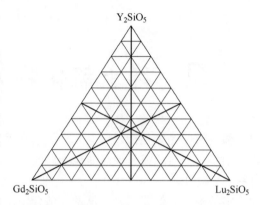

图 2-1 稀土正硅酸盐闪烁晶体的化学组成

而成的，根据稀土离子半径的不同形成对称性不同的两个系列的晶体，即单斜P相和单斜C相两种晶体结构。从La到Tb半径较大的稀土离子形成空间群为 $P2_1/c$ 的对称结构，在这种结构中，Ln有两种结晶学取向，配位数分别为7和9，[OLn_4] 四面体和 [SiO_4] 四面体通过角顶连接的二维网络，形成了（100）面的层状结构，其典型代表是 $Gd_2SiO_5:Ce$ 晶体；而从Dy到Lu以及Y这些半径较小的稀土离子则形成空间群为 $C_{2/c}$ 结构，在这种结构里，Ln也有两种结晶学格位，其配位数分别为7（标记为Ln1）和6（标记为Ln2），其中Ln1与5个 [SiO_4] 的 O^{2-} 和2个孤立的不与硅成键的 O^{2-} 配位形成畸变的十面体，Ln2与4个 [SiO_4] 的 O^{2-} 和2个孤立的 O^{2-} 配位形成赝八面体，[SiO_4] 与 [OLn_4] 四面体共边形成由分离的 [SiO_4] 四面体连接的链。畸变的 [OLu_4] 四面体平行于 c 轴方向排列，并为 [SiO_4] 四面体所链接，其典型代表是硅酸镥（Lu_2SiO_5）晶体。硅酸钆（Gd_2SiO_5）、硅酸钇（Y_2SiO_5）和硅酸镥（Lu_2SiO_5）晶体的晶体结构和晶胞参数如表2-2所示。当把 Ce^{3+} 离子掺入到上述两类化合物所形成的晶体中时，这些晶体均表现出优异的闪烁性能（表2-3）。

表 2-2 稀土正硅酸盐晶体的晶胞参数

晶体种类	GSO	YSO	LSO
分子量	422.69	285.91	458.03
空间群	$P2_1/c$	$C2/c$	$C2/c$
a/nm	0.9120	1.4458	1.4242
b/nm	0.7060	0.6749	0.6633
c/nm	0.6730	1.0422	1.0235
β/(°)	107.58	122.20	122.19
晶胞体积/nm³	0.41309	0.8632	0.81830

表 2-3　稀土正硅酸盐闪烁晶体与经典闪烁晶体的性能对比

晶体种类	GSO	YSO	LSO	NaI:Tl	BGO
有效原子序数 (Z_{eff})	59	34	66	51	74
密度 /g·cm^{-3}	6.71	4.54	7.4	3.67	7.13
发射波长/nm	430	420	420	415	480
光输出 /ph·MeV^{-1}	8000	10000	30000	38000	9000
衰减时间/ns	60	37	40	230	300
能量分辨率 (^{137}Cs)/%	10	7~8	11~12	7.0	9.5
折光率	1.85	1.80	1.82	1.85	2.15
抗辐照硬度/rad	>10^8		>10^6	10^3	10^5~10^6
熔点/℃	1950	1980	2050	651	1050
热导率 /W·(m·K)$^{-1}$	3.0	4.4	5.3		
线膨胀系数/K^{-1} (∥a, b, c 轴)	4.8×10^{-6},14×10^{-6},6.4×10^{-6}	9.5×10^{-6},6.9×10^{-6},9×10^{-6}	9.9×10^{-6},8.0×10^{-6},7.4×10^{-6}	47.5×10^{-6}	7×10^{-6}
莫氏硬度	5.5	5.6	5.8	2	5
解理	(100)	无	无	(100)	无

2.1.1　硅酸钇

硅酸钇（Y_2SiO_5:Ce，简写为 YSO:Ce）晶体是一个一致熔融化合物，熔点为 1980℃。单斜晶系，空间群为 C2/c。该结构中存在两种 Y 离子格位，一种是与 7 个氧离子配位的［Y1］格位，另一种是与 6 个氧离子配位的［Y2］格位。与［Y1］配位的氧离子包括 5 个与 Si 配位形成 Y—O—Si—化学键的"桥式氧"和 2 个只与 Y^{3+} 离子成键而不与 Si 成键的所谓"自由氧"；与［Y2］的配位氧离子包括 4 个"桥式氧"和 2 个"自由氧"（图 2-2）。由于 Si—O 键存在一定的共价键成分，所以这种与 Si 结合的"桥式氧"离子具有比较高的化学稳定性。而只与 Y 离子成键而不与 Si 成键的所谓"自由氧"离子的稳定性较低。特别是 YSO 晶体的生长通常都是在一个中性或弱还原气氛下进行，因而非常容易造成这些自由氧的丢失而在晶体中产生氧空位，并根据所含电子数目的多少分别形成 F

芯或 F$^+$ 芯。由这些氧空位所产生的晶体缺陷会对晶体的性能产生不同程度的负面影响。

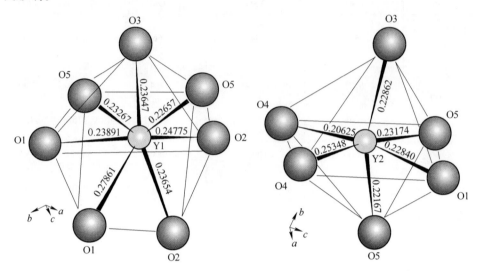

图 2-2　YSO 晶体中存在的［Y1-O7］和［Y2-O6］配位多面体[1]

掺 Ce^{3+} 的 YSO 晶体中 Ce^{3+} 离子通常占据空间体积较大的 Y1 格位,并表现出明显的闪烁性能。在 300nm 或 360nm 的紫外光激发下会产生 395nm 和 427nm 的光发射,衰减时间为 43ns 和 49ns。其发光机理源于 Ce^{3+} 的 5d→4f 跃迁。此外,它在 484nm 和 577nm 处还存在两个非常弱的发光带,它们的衰减时间分别是 726μs 和 846μs[2]。由于其衰减时间是如此之漫长因而不可能是来源于 Ce^{3+} 离子的发光,而很可能是与 F 色心或 F$^+$ 色心等点缺陷有关的光发射,或者是与 F 芯和 F$^+$ 芯相邻的 Ce^{4+} 离子的发光,但其成因至今尚未完全确定。

YSO 晶体是一种性能优良的光学基质材料,在晶体中掺入不同的稀土或过渡金属离子,可以呈现出不同的物理效应。例如 Cr^{4+} 掺杂的 YSO 晶体可用作激光调 Q 开关,Eu^{3+} 掺杂的 YSO 可作为光存储介质,Er^{3+}、Yb^{3+} 掺杂 YSO 作激光工作物质时,其吸收谱线有适当的加宽现象,故可有效地用半导体激光二极管来泵浦,激光输出在人眼安全的光谱范围内。用 Ce 掺杂 YSO 晶体有高的发光效率和快速的衰减速率,作为荧光物质已用于正电子闪烁检测器上,时间分辨性能优于 BGO 和 CsF。未掺杂的 YSO 晶体还可以作为外延薄膜的衬底。总之,YSO 晶体是一种应用广泛的多功能材料。

早在 1965 年,L. J. A. Harris 等人就用助熔剂法生长出 YSO 晶体,之后又用水热法、区熔法、提拉法来生长 YSO 晶体。1986 年贝尔实验室的 D. Brandle 等用提拉法生长了一系列 Ln$_2$SiO$_5$ 型晶体,发现生长 YSO 晶体时,在生长界面上形成的小面缺陷很难克服。1993 年，C. L. Melcher 等人通过优化籽晶趋向和控制炉内的气氛，成功生长出质量较好的 YSO 晶体。但初期生长的晶体都呈现出淡黄色，根据王守都等人的测试[3]，这是由于晶体中存在 350~460nm 吸收带所致，通过在 1460℃ 的空气气氛中退火可以转变成无色透明的晶体，说明晶体着色源于生长过程中缺氧而形成的色心。乌克兰闪烁材料研究所已经生长出 ϕ50mm ×250mm 的 YSO：Ce 晶体（图 2-3），晶体光输出达到 NaI：Tl 晶体的 75%，闪烁衰减时间为 60ns，特别是经过 2000Gy 伽马光子和 24GeV 的质子辐照后晶体的透光性能和发光强度几乎没有发生任何变化，即没有产生辐射诱导色心或缺陷，说明该晶体具有非常强的抗辐照损伤能力，因此可望被用于具有高亮度大型强子对撞机电磁量能器的核心探测材料[4]。

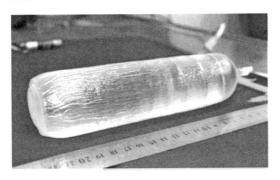

图 2-3 由乌克兰闪烁材料研究所生长的 YSO：Ce 晶体（ϕ50mm ×250mm）[3]

2.1.2 硅酸钆

硅酸钆（Gd_2SiO_5：Ce，简写为 GSO：Ce）是由 Gd_2O_3 和 SiO_2 按照 1：1 的摩尔比形成的二元化合物[5]。GSO 属于单斜晶系，$P2_1/c$ 空间群。结构中的 [SiO_4] 四面体与 [OGd_4] 四面体通过共用顶点连接成二维网络，形成平行于 (100) 面的层状结构，从而在这个方向发育成 (100) 解理面。Ishibashi 等测得 GSO 晶体沿 [100]、[010] 和 [001] 三个方向的线膨胀系数分别是 $\alpha_{[100]}$ = 4.8 ×$10^{-6}$$K^{-1}$、$\alpha_{[010]}$ = 14.0 ×$10^{-6}$$K^{-1}$ 和 $\alpha_{[001]}$ = 6.4 ×$10^{-6}$$K^{-1}$，可见 [010] 的线膨胀系数是 [100] 或 [001] 方向的 2~3 倍[6]，因此认为 (100) 面解理和线膨胀系数的各向异性是造成 GSO 晶体易于开裂的两个主要原因。

Gd^{3+} 离子在晶体中占据两种配位结晶学格位，配位数分别是 9 和 7，Ce^{3+} 离子在 GSO 晶体中取代 Gd^{3+} 离子，从而表现出两种不同的发光特征。根据 GSO 晶体在 11K 低温下测得紫外荧光光谱（图 2-4）中存在两套不同的激发和发射曲线，H. Suzuki 等人提出该晶体中存在两个发光中心，并把配位数为 9 和 7 的格位分别叫做 Ce1 和 Ce2 发光中心[7]，它们的发光参数如表 2-4 所示。

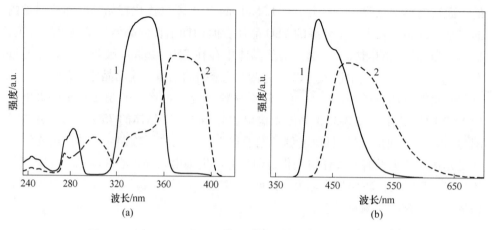

图 2-4 GSO：Ce 晶体在 11K 温度下的激发光谱和发射光谱[7]
（a）激发光谱，1—λ_{em} = 420nm，2—λ_{em} = 500nm；（b）发射光谱，1—λ_{ex} = 345nm，2—λ_{ex} = 378nm

表 2-4　Gd_2SiO_5：Ce 晶体中的两种 Ce 离子格位及其发光特征

发光中心	配位数	激发波长/nm	发射波长/nm	衰减时间/ns		
				UV(77K)	UV(室温)	X 射线(室温)
Ce1	9	284，345	425	27	22	56
Ce2	7	300，378	480	43	<6	600

这两个 Ce^{3+} 离子发光中心不仅表现为不同的发光波长和衰减时间，而且表现出不同的温度依赖性。如图 2-5 所示，当温度低于 200K 时，Ce1 和 Ce2 两个发光中心的发光效率基本相同，但当温度高于 200K，Ce2 的发光效率迅速下降，而 Ce1 中心的发光效率则下降缓慢［图 2-5（a）］，从而使该晶体在室温下的发光主要以 Ce1 为主；当温度低于 200K 时，Ce1 和 Ce2 两个发光中心的衰减时间分别为 27ns 和 43ns，并基本保持不变；但当温度高于 200K，Ce2 的衰减时间迅速缩短，而 Ce1 中心的衰减时间则下降缓慢［图 2-5（b）］，说明 Ce2 发光中心具有更加强烈的温度依赖性。但相对于其他闪烁晶体（如 BGO），GSO：Ce 晶体发光效率对温度的依赖性比 BGO 晶体小许多，根据 C. L. Melcher 的测试，它的温度系数与 NaI：Tl 晶体相当（图 2-6），但化学稳定性要远远好于后者[7]，这使得它在石油测井方面有明显的优势。

此外，Ce^{3+} 离子在 GSO 晶体中的掺杂浓度也会对发光效率和衰减时间产生影响，研究表明，Ce^{3+} 离子在 GSO 晶体中的最佳掺杂浓度（摩尔分数）约为 0.6%（图 2-7），高于该浓度时，晶体的发光效率随掺杂浓度的增加而下降，而衰减时间基本上是随着掺杂浓度的增加而缩短，只是缩短的幅度并非线性而已。衰减时间在 60ns，尤其是抗辐照损伤能力大于 10^8 rad，是已知闪烁晶体中抗辐照能力最好的。

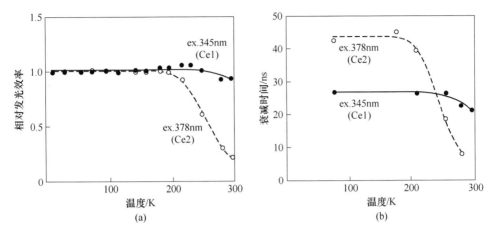

图 2-5　GSO∶Ce 晶体中两个发光中心（Ce1 和 Ce2）的发光效率（a）和衰减时间（b）的温度依赖性[7]

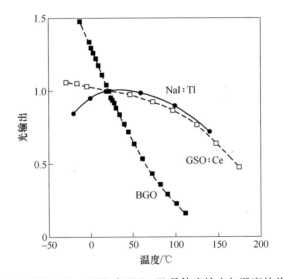

图 2-6　GSO∶Ce、BGO 和 NaI∶Tl 晶体光输出与温度的关系

Ce^{3+} 离子在 GSO 晶体中占据 Gd^{3+} 离子位置，由于 Ce^{3+} 离子半径（0.1134nm）与 Gd^{3+} 离子半径相差较小，所以 Ce^{3+} 离子在 GSO 晶体中的分配系数为 0.56，比在 YSO 和 LSO 晶体中要大许多（表 2-5），从而使 Ce^{3+} 离子在 GSO 晶体中的分布相对均匀，表现出比较高的发光均匀性。

Ce 掺杂 GSO 晶体的闪烁性能最初由日立公司的 Takagi 和 Fukazawa 于 1983 年发现[5]，随后由日立化学公司（Hitachi-Chemicals Co.）进行了应用开发，迄今为止，该公司的 GSO 晶体生长技术一直处于世界领先水平（图 2-8）。鉴于

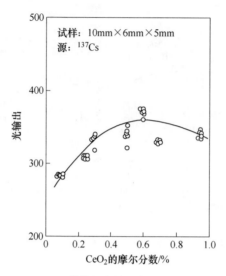

图 2-7　GSO∶Ce 晶体的光输出与 Ce 掺杂浓度的关系

表 2-5　Ce^{3+} 离子在稀土正硅酸盐晶体 Ln_2SiO_5（Ln＝Gd,Y,Lu） 中的分配系数

晶体	Ln^{3+} 离子半径/nm	与 Ce^{3+} 离子的半径差 $(Ce^{3+}-Ln^{3+})$/nm	Ce 的分配系数
GSO	0.0938	0.0096	0.56
YSO	0.0910	0.0124	0.34
LSO	0.0848	0.0186	0.22

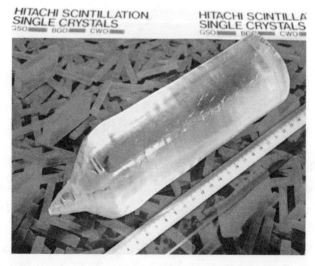

图 2-8　日立化学公司（Hitachi-Chemicals Co.）用提拉法生长的 GSO∶Ce 晶体

GSO∶Ce 晶体良好的化学稳定性和温度稳定性,美国 Schlumberger-Doll Research 也开展了 GSO∶Ce 晶体的研发,并将其应用于石油测井中对过油管中碳氧比的测量。

我国开展 GSO 晶体研究的单位是中科院上海光机所[10],但所长晶体尺寸只有 $\phi 28\mathrm{mm} \times 80\mathrm{mm}$[36,37]。由于该晶体的熔点较高(1950℃),只能用铱金坩埚并采用提拉法在氮气(或氩气)环境中生长,而且易产生解理开裂、杂质、气泡和色心等生长缺陷,生长比较困难且成品率低。

2.1.3 硅酸镥和硅酸钇镥

2.1.3.1 L(Y)SO∶Ce 晶体的结构和闪烁性能

20 世纪 90 年代初,C. L. Melcher 用 Lu 替代 GSO∶Ce 晶体中的 Gd 离子合成出了硅酸镥(Lu_2SiO_5∶Ce,简写为 LSO∶Ce),并且发现该晶体具有优异的闪烁性能[11]。Lu_2SiO_5 晶体为稀土正硅酸盐类晶体,单斜晶系,空间群 C2/c,单胞中分子数 $Z=8$。硅酸镥晶体中存在配位数为 7 和 6 的两种 Lu 格位,Ce 离子掺入后均可占据,通常把配位数为 7 的称为 Ce1 格位,配位数为 6 的称为 Ce2 格位。Ce1 与 5 个 [SiO_4] 的 O^{2-} 和 2 个孤立的 O^{2-} 配位形成多面体,Ce2 与 4 个 [SiO_4] 的 O^{2-} 和 2 个孤立的 O^{2-} 配位形成赝八面体,[SiO_4] 与 [OLu_4] 四面体共边形成由分离的 [SiO_4] 四面体连接的链[12,13](图 2-9)。

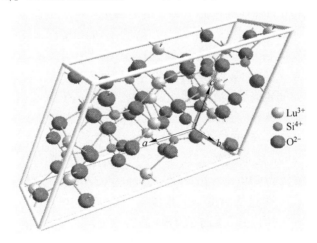

图 2-9 硅酸镥的晶胞结构图[14]

作为一种闪烁晶体,LSO∶Ce 晶体不是某一项性能指标优异,而是综合性能指标都优于现有的其他闪烁晶体[15~18],具体表现在:(1) 光输出高达 30000ph/MeV,是 BGO 的 4~5 倍,NaI(Tl) 晶体的 76%;(2) 衰减时间短(约 40ns),优于 BGO 的 300ns、NaI(Tl) 的 230ns、CsI(Tl) 的 1000ns,即使与 CeF_3 的 30ns

相比也不逊色；(3) 高的密度 (7.4g/cm³) 和高的原子序数使得它的辐射长度与 BGO 相当，对 X 射线和 γ 射线的吸收非常好，能量分辨率最好可达到 7.7%，探测效率非常高，远远优于 NaI(Tl)、CsI(Tl) 等晶体，并且晶体的机械加工性能也很好，有利于器件小型化并最终降低 PET 整机成本；(4) 发光主波长在 420nm，位于光电倍增管的敏感区域，可有效探测光脉冲；(5) 物理和化学性质稳定，没有相变，不潮解。

LSO：Ce 晶体的发光起源于 Ce^{3+} 离子。Ce^{3+} 离子只有一个 $4f^1$ 电子，其激发态的电子构型是 $5d^1$。由于自旋-轨道耦合作用，$4f^1$ 基态可分裂出两个能级，即 $^2F_{5/2}$ 和 $^2F_{7/2}$，两者之间相差约 $2000cm^{-1}$。激发态 $5d^1$ 构型在晶体场的作用下可分裂成 2~5 个分量，总的能量差达 $15000cm^{-1}$[8]。这样，从 $5d^1$ 能级的最低晶体场分量向 $4f^1$ 基态两个能级——$^2F_{5/2}$ 和 $^2F_{7/2}$ 的跃迁便导致 Ce^{3+} 离子的发射具有典型的双峰形态。

基于 LSO 晶体中存在两种不同的 Lu 离子格位，Lu1 和 Lu2，前者与 5 个 [SiO_4] 的 O^{2-} 离子和 2 个不与 Si 成键的孤立 O^{2-} 配位，对应的配位氧离子数目为 7；后者与 4 个 [SiO_4] 的 O^{2-} 离子和 2 个不与 Si 成键的孤立 O^{2-} 配位，对应的配位氧离子数目为 6，见图 2-10 (a)。当 Ce 离子掺入 LSO 晶体时，由于 Ce^{3+} 离子与 Lu^{3+} 离子具有相同的价态和相近的离子半径（r_{Ce} = 0.1034nm，r_{Lu} = 0.0848nm），它将取代 Lu^{3+} 离子并形成两种具有不同配位的 Ce 离子发光中心——Ce1 和 Ce2。H. Suzuki 等根据在 11K 的低温下所测试的激发和发射光谱，从中拟合出两个不同的发光中心[20]：Ce1 发射的 420nm 和 Ce2 发射的 480nm 的发光峰对应的主激发波长分别为 358nm 和 381nm，由此提出 Ce^{3+} 离子掺杂 LSO 晶体所呈现的双成分发光源于 Ce^{3+} 离子占据结构中两种不同的结晶学格位所致。两个发光中心的衰减时间也有微小的差异，Ce1 为 34ns，Ce2 为 42ns。刘波等根据不同温度下的真空紫外光谱，见图 2-10 (b)，进一步归纳出 Ce1（发射峰 396nm）的激发波长为 210nm、262nm、294nm 和 345nm，它们分别对应于 5d 轨道的不同能级。而 160~200nm 之间的激发属于 LSO 主晶格的带间激发。Ce2（发射峰 500nm）的激发波长为 210nm、262nm、323nm 和 376nm，其中 323nm 是 Ce2 的直接激发波长，具有明显的温度猝灭现象[21]。同时，由于 Ce^{3+} 离子的半径略大于 Lu^{3+} 离子的半径，所以 Ce^{3+} 离子在 LSO 晶格中更倾向于占据配位数较高、空间体积较大的 Lu1 格位。ESR 测试结果已经证明，Ce^{3+} 离子在 Ce1 和 Ce2 两种格位上的占位比是 95∶5[22]，所以 Ce1 离子的发光是 LSO 晶体闪烁发光的主要贡献者，而 Ce2 对闪烁光的贡献则微乎其微。

由于 Y^{3+} 离子与 Lu^{3+} 离子具有完全相同的化合价和相近的电负性等性质，YSO 与 LSO 具有完全相同的晶体结构。当 Lu_2SiO_5：Ce 晶体中的 Lu^{3+} 离子被一定数量的 Y^{3+} 离子取代后，形成所谓的硅酸钇镥固溶体，即 $Lu_{2-x}Y_xSiO_5$：Ce（简称

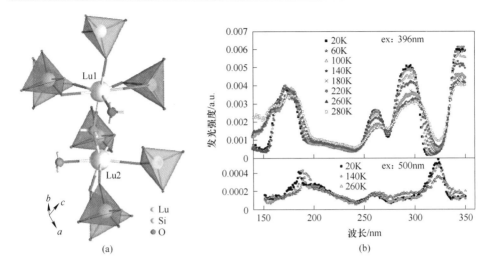

图 2-10　LSO：Ce 晶体中的两种 Lu 离子格位（a）及其在不同温度下测试的激发光谱（b）

LYSO：Ce)[23]。相对于 LSO 晶体，LYSO：Ce 晶体具有较低的熔点、较低的放射性本底和较低的原料成本，特别是掺 Y 离子能够明显提高 Ce 离子发光衰减时间的温度稳定性（图 2-11），因而具有更大的应用价值。

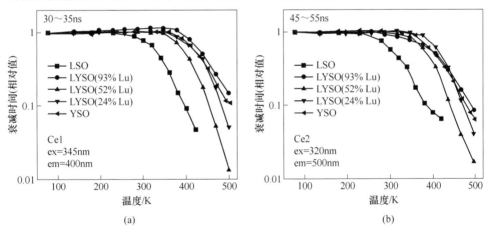

图 2-11　LYSO 晶体中 Ce1（a）和 Ce2（b）两个发光中心的衰减时间随温度的变化[24]

虽然 Y 替代 Lu 所形成的 LYSO 晶体是一个连续固溶体，但由于 Y 的原子量（89）明显小于 Lu 的原子量（175），Y 替代 Lu 之后将导致晶体有效原子序数的减小和密度的降低，甚至闪烁性能的下降。因此，确定合适的替代比例是生长 LYSO 晶体的关键因素之一。根据 CPI 公司 B. Chai 的实验研究，LYSO 晶体的光输出基本上随着 Y/[Lu+Y] 的增加而下降，并在 Lu/[Lu+Y]=85% 的组分具有最高的光输出（图 2-12），但能量分辨率的变化不是很大。所以，实际工作中 Y

离子的含量（摩尔分数）一般控制在 5%~10%。

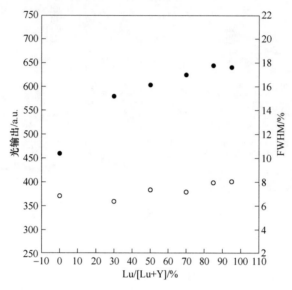

图 2-12　LYSO 晶体的光输出与 Lu/[Lu+Y] 的关系

2.1.3.2　晶体生长与晶体缺陷

A　晶体生长

a　生长方法

由于稀土硅酸盐晶体的熔点都在 2000℃ 附近，一般都采用感应加热铱金坩埚的提拉法技术来生长晶体。但由于熔点太高，容易造成组分挥发、铱金挥发和过大的能量消耗，因此有人试图采用助熔剂法来降低生长温度，如 Bursson、Harris 和 Wanklyn 曾分别采用 Bi_2O_3、$Li_2O \cdot 2MoO_3$ 和 PbF_2 作助熔剂生长这种晶体[26,27]。只是助熔剂法虽然可以在远低于晶体熔点的温度（1250℃ 左右）生长晶体，但晶体生长速度慢，周期长，晶体尺寸小，不利于工业化生产。Arsenev 报道采用无坩埚的区熔法生长出尺寸为 $\phi 5mm \times 40mm$ 的 YSO 晶体[28]，虽然可以减少污染，但熔体对流减小，导致掺杂不均，造成晶体的缺陷过多或尺寸过小，所获得的样品除了用于实验研究，很难有实用价值。2014 年，成都东骏公司激光股份有限公司采用钼坩埚加热的坩埚下降法技术成功生长出高质量的 LYSO 晶体[29]，从而突破了传统的铱金坩埚感应加热提拉法生长技术，大大降低了晶体的生长成本，这是该类晶体在生长技术上的一个巨大突破。目前上海硅酸盐研究所已经用提拉法生长出直径 110mm、重量达 13kg 的 LYSO 晶体（图 2-13）。

b　生长过程与生长条件

生长 LYSO：Ce 晶体所使用的原料一般为纯度大于 4N 的 Lu_2O_3、Y_2O_3、CeO_2 和 SiO_2 粉末，这些原料在配料之前需进行高温烘干以去除其中的水分，然

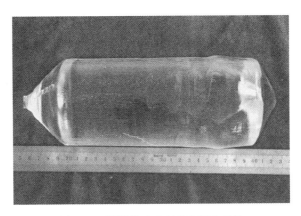

图 2-13 用提拉法生长的 LYSO 晶体

(ϕ85mm ×200mm，由丁栋舟课题组所生长)

后按照一定的比例配比后，经过压块和不低于 1000℃ 的温度下烧结，通过固相反应获得 LYSO:Ce 多晶集合体：

$$(1-x-y)\mathrm{Lu_2O_3} + y\mathrm{Y_2O_3} + x\mathrm{CeO_2} + \mathrm{SiO_2} \longrightarrow (\mathrm{Lu}_{1-x}\mathrm{Y}_y\mathrm{Ce}_x)_2\mathrm{SiO_5}$$

晶体生长可以在氮气、氩气或者含有适量氧气的气氛中进行，Melcher 认为气氛对 GSO 晶体的影响比对 YSO 和 LSO 晶体的影响要显著得多。GSO 晶体在 $\mathrm{N_2}$ +3000×10^{-6} 氧气气氛中生长可以得到相对光滑的表面，而在纯 $\mathrm{N_2}$ 中得到的晶体表面常因大量裂纹的存在而呈现雾状；LSO 晶体在纯 $\mathrm{N_2}$ 气氛和其他气氛条件下得到的晶体无明显差别[30]。

B 包裹体

LYSO:Ce 晶体中有时会包含一些光散射颗粒，在透射光学显微镜下可以看出，这些散射颗粒为浑圆状的固体包裹物颗粒，扫描电子显微镜和电子探针分析表明其成分为氧化镥（图 2-14）。氧化镥包裹体的成因有两种来源：一是初始原料中没有与 $\mathrm{SiO_2}$ 充分反应的 $\mathrm{Lu_2O_3}$ 残余物，因 $\mathrm{Lu_2O_3}$ 的熔点高达 2000 多度，难以熔融；另一种成因则是熔体中的 $\mathrm{SiO_2}$ 在高温下过量挥发，导致熔体中 $\mathrm{Lu_2O_3}$ 组分相对过剩而被包裹到晶体当中[31]。根据对炉腔内壁上的挥发物所进行的 XRD 分析（图 2-15），证实了其组分为 $\mathrm{SiO_2}$ 组分的一个结晶相——方石英，此外还有少量的铱金[32]。说明 $\mathrm{SiO_2}$ 比 $\mathrm{Lu_2O_3}$ 更容易挥发，从而导致熔体组分偏离理想的化学计量比而向富 $\mathrm{Lu_2O_3}$ 的方向偏析。

除了氧化镥包裹体，在 LYSO 晶体中还时常存在一些铱金颗粒。由于 LYSO 的熔点高达 2050~2150℃，非常接近 Ir 坩埚的极限使用温度（2400℃）。在这么高的温度下，铱坩埚很容易遭受熔体的熔蚀或直接挥发出去并进入熔体或沉积在晶体毛坯的表面。进入熔体的铱金通常以无规则片状的形式漂浮在熔体表面，见图 2-16（a），并借助于熔体的对流作用而聚集在液面的中心部位。当籽晶接种

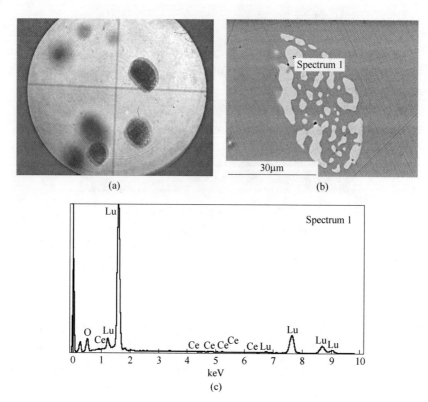

图 2-14 LSO：Ce 晶体中的包裹体及其成分分析结果
（a）光学显微照片；（b）SEM 照片；（c）电子探针能谱分析

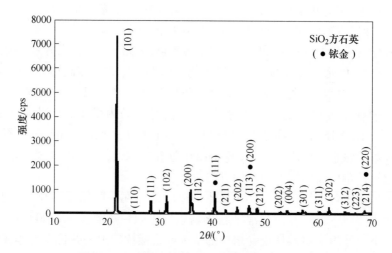

图 2-15 沉积在炉膛内壁上的挥发物的 XRD 图

时，它们迅速靠近籽晶并围绕在籽晶周围同籽晶一道旋转，从而给接种、特别是缩颈工艺带来巨大的麻烦，甚至引发多晶成核，造成晶体开裂；或者使新结晶的部分偏离原来籽晶的几何中心而出现强烈的扭曲现象，以致生长出的晶体形状呈现螺旋状。而沉积在晶体表面的铱金颗粒一般都呈三角形或六边形规则外形，具有很强的金属光泽，见图2-16（b）。这些铱金包裹体的存在不仅不利于晶体的生长、降低晶体性能，而且缩短了坩埚的使用寿命，提高了晶体的生长成本，必须采取措施来抑制。

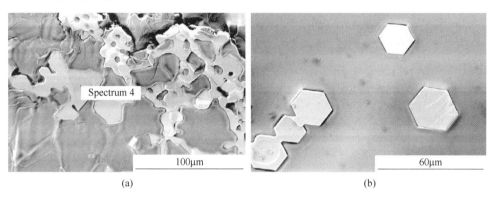

图 2-16　LYSO 晶体中的铱金包裹体的显微照片
（a）籽晶区域；（b）晶体表面

C　晶体着色

正常的 LYSO∶Ce 晶体是无色透明的。但如果条件控制不好，生长出的晶体会呈现淡黄色，表现在透射光谱上就是在 430~440nm 存在一个非常明显的光吸收，见图2-17（a）。由于这一吸收波长与 LYSO 晶体的发光主峰重叠，因此必将严重降低晶体的光输出、能量分辨率和抗辐照硬度。曾经有人怀疑这一吸收与晶体中 Ce^{4+} 离子的存在有关，但 Melcher 通过 X 射线近边吸收谱并没有找到 Ce^{4+} 离子存在的证据。空气气氛下的退火实验表明，着色晶体在 1400℃ 温度下退火一定时间之后，该吸收谷会消失，见图 2-17（a），晶体恢复到无色透明的状态。同时，晶体在 X 射线激发下的发光强度也得到了明显提高，见图 2-17（b）。由于空气退火具有补充氧的作用，因此提出晶体着色与晶体中存在的缺氧缺陷有关。当然，原料中如果含有一些稀土离子（如 Yb）或过渡金属离子（如 Zr）杂质，也会引起晶体呈现轻微的着色。

D　晶体余辉

余辉是指晶体在激发停止后仍持续发光的现象，这种现象在 LYSO 晶体中表现得非常突出，持续时间可以长达几十分钟到几小时（图 2-18）。在实际应用中它会加重重复测量时的背景噪声，使图像变得很不稳定，因而是非常有害的。

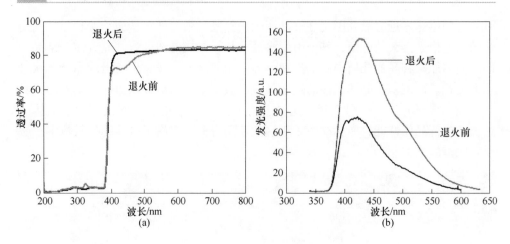

图2-17 浅黄色LSO:Ce晶体退火前后的透射光谱(a)与XEL谱(b)

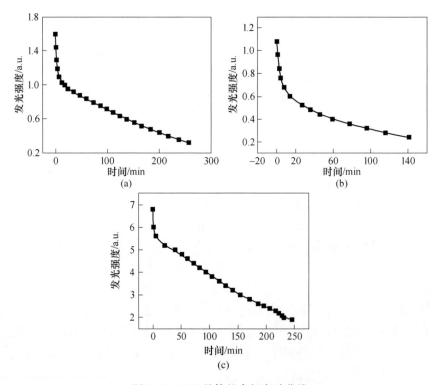

图2-18 LSO晶体的余辉衰减曲线
(a) 未退火的CTI-LSO;(b) LSO 1600℃空气气氛中退火5h;(c) LSO 1600℃氢气气氛中退火2h

按照公式 $y=A_1\exp(-x/t_1)+A_2\exp(-x/t_2)+y_0$ 对图2-18中的余辉衰减曲线进行拟合,可得出两个时间分量,结果如表2-6所示。

表 2-6　LSO∶Ce 晶体及其在不同退火条件下处理后的余辉时间

图例	后处理方式	τ_1/min	τ_2/min
图 2-18（a）	未处理	3.02	367.35
图 2-18（b）	空气，1600℃，5h	3.49	75.96
图 2-18（c）	氢气，1600℃，2h	0.79	442.22

表 2-6 显示，LSO∶Ce 晶体的余辉时间最长可达 6~7h，而且不同的退火气氛对余辉的影响作用也不同，空气气氛退火有助于余辉时间的缩短，见图 2-18 (b)，氢气气氛将使余辉时间加长，见图 2-18（c）。热释光测试结果显示，LSO∶Ce晶体在室温以上存在的两个热释光峰经过空气气氛退火之后强度得到大幅度降低（图 2-19）。由于空气退火具有抑制氧空位的作用，这说明余辉的产生与晶体中存在的氧空位缺陷有关，该缺陷成为捕获电子的陷阱，阻止电子与发光中心 Ce^{3+} 离子的复合作用。根据对 C2/c 对称结构的稀土正硅酸盐（包括 LSO、YSO、YbSO 等）所进行的热释光测试结果，这些晶体均在 375K 以上的高温区存在多个非常强的热释光峰，而这类结构的一个共同特点就是晶格中存在一些不与 Si 成键、只与稀土离子 Lu^{3+} 或 Y^{3+} 离子成键的氧。由于 RE—O 化学键的强度比

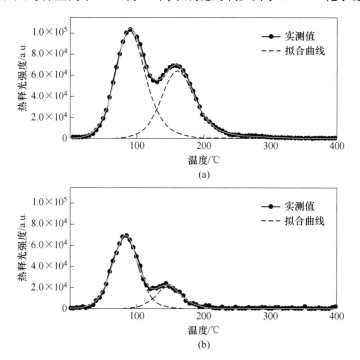

图 2-19　LSO∶Ce 晶体在 1600℃ 的空气气氛中退火前后的热释光谱
（a）退火前；（b）退火后

Si—O 键弱，这些不与 Si 成键的 O^{2-} 在中性或弱还原气氛的晶体生长过程中很容易丢失而在晶体中形成氧空位，因此形成一系列不同能级深度的陷阱[33]。这个说法可以比较圆满地解释 LYSO 存在余辉，而焦硅酸镥不存在余辉的现象，因为后者（$Lu_2[Si_2O_7]$）的结构中所有氧都与 Si 结合形成 $\begin{bmatrix} O^- \quad O^- \\ | \quad\quad | \\ O—Si—O—Si—O^- \\ | \quad\quad | \\ O^- \quad O^- \end{bmatrix}$ 双四面体而不存在非硅氧，从而不易形成氧空位及相关缺陷。

2.1.3.3 Ce^{3+} 离子在晶体中的分布特点及其对晶体发光均匀性的影响

Ce^{3+} 离子作为发光中心，它在 Ln_2SiO_5：Ce（Ln = Y, Gd, Lu）晶体中占据稀土离子 Gd^{3+}、Y^{3+}、Lu^{3+} 格位，它与被替代离子之间具有相同的化合价，主要差异在离子半径和电负性上（表 2-5）。相比较而言，Gd^{3+} 离子与 Ce^{3+} 离子的半径差异最小，Lu^{3+} 离子与 Ce^{3+} 离子的半径差异最大，Y^{3+} 居中，所以 Ce^{3+} 离子在这些晶体中的分凝系数呈现出 $k_{GSO} > k_{YSO} > k_{LSO}$ 的变化顺序，但都小于 1，k_{LSO} 只有 0.22。因此，结晶过程中晶体将排斥 Ce^{3+} 离子，导致 Ce^{3+} 离子在晶体中的分布呈现出从头到尾由少到多的变化趋势（图 2-20）。但另一方面，LSO：Ce 晶体的激发光谱与发射光谱存在明显的交叉（图 2-21），从而使晶体所发射的光又被晶体自身所吸收而无法从晶体中透射出来，即所谓的"自吸收现象"，并且这种自吸收的强度会随着 Ce^{3+} 离子掺杂浓度的提高和晶体体积的增大而增强，从而导致晶体光输出的降低。根据截止吸收边随 Ce^{3+} 离子含量的增加而向长波方向移动的规律，加州理工学院朱人元教授等通过对大量样品的测试和统计，归纳出了 LYSO 晶体截止吸收边与晶体中 Ce^{3+} 离子含量的关系为 $y(\text{nm}) = 384.4 + 0.021x\,(10^{-6})$

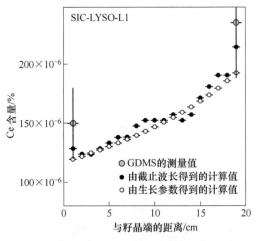

图 2-20 LYSO 晶体中 Ce^{3+} 离子沿生长方向的含量
（图谱来源：加州理工学院朱人元）

（图 2-22），利用这个关系可以实现在不破坏晶体的前提下推测晶体中的 Ce^{3+} 离子含量。

自吸收现象的存在使得 Ce^{3+} 离子的含量对晶体发光强度的影响具有了两面性，即在一定的范围内，发光强度随 Ce^{3+} 离子掺杂浓度的增加而增强，但当超过一定的"度"时，Ce^{3+} 离子含量的增加则会导致发光强度的下降。这样，选择一

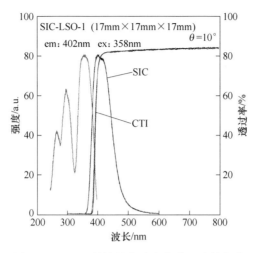

图 2-21 LYSO 晶体的光致发光谱和透射光谱
(图谱来源：加州理工学院朱人元)

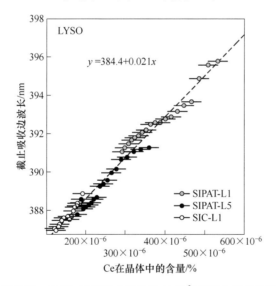

图 2-22 LYSO 晶体截止吸收边与 Ce^{3+} 离子含量的关系
(图谱来源：加州理工学院朱人元)

个合适的 Ce^{3+} 离子掺杂浓度对 LYSO 晶体的发光强度便显得非常重要。Melcher 最早注意到了 Ce^{3+} 离子浓度在晶体中的不均匀分布现象及其对晶体发光性能的影响，经过大量的实验研究，认为 Ce^{3+} 离子在 LSO 晶体中的最佳掺杂浓度（原子分数）约为 0.25%（图 2-23）。因此，在优化了掺杂浓度之后，晶体的发光强度和能量分辨率才会表现出如图 2-24 所示的变化特征，即沿晶体生长方向，光输出先是随生长长度的增加而逐渐升高，在中间某个位置达到最大值，随后随着生

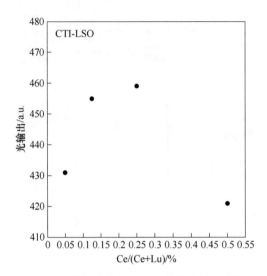

图 2-23 Ce^{3+} 离子浓度与 LSO 晶体光输出的关系

（数据来源：Dr. C. Melcher）

长长度的增加而逐渐下降，中间段是性能最好的一个区域，由此可以获得发光均匀性较好的晶体（图 2-24b）。

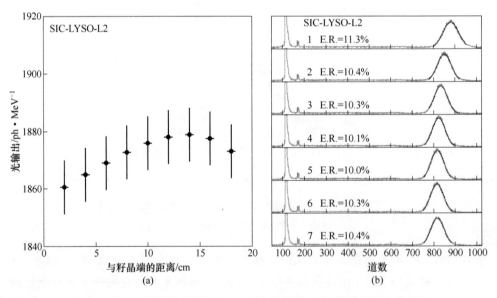

图 2-24 LYSO 晶体中光输出（a）和多道能谱（b）沿生长方向的变化

1~7—从籽晶端到晶体尾端的相对位置

（图谱来源：加州理工学院朱人元）

2.1.4 晶体应用

随着对正电子断层扫描仪（PET）位置分辨能力要求的不断提高，美国的CTI公司、日本的日立公司、德国的西门子公司、俄罗斯的RAMET公司等都加强了对LSO：Ce晶体生长、闪烁性能和器件的研究[34,35]。由于单纯的LSO：Ce晶体中存在^{176}Lu放射性同位素，造成晶体的背景噪声较高，所以国际上一直在试图用Y或Gd等其他稀土离子部分地取代Lu离子[36]。2012年乌克兰闪烁材料研究所发现，通过调节稀土格位Lu/Gd组分的含量可以调制晶体的能带结构，并进而获得更高光输出、更快衰减时间和更低余辉的LGSO：Ce［Gd占稀土格位的相对含量（原子分数）为40%］[37]。目前，LYSO：Ce闪烁晶体已经成为一个成熟的产品走向应用市场，先后被西门子、通用电气和菲利普公司选作正电子断层扫描仪PET的核心探测材料，但对其性能进行优化和提升的工作仍在继续。西门子公司的Suprrier和Melcher等发现通过共掺杂Ca或Yb离子可以显著提高光输出、改善能量分辨率、缩短衰减时间、降低余辉强度等[38]。这一现象被解释为晶体中的部分Ce^{3+}被转化成了Ce^{4+}，从而改变了此前关于Ce^{4+}不利于产生闪烁光的传统观念[39]。在我国，最早开展硅酸镥晶体生长研究的单位是中科院上海光机所[40]。21世纪初，上海硅酸盐所、重庆第二十六所、四川天乐信达公司、上海新曼晶体公司和北京雷生强势公司等单位相继开展了LYSO：Ce晶体的生长技术研究，晶体尺寸已经达到ϕ100mm×240mm，晶体的闪烁性能也达到国际先进水平[41]。北京高能所和上海联影等单位已经研制出基于LYSO：Ce晶体PET用晶体阵列成像仪[42]。用LYSO：Ce闪烁晶体制成的γ射线探测器有着非常广阔的应用，包括核医学成像（PET、CT、SPECT）、油井钻探、高能物理和核物理实验、安全检查、环境监测等方面。

2.2 稀土焦硅酸盐系列闪烁晶体

稀土焦硅酸盐系列是RE_2O_3-SiO_2二元体系中RE_2O_3：SiO_2=1：2的一个中间化合物。Ce离子掺杂的稀土焦硅酸盐$RE_2Si_2O_7$（RE=Y，Lu，Gd）是继稀土正硅酸盐之后发现的又一闪烁晶体系列，主要包括焦硅酸镥$Lu_2Si_2O_7$：Ce（LPS：Ce）、焦硅酸钆$Gd_2Si_2O_7$：Ce（GPS：Ce）、焦硅酸钇$Y_2Si_2O_7$：Ce（YPS：Ce）以及焦硅酸钪$Sc_2Si_2O_7$：Ce（SPS：Ce）等晶体[43~46]。稀土焦硅酸盐闪烁晶体因含有较高比例的SiO_2而使其熔点比正硅酸盐下降了150~200℃、稀土含量的摩尔比从1/2下降至1/3。熔点的下降和稀土占比的缩小有利于晶体制备成本的降低。但YPS：Ce密度太小（4.04g/cm^3），LPS：Ce光输出较低，只有GPS：Ce性能较好。2009年，日本北海道大学S. Kawamura通过固相烧结合成了一系列GPS：Ce多晶粉体，通过物相结构和闪烁性能研究，发现GPS：10%Ce粉末样品的光产额可达

GSO：Ce 单晶的 1.8 倍[47]。2011~2013 年，日本东北大学、日本 C&A 公司和乌克兰闪烁材料研究所通过提拉法、顶部籽晶法和浮区法分别制备出了 La/Ce 和 Sc/Ce 共掺杂的焦硅酸钆（$Gd_2Si_2O_7$）[48]，发现 La 离子掺杂浓度达到 10% 时既能克服该晶体的不一致熔融问题，又能使该晶体的光输出和能量分辨率分别提高到 40000ph/MeV 和 4.4%（662keV）。鉴于 Gd 离子具有非常大的中子吸收截面，该晶体可望作为一种高灵敏的中子探测材料，日本 C&A 公司已经把$(Gd,La)_2Si_2O_7$：Ce 闪烁单晶作为一个新产品推向市场[49]。在国内，中国科学技术大学的 Yong Li 等采用溶胶凝胶法制备得到 GPS：Eu 纳米晶，发现 Eu 离子的掺杂浓度不影响 GPS 的晶体结构[50]。他们还通过溶胶凝胶法制备了 Ce^{3+}、Tb^{3+} 离子共掺杂的 GPS 荧光粉，发现 Ce^{3+}、Tb^{3+} 之间可以在 GPS 基质中实现相互的能量传递。上海光机所和上海硅酸盐所在国内率先开展了 LPS：Ce 晶体的生长和性能研究，并发现空气气氛下退火使该晶体的光输出大幅提高、氢气气氛中退火后再度下降的现象[51,52]，因此认为原先光输出低于理论预测值的原因是晶体中存在着与非硅原子结合的氧空位，从而为该晶体的性能改进提供了方向。表 2-7 对稀土正硅酸盐焦硅酸盐晶体的闪烁性能进行了对比。

表 2-7 若干稀土硅酸盐闪烁晶体的闪烁性能

闪烁晶体	密度 /g·cm^{-3}	熔点/℃	Z_{eff}	衰减长度 /cm	发射波长 /nm	光产额 /ph·MeV^{-1}	衰减时间 /ns
NaI：Tl	3.67	651	51	2.59	410	40000	230
BGO	7.13	1050	75	1.12	480	9000	300
LYSO：Ce	7.41	2100	66	1.14	420	33800	38，>2000
$Lu_2Si_2O_7$：Ce	6.23	1900	64	1.38	385	30000	30
Gd_2SiO_5：Ce	6.71	1950	59	1.39	450	8000	60/600
$Gd_2Si_2O_7$：Ce	6.71	1720	—	—	390	36000	46
Y_2SiO_5：Ce	4.54	1980	39	4.43	420	10000	37
$Y_2Si_2O_7$：Ce	4.04	1775	—	—	362	LYSO：Ce 的 25%	30
$Sc_2Si_2O_7$：Ce	3.3	1860	—	—	384	LYSO：Ce 的 24%	33

2.2.1 焦硅酸镥晶体

$Lu_2Si_2O_7$：Ce（LPS：Ce）为钪钇石结构，C2/m 空间群，晶型 C，其晶型结构如图 2-25 所示。Si^{4+} 通过 sp^3 杂化与氧结合形成 $[SiO_4]^{4-}$ 四面体，两个硅氧四面体通过共用一个氧原子形成双硅氧四面体——$[Si_2O_7]^{6-}$，双硅氧四面体中的（Si—O—Si）键角为 180°。稀土离子 Lu^{3+} 占据一个 C_2 对称性结晶学格位，与 6 个氧形成扭曲的 $[LuO_6]$ 八面体，共边相连成平行的片，并与分离的 $[Si_2O_7]^{6-}$

双四面体相间堆叠成网络结构。掺杂离子如 Ce^{3+} 将进入 [LuO_6] 八面体并取代 Lu^{3+} 离子所占据的格位。

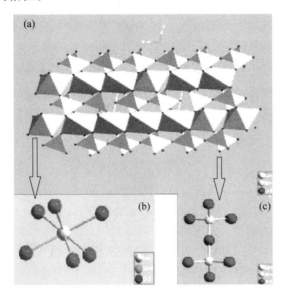

图 2-25　$Lu_2Si_2O_7$ 的晶体结构示意图

(a) LPS 晶体结构图；(b) [LuO_6] 畸形八面体；(c) [Si_2O_7] 双四面体

LPS：Ce 的密度为 $6.23g/cm^3$，熔点为 1900℃，LPS：Ce 的闪烁性能最早于 2000 年由 D. Pauwels 所报道[53]。法国的 L. Pidol 对 LPS：Ce 闪烁晶体的闪烁性能进行了较为系统的研究，确定了 Ce^{3+} 离子在 LPS 基质中的能级位置，并且与 LYSO 晶体的闪烁性能进行了对比（表 2-7）[54]。与 LSO：Ce 晶体相比，LPS：Ce 晶体的性能优势在于：(1) 它的放射性本底（$216counts·s^{-1}·cm^{-3}$）比 LSO：Ce（$318counts·s^{-1}·cm^{-3}$）明显降低；(2) 它几乎没有余辉；(3) 发光效率和衰减时间的温度稳定性更好，根据不同温度和伽马射线激发下晶体闪烁性能的测试，LPS：Ce 的发光效率和衰减时间随着温度的升高一直稳定到 450K 才出现急剧变化，而 LYSO：Ce 在 350K 就发生转折（图 2-26）。根据地热梯度，350K 对应的地下深度是 2000m，450K 对应的地下深度是 5000m。因此，LPS：Ce 晶体特别适用于更大深度的石油测井领域，该领域特别急需温度稳定性好的闪烁晶体。

虽然 LPS：Ce 单晶的闪烁性能具有比较好的温度稳定性，但其光输出一直低于理论预测值。造成这一现象的原因可能有两个：一是该晶体的自吸收现象比较严重，二是晶体中存在一些深能级陷阱。图 2-27 为不同厚度的 LPS：0.3%Ce 样品的紫外激发发射光谱，激发发射强度经过归一化处理。从图上可以看出，通过 Gaussian 拟合，激发谱有两个激发峰，分别位于 305nm 和 350nm。发射谱拟合出 376nm 和 400nm 两个峰，对应于 Ce^{3+} 离子最低 5d 子能级向 4f 的两个子能级的跃

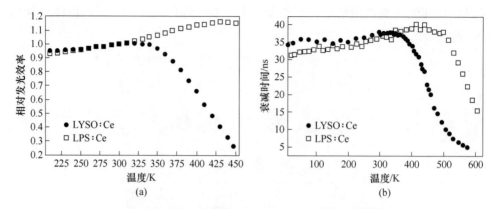

图 2-26　LPS：Ce 和 LYSO：Ce 晶体的温度稳定性[55]
(a) 发光效率随温度的变化；(b) 衰减时间随温度的变化

迁。随着样品厚度的增加，发射谱的左肩逐渐向长波方向移动，相应地，激发峰宽度也逐渐增加，且在 2mm 后 300nm 处的激发峰随着厚度的增加也逐渐红移。激发与发射光波长对样品体积的依赖性以及在 350～375nm 波段存在比较大的重叠区域说明自吸收现象在该晶体中非常严重。Pidol 等计算出 LPS：Ce 晶体的斯托克斯位移是 2200cm^{-1}[57]，大大低于 LSO：Ce 晶体的 2800cm^{-1}。根据 G. Blass 的观点，Stokes 位移越小，发光效率越低。

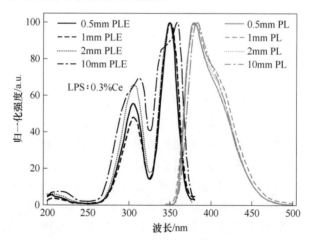

图 2-27　不同厚度 LPS：Ce 闪烁晶体样品的紫外激发发射谱

冯鹤等对 LPS：0.3%Ce 样品先后进行了空气、氮气和 H_2 气氛退火实验，并用 X 射线激发发射光谱表征了退火对晶体发光效率的影响。结果显示（图 2-28）[58]，LPS：Ce 样品的发光效率在经过空气气氛的退火后至少增加了 9 倍，但是当样品在 H_2 气氛下退火后，发光效率又恢复到退火前的状态。这表明 LPS：

Ce 样品的发光效率是与退火条件紧密相关的：发光效率仅在空气气氛中退火后可以增加，而在氢气或者中性气氛下则不会增加。由于空气是一个氧化气氛，空气气氛退火有助于消除与氧空位有关的缺陷，因此推断 LPS 晶体发光效率低的原因是晶体中存在一些氧空位一类的生长缺陷所致。

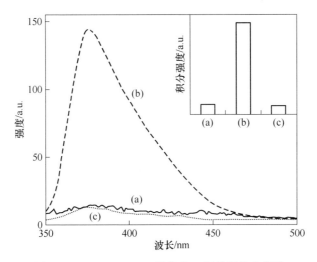

图 2-28　LPS：0.3%Ce 晶体的 X 射线激发发射谱
(a) 退火前；(b) 空气气氛，1400℃；(c) 氢气气氛，1200℃

LPS：Ce 晶体属于一致熔融化合物，可以从熔体中直接单晶，其生长方法主要有提拉法[58]和浮区法[59]。法国 Pidal 等在国际上最早用提拉法生长 LPS：Ce 晶体并进行了发光机理研究[60]。随后，美国田纳西大学的 Charles L. Melcher 课题组也开展了 LPS：Ce 闪烁晶体的生长，获得了 ϕ70mm ×200mm 的晶体[61]，是迄今为止报道的最大尺寸 LPS 晶体。在国内，中科院上海光学与精密机械研究所[62,63]和上海硅酸盐研究所进行了 LPS：Ce 闪烁晶体的生长（图 2-29）和性能研究工作[64,65]，确认该晶体中的生长缺陷为气孔和 LSO 固相包裹体，前者源于 LPS 熔体较高的黏度，后者则是 SiO_2 组分的过量挥发而导致富 Lu 组分的析出。此外，由于 a 轴（$\alpha_a = 6.3 \times 10^{-6}$℃$^{-1}$）、$b$ 轴（$\alpha_b = 4.9 \times 10^{-6}$℃$^{-1}$）、$c$ 轴（$\alpha_c = 2 \times 10^{-6}$℃$^{-1}$）三个方向的线膨胀系数存在差异以及 LPS：Ce 晶体结构中沿（110）、（1̄10）发育的解理面，造成晶体比较容易开裂，导致大尺寸晶体难以获得。

2.2.2　焦硅酸钆闪烁晶体

2004 年，日本日立公司科学家 Yagi 首次报道了 GPS：Ce 材料的闪烁性能[66]。2007 年，日本北海道大学 S. Kawamura 课题组通过固相烧结的方法制备

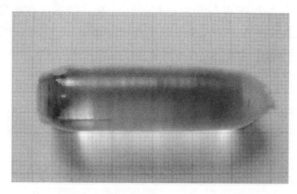

图 2-29　用提拉法生长出的 LPS：0.3%Ce 闪烁晶体[64]

了一系列 GPS：Ce 粉体，发现 GPS：10%Ce 粉末样品的光产额是 Gd_2SiO_5：Ce 单晶样品的 1.8 倍[48]，由此引起了人们对 GPS：Ce 晶体闪烁性能的高度关注。

$Gd_2Si_2O_7$：Ce（GPS：Ce）存在三种多晶型结构，分别为正交（E）、三斜（B）和四方（A），其中 E 为高温相，B 和 A 为低温相，E、B 多晶型的转变温度为 1440℃[67]。三种晶型的结晶学特征和晶体结构示意图分别示于表 2-8 和图 2-30。正交（E）结构由双硅氧四面体 $[Si_2O_7]^{6-}$ 和 Gd^{3+} 沿<001>方向交替排列，稀土阳离子占据两种结晶学格位。三斜（B）结构的 GPS 主要特点为链状的 $[Si_3O_{10}]$ 与一个 $[SiO_4]$ 四面体，其中 $[Si_3O_{10}]$ 平行于<$\bar{1}$01>方向，Si 位于 Gd-O 形成的多面体空隙内。四方（A）为新近发现的 GPS 结构，空间群为 $P4_3$，该种 GPS 单胞结构包含 4 个 Gd 原子和两个 $[Si_2O_7]^{6-}$ 多面体，Gd 原子有 4 种格位，沿<001>方向螺旋排列，相邻 Gd-O 多面体共边相连。

表 2-8　$Gd_2Si_2O_7$ 三种晶型的结晶学特征和密度

晶型	空间群	晶胞参数	密度/g·cm^{-3}
正交晶系（E）	Pna21	$a=1.387$nm, $b=0.507$nm, $c=0.833$nm $\alpha=\beta=\gamma=90°$	5.47
四方晶系（A）	P43	$a=b=0.666$nm, $c=2.427$nm $\alpha=\beta=\gamma=90°$	5.96
三斜晶系（B）	P/1	$a=0.852$nm, $b=1.28$nm, $c=0.539$nm $\alpha=91.6°$, $\beta=92.24°$, $\gamma=90.44°$	5.93

根据 Gd_2O_3-SiO_2 相图（图 2-31），GPS 为非一致熔融化合物，分解温度为 1720℃[21]，其包晶线与液相线的温度差达到了 120℃，因此很难用传统的提拉法或坩埚下降法直接从熔体中生长出单晶来。S. Kawamura 发现 GPS 存在正交（E）、三斜（B）和四方（A）三种不同的晶体结构，不同结构存在的条件不

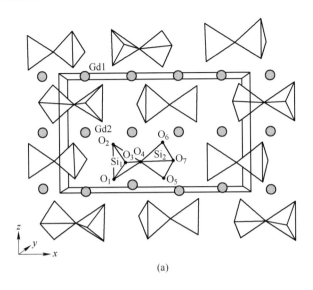

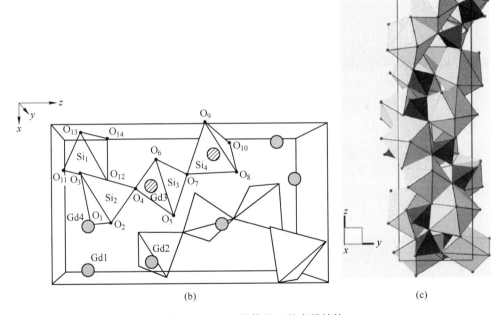

图 2-30 GPS 晶体的三种多晶结构
(a) 正交 (E);(b) 三斜 (B);(c) 四方 (A)

仅与温度有关,还与 Ce 离子的掺杂浓度或平均稀土离子半径有很大的关系[68],Ce 离子掺杂浓度低时晶体呈正交结构,当浓度高到 5% 时则转变为三斜结构,并且发光强度随着三斜相含量的增加而增强。然而,过高的 Ce 离子

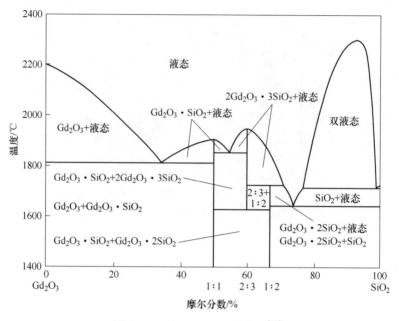

图 2-31　Gd_2O_3-SiO_2 二元相图[74]

浓度容易增强晶体的自吸收和浓度猝灭效应，反而降低晶体的光输出，引起晶体闪烁性能的下降。乌克兰闪烁材料研究所的 Gerasymov 等采用提拉法和顶部籽晶法（TSSG）成功地生长出了纯 GPS、GPS：10%Ce、GPS：10%La，1%Ce 和 GPS：5%Sc，0.2%Ce 晶体，并测试了这些晶体的结构和 X 射线激发发射光谱[69]。由图 2-32 可以看出，掺杂不同的稀土离子会形成不同结构的 GPS 晶体，而结构不同的晶体其发光波长和发光强度也会产生明显的差异，具有三斜结构的 GPS：10%Ce 晶体（图 2-32 中的 1）和具有四方结构的 GPS：10%La，1%Ce（图 2-32 中的 2）比正交结构的 GPS 和 GSO（图 2-32 中的 3 和 4）具有更高的发光强度。

鉴于 La^{3+} 离子与 Ce^{3+} 离子的半径很接近（La^{3+} 为 0.106nm，Ce^{3+} 为 0.102nm），La^{3+} 离子不发光，可以避免 Ce^{3+} 离子因浓度猝灭导致闪烁性能下降的不利情况，日本东北大学和日本 C&A 公司的研究人员（S. Kurosawa）用浮区法制备出 $(Gd, La)_2Si_2O_7$：Ce 闪烁单晶[70]，并测得 $(Ce_{0.01}Gd_{0.90}La_{0.09})_2Si_2O_7$ 晶体的光产额达到 (41000±1000)ph/MeV，这是目前 GPS：Ce 体系中最高的发光效率，能量分辨率（662keV 激发下）为 (4.4±0.1)%（图 2-33），光输出在 −10~30℃ 范围内的温度系数只有 0.15%/℃（表 2-9），显著小于不掺 La 离子的 GPS 晶体，说明 La 离子掺入 GPS 晶体不仅能够提高该晶体的光输出，而且大大提高了光输出的温度稳定性。

表 2-9 焦硅酸钆和硅酸镥晶体发光效率的温度系数

晶 体	温度范围/℃	温度系数/%·℃$^{-1}$
La-GPS：Ce	−10~30	0.15
GPS：Ce	−20~20	0.6
LSO：Ce	5~35	0.2
BGO	5~35	0.9

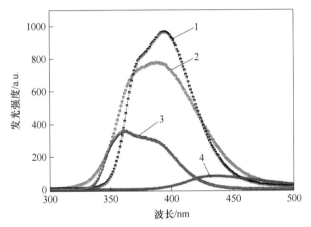

图 2-32 GPS 晶体的 X 射线激发发射光谱[69]
1—GPS：10%Ce，三斜；2—GPS：10%La，1%Ce，四方；
3—GPS：5%Sc，0.2%Ce，正交；4—GSO：Ce

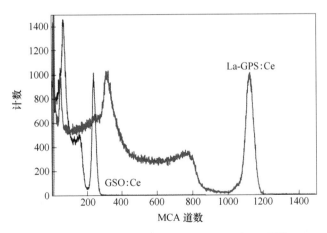

图 2-33 La 掺杂 GPS：Ce 晶体的脉冲高度谱[70]

2.2.3 焦硅酸钇晶体

Y$_2$Si$_2$O$_7$:Ce(YPS:Ce) 存在四种晶型,分别为 α、β、γ 和 δ(对应于 B、C、D、E),其中 B、C、E 晶型分别与 B-GPS、C-LPS 和 D-GPS 结构相同。D-YPS 为单斜结构,空间群为 P2$_1$/a,空间结构上形成由 [REO$_6$] 八面体顶点连接成二维网状结构,网状结构层与层间空隙由分离的 [Si$_2$O$_7$]$^{6-}$ 双四面体填充,其结构如图 2-34 所示[71]。三种 YPS 晶型的结晶学特征如表 2-10 所示。

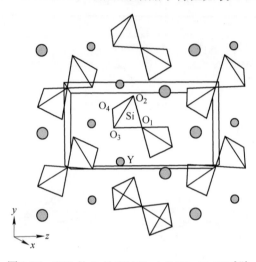

图 2-34 YPS 的 D 晶型结构(单斜)示意图[69]

表 2-10 三种 YPS 晶型的结晶学特征

晶型	晶系	空间群	晶胞参数
β-YPS(C)	单斜晶系	C2/m	$a=0.682$nm, $b=0.907$nm, $c=0.472$nm; $\alpha=\gamma=90°$, $\beta=101°45'$
γ-YPS(D)	单斜晶系	P2$_1$/c	$a=0.4663$nm, $b=1.0784$nm, $c=0.5536$nm; $\alpha=\gamma=90°$, $\beta=96°6'$
δ-YPS(E)	正交晶系	P/1	$a=1.36$nm, $b=0.499$nm, $c=0.814$nm; $\alpha=\beta=\gamma=90°$

YPS 为非一致熔融化合物,熔点为 1775℃[72]。非一致熔融和相变使得用熔体法难以生长出 YPS 晶体。因此,Leonyuk[73] 等通过区熔法,采用 Li$_2$Mo$_2$O$_7$ 作为助熔剂,通过高温自发结晶的方式获得了纯 YPS 的单晶。1999 年俄罗斯的 N. I. Leonyuk 等人采用钼酸盐 A$_2$Mo$_n$O$_{3n+1}$(其中 A 代表 Li 或 K,n=1、2 或 3)作为助熔剂,得到透明且宏观均匀无缺陷的 YPS 晶体[74]。2008 年,上海硅酸盐研

究所通过浮区法，并使 SiO_2 稍过量，获得了高温 δ 相 YPS：0.5%Ce 单晶，在制备过程中未出现晶型转变情况。对其光学和闪烁性能进行了表征，其发光效率仅为 LYSO：Ce 标样的 25%[75]。

2.2.4 焦硅酸钪晶体

$Sc_2Si_2O_7$：Ce(SPS：Ce) 为单斜晶系，空间群为 C2/m，结构与 LPS 相同，Sc 占据 C1 格位，密度 $3.3g/cm^3$。SPS 为一致熔融化合物[77]，通过浮区法首次获得了 SPS：0.5%Ce 闪烁单晶，对其光学和闪烁性能进行了表征，SPS：Ce 的发光波长在 350~600nm 的范围内，为典型的 Ce^{3+} 离子发光。常温下，SPS：0.5%Ce 的发光效率约为 LYSO：Ce 标样的 24%[78]。

2.3 YAG-LuAG-GGAG 石榴石系列闪烁晶体

石榴石原指自然界存在的形似石榴籽的等轴状硅酸盐矿物，但人工合成的石榴石晶体主要以铝酸盐为主，其典型代表是用作激光晶体的 Nd 掺杂钇铝石榴石（$Y_3Al_5O_{12}$：Nd，简写为 YAG：Nd），该晶体自 20 世纪 60 年代诞生以来，一直作为固体激光器的首选材料得到广泛应用[79]。由于石榴石晶体具有对称程度高、一致熔融和物化性能稳定等优点，从 20 世纪 80 年代，Ce 激活的钇铝石榴石 $Y_3Al_5O_{12}$：Ce 的闪烁性能就受到人们的关注[80]。而镥铝石榴石 $Lu_3Al_5O_{12}$：Ce（LuAG：Ce）晶体的密度（$6.67g/cm^3$）比 YAG 晶体的密度（$4.56g/cm^3$）高出许多，在吸收或阻挡高能射线方面具有明显的优势，因此是一类很有发展潜力的新型闪烁材料。当前，利用 Bridgman 法生长的 LuAG：Ce、YAG：Ce 晶体的光输出已经能够达到 25000ph/MeV 和 21000ph/MeV[81,82]，这么高的光输出在一般的氧化物闪烁晶体中是不多见的。

2.3.1 晶体结构

石榴石结构属于立方晶系，空间群为 O_h^{10}-Ia3d，石榴石结构化合式可以用 $[A^{3+}]_3[B^{3+}]_2[C^{3+}]_3O_{12}$ 来表示，整个结构看作是正四面体与正八面体在空间通过顶角氧离子的互相连接，它们所形成的空隙为畸变的十二面体，如图 2-35 所示。

石榴石闪烁晶体的 A 位一般由稀土元素 Lu、Y 或 Gd 离子占据，B、C 位一般由 Al、Ga 或它们的组合占据，如表 2-11 所示。Al 和 Ga 都可以独占四面体和八面体位，得到相应物质的性质及用途也大相径庭。镓石榴石如 $Lu_3Ga_5O_{12}$、$Gd_3Ga_5O_{12}$ 是性能优异的固体激光的基质晶体或者作为外延生长的基体，但是它们发光强度过于微弱以至于可以忽略，掺杂 Ce^{3+} 后，它的 5d→4f 跃迁发光也会因为 Ce^{3+} 离子的 5d 态淹没在基质的导带中而导致其猝灭[83]。

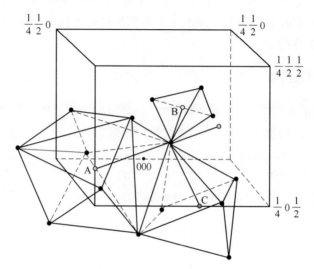

图 2-35 石榴石晶体结构示意图[70]

表 2-11 石榴石结构中 A、B、C 位可能的离子占位

晶格位置	配位数	配位多面体	占位离子
A	8	十二面体	Y、Lu、Gd、Ce、Pr、Nd、Yb
B	6	八面体	Al、Ga、Cr、Sc、Mn
C	4	四面体	Al、Ga、S
O	12		

在闪烁材料领域人们更多关注的是铝石榴石系列。由于结构的特点，石榴石结构中的阳离子很容易互相置换或被其他离子替代，正因如此，离子掺杂成为调控和改善石榴石系列晶体性能的重要手段。纯 YAG 和 LuAG 晶体的发光强度比较弱，但掺杂稀土离子后其闪烁性能则得到大幅度提升。杂质离子在晶体中的取代行为主要取决于电荷数、离子半径、电负性和配位环境。用作激活剂的离子一般是三价稀土 Ce^{3+}、Pr^{3+}、Nd^{3+} 和 Yb^{3+} 等，它们一般进入十二面体（24C 格位或 C 位，24 是十二面体在晶胞中的个数），而用于共掺杂的过渡金属离子如 Cr^{3+}、Sc^{3+}、Mn^{3+} 等进入八面体位。至于其他一些二价、四价离子如 Mg^{2+}、Ca^{2+}、Pb^{4+} 等可进入八面体位或十二面体位，一般二价和四价离子是成对出现的，以满足电荷平衡的要求[81,82]。

近年来，科学家发现石榴石相铝酸盐体系闪烁体材料，尤其是 LuAG 基闪烁材料中普遍存在一定比例的慢闪烁响应分量[85]，例如 LuAG：Ce 约 74% 和 LuAG：Pr 约 58%。经研究发现这个慢分量来源于局域空间内反替位缺陷和发光中心

(spatially-correlated AD-Ce$_{Lu}$ pairs)之间的隧穿效应。石榴石晶体熔融结晶时较易形成固溶体,由此带来的一个副作用就是本应占据十二面体格位的 Lu 或 Y 离子容易取代八面体格位上的 Al 离子从而形成 Y$_{Al}$ 或 Lu$_{Al}$,或者 Al 离子占据十二面体格位形成 Al$_{Lu}$,这就是所谓的反位缺陷(anti-site defects)。理论计算表明,在 YAG 和 REAG(RE 代表镧系从 Lu 到 Gd)中,反位缺陷(如 Y$_{Al}$)是该晶体中形成能最低的本征缺陷[86]。热释光谱(TL)证实了这种缺陷的存在[87],它们会在晶体禁带中形成浅能级陷阱,捕获电子后阻止或延迟电子与空穴的直接复合,从而形成了闪烁光中的慢成分,导致闪烁响应速度的降低[88]。因此,抑制慢分量的关键就在于如何抑制反位缺陷。最近的研究发现,反位缺陷主要出现在单晶当中,而陶瓷中以及用液相外延法(LPE)、溶胶-凝胶法生长的薄膜中则完全没有反位缺陷[89,90]。因此反位缺陷的形成被认为与材料的制备过程(温度、生长方法等)有关,特别是降低制备温度有利于抑制反位缺陷的形成。

M. Nikl 等人[88]基于氧化物闪烁材料中所谓"带隙工程"(band-gap engineering)研究结果提出用 Ga 部分替代[B]位离子的思路,并制备出一种"无反替位缺陷"的 Lu$_3$(Ga$_x$Al$_{1-x}$)$_5$O$_{12}$:Pr 混晶,其衰减常数仅为 18ns,并将反替位缺陷的"消失"解释为陷阱能级被淹没在逐渐减低的导带之中(图 2-36)。

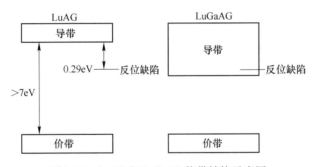

图 2-36 LuAG 和 LuGaAG 能带结构示意图

2011 年,日本科学家 K. Kamada 等人[91]提出将"带隙工程"和调整发光离子能级位置相结合的办法来优化 LuAG:Ce 的性能,并利用微降法筛选得到无反替位缺陷且光产额达 30627ph/MeV 的 Gd$_2$Lu$_1$Al$_3$Ga$_2$O$_{12}$:Ce 的闪烁晶体。随后,他们用提拉法生长出 ϕ50mm ×150mm、组成为 Gd$_3$Al$_2$Ga$_3$O$_{12}$:Ce(GAGG)的完整晶体[图 2-37(a)],晶体的密度、光输出和能量分辨率分别达到 6.63g/cm^3、46000ph/MeV 和 4.9%(662keV)[图 2-37(b)]。

2.3.2 晶体生长

相图是晶体生长的向导,但 RE$_2$O$_3$-Al$_2$O$_3$(RE 为稀土元素)二元体系相图尚存在争议[79],图 2-38 是最新发表的 Lu$_2$O$_3$-Al$_2$O$_3$ 相图[91]。

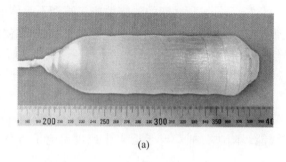

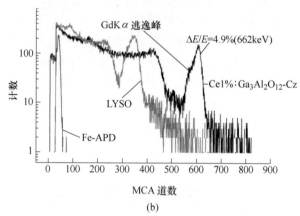

图 2-37　Ce1%∶GAGG 晶体（a）及其伽马射线多道能谱图（b）[91]

钇铝石榴石相（YAG）和镥铝石榴石相（LuAG）都是一致熔融化合物，因而可从熔体中直接制备出单晶。由于 LuAG 和 YAG 的熔点分别高达 2010℃ 和 1930℃，所以一般都用感应加热的提拉法生长技术，用铱金为坩埚并在惰性气氛（N_2）下生长[92]或者在钼坩埚和还原性气氛（Ar+H_2）下生长[93]，都能得到高质量的单晶。日本东北大学 Yoshikawa 等用纯度为 99.99% 的 CeO_2 发光剂，纯度为 99.999% 的 Lu_2O_3 和 Al_2O_3，按（$Ce_{0.03}$，$Lu_{2.97}$）Al_5O_{12} 计量比配料，起始原料在 1400℃ 下恒温 30h，利用称重系统控制晶体直径，生长出直径为 44mm 的 LuAG∶Ce 单晶[94]。Drozdowski 等[95]利用法国 Cyberstar 提拉炉，N_2 气氛下，用 Ir 坩埚生长出直径为 20mm 的 YAG∶Pr 优质单晶。Kamada 等[96]利用纯度为 99.99% 的 Pr_6O_{11}、Lu_2O_3 和 α-Al_2O_3 作为原料，按照（$Pr_{0.025}Lu_{0.975}$）$_3Al_5O_{12}$ 计量比配料，在 N_2/Ar 惰性气氛下用提拉法和 [100] 定向籽晶生长出了直径为 92mm 的 LuAG∶Ce 大单晶。但在实际工作中，Ashurov 等[97]发现从熔体中生长完全符合化学计量比石榴石单晶并不容易，即使初始的熔体是按精确的化学计量比，但生长出的晶体仍会偏离化学计量比。理论上已经证实，非化学计量组成也是造成晶体内部缺陷的主要原因之一[98]。

2.3 YAG-LuAG-GGAG 石榴石系列闪烁晶体

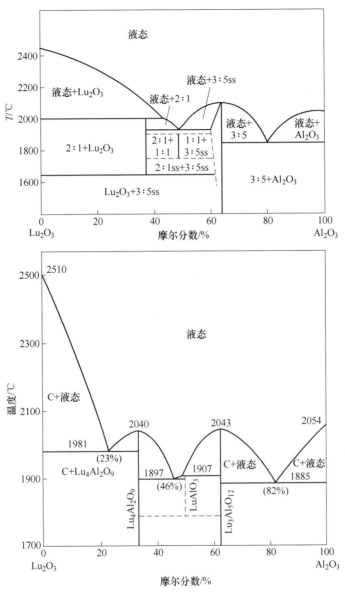

图 2-38 Lu₂O₃-Al₂O₃ 二元相图

值得一提的是，由日本东北大学发明的微下拉法单晶生长技术（Micro-Pulling Down，缩写为μ-PD）通过在坩埚底部的毛细圆孔向下快速直拉，可以实现 0.05~0.07mm/min 的高生长速度，能够快速高效制备出直径约为 3mm 的透明单晶[94]。相对于传统的提拉法和坩埚下降法，μ-PD 具有快速、便捷和经济的优势，特别是对于掺杂晶体，该法由于生长速度快而有利于成倍提高掺杂剂在晶体中的分凝系数，获得组分均匀的单晶，因而适合于对多组分新型化合物晶体的筛选和性能评价。

2.3.3 闪烁性能

以 YAG 为基的稀土闪烁晶体具有光产额高的特点，但晶体的密度比较小（4.56g/cm³），以 LuAG 为基的石榴石闪烁晶体密度接近 6.67g/cm³（见表2-12），有效原子序数 Z_{eff} 达 63，吸收射线的能力强，有利于缩小探测器的体积和造价，而且在大气环境下具有稳定的物理化学性质，因而具有很高的使用价值。随着晶体中反位缺陷的抑制，该晶体的慢衰减分量所占比例越来越小。特别是以 GAGG 为基的石榴石闪烁晶体不仅密度高、光输出高，而且能量分辨率趋近 4.6%（662keV 时），是氧化物晶体中综合性能非常优秀的闪烁材料，具有巨大的开发潜力。

表 2-12 石榴石结构铝酸盐晶体的闪烁性能

化合物	密度 /g·cm⁻³	发光峰 /nm	衰减时间 /ns	光产额 /ph·MeV⁻¹	能量分辨率（662keV）/%
YAG：Ce	4.56	550（最大）	66	20000~30000	
LuAG：Ce	6.67	510~520	55~65(20%~40%)	18000~26000	5.5~7
LuYAG：Ce	4.56~6.67	510~530	60~70(20%~40%)	19000~22000	5~7
LuAG：Pr	6.67	310	20~22(17%~60%)	16000~20000	4.6~6.5
LuYAG：Pr	4.56~6.67	310	19~22	15000~24500	4.7~7
GAGG：Ce	6.63	530~540	88(91%)/258(9%)	46000~51000	4.9~5.5
GAGG：Pr	6.63	315~320	8(4%)/214(94%)	4500	

2.4 YAP-LuAP-GAP 稀土钙钛矿系列闪烁晶体

具有钙钛矿结构的 LnAlO₃（Ln＝Y，Gd，Lu）系列闪烁晶体是 Ln_2O_3-Al_2O_3 二元系的一个中间化合物（图2-38）。LuAlO₃：Ce 晶体（缩写为 LuAP：Ce）的闪烁性能是由 A. Lempicki[30] 在 1995 年报道的[99]，它的显著特点是光衰减时间短、密度大（对 γ 射线的阻止能力强）、光输出高等（见表2-13）。这些优异的综合性能使得它特别适合于 PET 器件使用[100~102]。此外，它的物理化学性能稳定，特别是机械强度高，其莫氏硬度高达 8.5mho[102]。LuAP：Ce 的光输出在高温下具有比较好的稳定性[103]，因而有望应用于比较恶劣的服役环境，如石油测井等[103]。

表 2-13 钙钛矿型铝酸盐晶体与一些经典闪烁晶体的性能对比

性能	LuAP：Ce	YAP：Ce	LSO：Ce	BGO	NaI：Tl
空间群	D_{2h}^{16}	D_{2h}^{16}	C2/c	I43d	Fm3m
熔点/℃	2050	1875	2150	1050	651
密度/g·cm^{-3}	8.3	5.37	7.4	7.13	3.67
平均折光率	1.94	1.97	1.82	2.15	1.85
有效原子序数	65	40	66.3	74	51
辐射长度/cm	1.1	2.83	1.14	1.12	2.59
发光峰/nm	370	370	420	480	415
光产额/ph·MeV^{-1}	12000	15000	25000	8500	48000
衰减时间/ns	18	30	40	300	230
品质因子=LY/τ	666.7	500	625	28.3	208.7

2.4.1 晶体结构

LuAP：Ce 晶体属正交晶系，赝钙钛矿型结构，空间群为 D_{2h}^{16}（Pnma）。Lu^{3+} 占据 C_{1h} 结晶学格位，与周围的 12 个 O^{2-} 离子配位形成立方八面体配位；O^{2-} 离子和较大的阳离子（如 Lu^{3+}、Y^{3+} 等）作立方密堆，所形成的八面体空位被 Al^{3+} 离子占据，配位数为 6，结构基元为 [AlO_6] 八面体。晶胞常数为 $a=0.5100$nm，$b=0.5330$nm，$c=0.7294$nm，$Z=4$。LuAP 晶体结构如图 2-39 所示。

2.4.2 相图与相稳定性

根据 Lu_2O_3-Al_2O_3 二元相图，$LuAlO_3$ 是一个高温不一致熔融、低温分解的化合物（图 2-38），因此，从摩尔比 Lu_2O_3：Al_2O_3=1：1 的熔体中通过正常的晶体生长首先获得的是石榴石（G）相，而不是钙钛矿（P）相。只有当随着 G 相晶体的不断析出，导致熔体组分向富 Lu_2O_3 方向偏离，当液相组成点移动到 P 相相区时，先前结晶的 G 相通过与富 Lu_2O_3 熔体之间的包晶反应才能析出 P 相。但在提拉法生长过程中，早期结晶出的 G 相晶体不断被拉离液面，没有机会与液面接触而发生包晶反应，所以，从摩尔比 Lu_2O_3：Al_2O_3=1：1 的熔体中通过正常的晶体生长是不能获得单一的 P 相 $LuAlO_3$ 晶体的，而只能是 G 相与 P 相的混合物。

根据 ABO_3 型钙钛矿结构稳定的容忍因子 $t=(R_A+R_x)/[\sqrt{2}(R_B+R_x)]$ 介于 0.68~1.03 的经验规律，对于 $LuAlO_3$ 而言其 t 值为 0.89，从这个角度来看获得 P

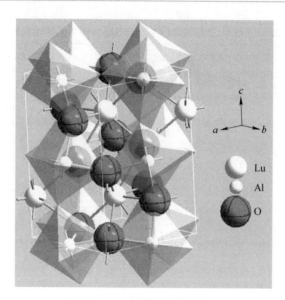

图 2-39　LuAP 晶体结构示意图

相的可能性还是存在的。但根据 P 相结构各离子配位数所对应的离子半径计算而得的比值为 $R_{Lu^{3+}}/R_{O^{2-}} \approx 0.86$、$R_{Al^{3+}}/R_{O^{2-}} \approx 0.39$，这些比值分别处在 $1 \sim 0.732$ 和 $0.414 \sim 0.225$ 之间，依据正负离子半径比与配位数的关系，稳定结构中 Lu^{3+}、Al^{3+} 离子的配位数应当分别为 8 和 4，这与 G 相中 Lu^{3+} 离子和 Al^{3+} 离子的配位数相对应，而在 P 相结构中，要求稀土离子 Lu^{3+} 离子的配位数为 12，Al^{3+} 离子的配位数为 6。由此可见 Lu^{3+}、Al^{3+} 离子半径不利于 P 相的生成，更适合于生成 G 相，特别是 Lu^{3+} 离子半径偏小是 LuAP 相结构不稳定的内在原因。通常，大半径离子倾向于高配位，而小半径的离子则倾向于低配位，这就是为什么稀土正铝酸盐 $ErAlO_3$、$TmAlO_3$、$YbAlO_3$、$LuAlO_3$ 的热稳定性会随稀土离子半径的降低而降低的原因[103]。

以上分析表明，要保持 $LuAlO_3$ 相稳定，A 格位须掺入离子半径比 Lu^{3+} 离子大一点的稀土离子，如 Y^{3+}、Gd^{3+}、La^{3+} 离子等，以便与 O^{2-} 离子一起形成立方最紧密堆积。所以，目前报道的 $LuAlO_3$ 晶体，多数是指在 A 格位上掺有一定数量 Y 离子的 $Lu_xY_{1-x}AlO_3$：Ce 晶体，而且为实现阴阳离子间的相互接触，钙钛矿结构必须发生一定程度的畸变，被 Lu^{3+}、Y^{3+}、Ce^{3+} 离子所占据的立方体顶角 A 格位向立方体中心要有一定的收缩，形成所谓的赝钙钛矿型结构。

2.4.3　基本物理性质

LuAP：Ce 晶体具有衰减时间短（约 18ns）、密度高（约 $8.3g/cm^3$）和温度稳定性好的优势，18ns 的衰减时间是迄今为止已知氧化物闪烁体中最快的，而且在 100~600K 的范围之内其衰减时间近似为常数[99]，荧光中心的量子效率 Q 也基本恒定，只有当温度高于 600K 后热猝灭效应才开始显现出来，而 LSO：Ce 在高于 300K 后光输出即开始有明显的降低。LuAP：Ce 晶体高的密度和高的原子序数有利于实现对 X 射线和 γ 射线的有效吸收和探测器件的小型化。按最常见的 12000ph/MeV 的光产额进行计算，其品质因素也高达 666.7，在表 2-13 所列的五种典型晶体中位居榜首。

2.4.4 晶体生长与晶体缺陷

该系列晶体中，YAP 晶体比较容易生长，用传统的提拉法即可生长出无色透明且不开裂的高质量晶体（图 2-40），根据 XRD 衍射数据，测得晶体为正交晶系，Pbnm 空间群，晶胞参数为 $a=0.53294$nm、$b=0.73719$nm、$c=0.51818$nm。

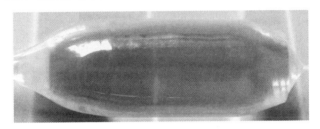

图 2-40　提拉法生长的 YAP：Ce 闪烁晶体

最早见诸报道的 LuAP：Ce 晶体是由美国北卡罗来纳州夏洛特市的 Litton Airtron 公司采用提拉法生长出来的[100]。目前，采用提拉法获得的最大的 LuAP：Ce 晶体等径部分尺寸可达 ϕ20mm×30mm，是由波兰托伦市哥白尼大学物理研究院 Winicjusz Drozdowski[104]等人生长出来的；由于提拉法可以通过缩颈来消除籽晶中的位错，因而有助于晶体质量的改善，同时拉速大、生长周期短，适合于 R&D 工作。但提拉法生长 $RE^{3+}AP$：Ce 时常会导致 RE^{3+}、Al^{3+} 的微量过量，生成各种各样的色心如 O^-、V_0 等[105]。亚美尼亚科学院物理研究所 A. Petrosyan[106]等人采用下降法生长出了透明、单相、等径尺寸 ϕ15mm×100mm 的 LuAP：Ce 晶体。据报道，下降法所生长的 YAP：Ce 的光输出要高于提拉法的[106]。从晶体品质角度考虑，下降法比提拉法更适合用来生长 LuAP：Ce[107]。此外，导模法（Edge-defined Film-fed Growth，简写为 EFG）也可用来生长 $(Lu_{1-x}Y_x)$AP：Ce 晶体。如捷克科学院物理研究所的 Jiri A. Mares 等人[108]便采用该方法制备出了大量截面尺寸为 2mm×2mm 的 $(Lu_{0.2}Y_{0.8})$AP：Ce 晶体。但 EFG 技术的主要缺点在于温度惯性小，固液相边界的温度波动大，容易导致各种各样缺陷及石榴石相的生成，晶体的品质差（原生的晶体含有双晶、晶粒间界以及由内应力造成的缺陷），成品率不高，性能不均匀和光产额较低[108]。

但 LuAP 晶体生长面临的最大难题是相不稳定，经常会伴生有石榴石相。为克服这个难关，研究者向其中掺入 Y 或 Gd 等元素，以发展固溶型的 $Lu_x(RE^{3+})_{1-x}AP:Ce$ 晶体（RE= Y, Gd）。1999 年 A. G. Petrosyan[105] 等人首次报道了以下降法成功生长出了 LuYAP:Ce 晶体，至此固溶型 $Lu_x(RE^{3+})_{1-x}AP:Ce$ 晶体的研究全面展开。工程化研究始于 2000 年，俄罗斯 BTCP 在 CERN-ISTC 项目基金的资助之下比较深入地研究了 $Lu_xY_{1-x}AP:Ce$ 晶体的生长和性能，有报道[109,110]称他们采用提拉法成功地长出了 $\phi25mm×(180～210)mm$ 的 $(Lu_{0.7}Y_{0.3})AlO_3:Ce$ 的晶体。但我们的实验表明，当 Lu 含量较低时（$x<0.3$）可以获得透明且结构单一的 $Lu_xY^{3+}_{1-x}AP:Ce$ 晶体［图 2-41(a)］[111]。XRD 鉴定结果［图 2-41(b)］显示，样品中无色透明的部分为正交晶系的 $(Lu_xY_{1-x})AP$ 晶体，赝钙钛矿相结构，空间群为 Pbnm。但随着固溶体晶体中 Lu 含量的增加，析出的晶体中很容易出现第二相，甚至第三相，即具有单斜结构的 $Lu_4Al_2O_9$ 和具有立方结构的 $(Lu,Y)_3Al_5O_{12}$ 石榴石相，从而导致晶体透明度的下降，甚至完全碎裂[112]。由此可见，即便掺入 Y 离子，要获得高 x 值 $Lu_xY^{3+}_{1-x}AP:Ce$ 晶体依然是非常困难的。

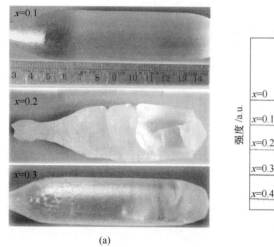
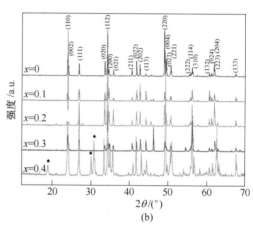

图 2-41　$Lu_xY^{3+}_{1-x}AP:Ce$ （$x=0.1, 0.2, 0.3$）晶体（a）及其 XRD 图谱（b）

2.4.5　晶体闪烁性能及掺杂效应

2.4.5.1　闪烁性能

$Lu_{0.1}Y_{0.9}AP:Ce$ 晶体的紫外激发发射光谱与透射光谱如图 2-42 所示，该晶体的激发峰和发射峰的波长分别位于 290nm 和 360nm。研究表明，LuAP:Ce 为单发光峰，不像 GSO:Ce 和 LSO:Ce 那样为双发光峰，这说明 LuAP:Ce 中 Ce^{3+} 只占据一种晶体学格位。在含 Lu 的钙钛矿型结构中，能量主要是通过连续

的电荷迁移来激发 Ce^{3+} 离子，产生 $(Ce^{3+})^*$，即以电荷迁移机制为主[113]，发光过程可以表达为：

$$Ce^{3+} + h \longrightarrow Ce^{4+}, \quad Ce^{4+} + e \longrightarrow (Ce^{3+})^* \longrightarrow Ce^{3+} + h\nu$$

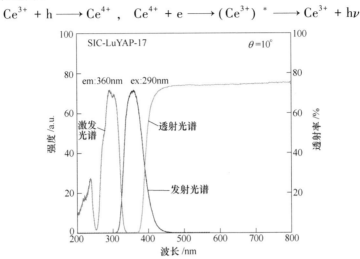

图 2-42　$Lu_{0.1}Y_{0.9}AP$：Ce 晶体的紫外激发发射光谱与透射光谱

（样品尺寸为 20mm×20mm×27mm，耦合面为 20mm×20mm，加州理工学院朱人元测试）

2012 年，A. Phunpueok 等分别测试了来自美国 Proteus 公司的 YAP：Ce 晶体和捷克 Crytur 公司的 LuYAP：Ce 晶体在 662keV 伽马射线激发下的多道能谱[114]，结果显示 YAP 晶体的能量分辨率明显好于 LuYAP：Ce 晶体（图 2-43），并计算出它们的光输出分别为 (32000 ±3200)ph/MeV 和 (9800 ±1000)ph/MeV。显然，随着 Lu 含量的增加，LuYAP：Ce 晶体的发光性能比 YAP 下降了许多。按理说，LuYAP：Ce 中 Lu^{3+} 对 γ 射线有较高的吸收截面，其吸收系数随 Lu 含量的增多而

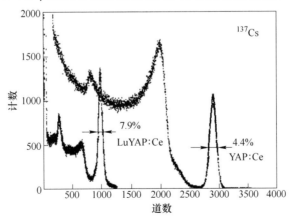

图 2-43　YAP：Ce 和 LuYAP：Ce 在 662keV 伽马射线激发下的多道能谱[114]

（晶体尺寸 10mm×10mm×5mm）

增大，对662keV γ射线的线性吸收系数要比YAP：Ce高出近10倍[113]。Lu^{3+}离子吸收一个光子变成Lu^{4+}离子，同时在导带中产生电子，随后通过电荷迁移很快将能量传给Ce^{3+}离子并复合发光，而产生非辐射跃迁的几率较小[108]。但表2-14的数据表明[99]，LuYAP：Ce晶体的发光效率比其理论预测值要低许多，导致其发光效率低的可能原因有：

（1）能量传递效率低。文献[115]认为只有14%的激子把能量传给了Ce^{3+}离子。而缺陷的存在是造成从基质到Ce^{3+}发光中心能量传递效率低的主要原因[116]。

（2）自吸收大。激发、发射谱的部分重叠导致了自吸收[109,113]，如图2-44[99]所示，不仅激发光谱与发射光谱之间有一定的重叠，发射光谱与透射光谱之间也有比较大的重叠，说明LuYAP：Ce晶体存在很强的自吸收。通过对不同厚度样品发射光谱的测试也表明，光程越长，发射峰越窄，光输出越低（图2-44）。而无论是提拉法还是下降法，所获得的LuAP：Ce晶体均存在有延伸至400nm的自吸收[100,106]，此外还推测Ce^{2+}的存在也是导致紫外吸收的一类陷阱[99]。

表2-14　e-h对的理论值与实际的光输出[99]

材料	e-h的理论值/MeV	实际的光输出/MeV	效率 η
CsI：Tl	69444	65000	0.936
NaI：Tl	75330	38000	0.504
BGO	88889	8500	0.096
LSO：Ce	69444	27300	0.393
LuYAP：Ce	55556	11300	0.20

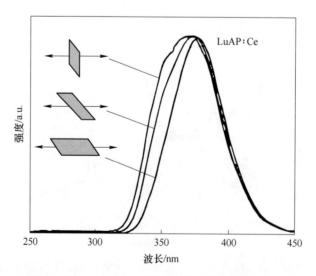

图2-44　同一个LuAP：Ce样品三个不同取向与光电倍增管的耦合，在γ射线粒子激发下的发射谱[99]

(3) 固有缺陷的存在[52,53]。LuAP：Ce 晶体在 40~400K 的范围内热释光主峰所对应的陷阱深度分别为 0.51eV、0.79eV、1.6eV 左右。这些浅陷阱参与发光的动力学过程，它们不仅降低光产额还影响其动力学过程。A. J. Wojtowicz[117] 等人把 30%左右的光损失归因于浅陷阱，如果将其消除，晶体的光输出有望达到 15000ph/MeV，此外浅陷阱的存在还导致闪烁上升时间（risetime）的延长。Bartram 等人则指出 LuAP：Ce 中有 15%的光损失源于深陷阱[118]。

2.4.5.2 掺杂研究

根据影响 LuAP：Ce 光输出的主要因素，在实际的晶体生长过程中，人们尝试通过以下几种途径来提高晶体的光输出：(1) 提高 Ce 离子的掺杂浓度；(2) 提高晶体在发光波段的透光率；(3) 引入不同的掺杂离子来消除晶体中的缺陷或陷阱。目前，Ce 离子的掺杂浓度（原子分数）可以提高到 0.45%，并且仍然没有显出浓度饱和现象，但晶体的宏观光学质量会随着掺杂浓度的提高而下降。透光率的提高对光输出的贡献是非常明显的，小尺寸样品的光输出可以提高 50%~70%。离子掺杂会引起 Ce^{3+} 离子周围环境的改变，进而影响到晶体的光发射等闪烁性能。目前已经开展的掺杂实验主要有下列几种：

(1) 二价阳离子共掺杂：二价阳离子的共掺杂增大了氧空位的浓度，容易使 Ce 处在 Ce^{4+} 的高价态。如图 2-45[106]所示，10^{-6} 量级的 Ca^{2+} 共掺杂即使得样品的背景吸收大大增加，能谱中的发光峰消失。F 芯、Ce^{3+} 与 Ce^{4+} 间价电子的迁移、伴随 Ce^{4+} 的缺陷导致了额外的吸收。

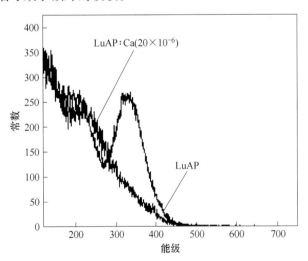

图 2-45 LuAP 以及共掺杂 Ca 的 LuAP 单晶的能谱[51]

(2) 三价阳离子共掺杂：LuAP：Ce 晶体中掺入 Gd^{3+} 后，如式（2-1）所示的能量传递和迁移过程导致了慢发光：

$$(Ce^{3+})_i \rightarrow (Gd^{3+})_{n\,step} \rightarrow (Ce^{3+})_j \qquad (2\text{-}1)$$

因而 LuAP：Ce 晶体生长时应当避开 Gd^{3+}[41,48]。另外 Yb^{3+}、Eu^{3+} 离子也对 Ce^{3+} 掺杂发光的钙钛矿型结构晶体具有猝灭作用，因而也应避开[106]。

（3）四价阳离子共掺杂：该晶体的余辉和热释光（TSL）起因于氧空位 V_O 上的电子和 Ce^{4+} 上空穴的隧穿复合发光[106]，四价离子的共掺杂将会导致 V_O 的减少。研究发现 $Lu_{0.3}Y_{0.7}AP$：Ce 晶体生长时熔体中共掺杂 300×10^{-6} 的 ZrO_2 光输出达到最大，衰减时间由未共掺杂时的 24ns 降低到 20ns 左右[119]。出于体积补偿的原因，在 LuAP：Ce 中大半径的 Ce^{3+} 更倾向于和小半径的 Zr^{4+} 靠近，从而减少了 V_O、Ce^{4+} 缺陷间相互靠近的机会，因而 LuYAP：Ce 中掺杂 ZrO_2 会使余辉和 TSL 的强度降低许多。Hf 元素的掺杂效果似乎比 Zr 更好，它不仅能够大幅降低晶体对 260nm 光的吸收系数（从 $5\sim6cm^{-1}$ 降至 $2cm^{-1}$）[120]，有效抑制了位于 Ce 离子吸收带附近由于氧空位所形成的色心，而且明显提高了晶体在 372nm 处的透光率，从而降低晶体的自吸收，提高发光效率（图 2-46）。由此可见，通过较高价态离子的掺杂来改善 LuAP：Ce 晶体闪烁性能是一条值得探索的技术路线。

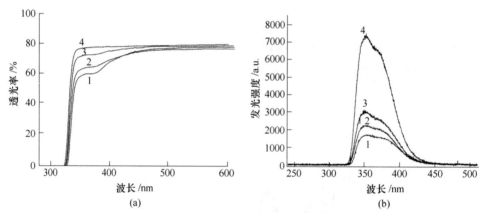

图 2-46 LuYAP：Ce, Zr 和 LuAP：Ce, Hf 的透射光谱（a）与 X 射线激发发射光谱（b）[120]
1~3—LuYAP：Ce, Zr 100×10^{-6}，80×10^{-6}，60×10^{-6}；4—LuAP：Ce, Hf 300×10^{-6}

参 考 文 献

[1] Tuomas Aitasalo, Jorma Holsa, Mika Lastusaari, Janina Legendziewicz, Janne Niittykoski, Fabienne Pelle. Delayed luminescence of Ce^{3+} doped Y_2SiO_5 [J]. Optical Materials, 2004 (26): 107~112.

[2] Cooke D W, et al. Intrinsic trapping sites in rare-earth and yttrium oxyorthosilicates [J]. J. Appl. Phys, 1999 (86): 5308.

[3] 王守都, 王四亭, 陈杏达, 等. 稀土正硅酸盐-Y_2SiO_5 单晶的提拉法生长 [J]. 人工晶体学报, 1998 (27): 43.

[4] Auffray E, Borisevitch A, Gektin A, et al. Radiation damage effects in Y_2SiO_5: Ce scintillation crystals under γ-quanta and 24 GeV protons [J]. Nuclear Instruments and Methods in Physics Research, 2015 (A783): 117~120.

[5] Takagi K, Fukazawa T. Cerium-activated Gd_2SiO_5 single crystal scintillator [J]. Appl. Phys. Lett., 1983, 42: 43.

[6] Ishibashi H. Scintillation Performance of large Ce-doped Gd_2SiO_5 (GSO) single crystal [J]. IEEE. Trans. Nucl. Sci., 1998 (45): 518.

[7] Suzuki H, Tombrello T A, Melcher C L, Schweitzer J S, UV and gamma-ray excited luminescence of cerium-doped rare-earth oxyorthosilicates. [J]. Nucl. Instr. Meth. 1992 (A320): 263.

[8] Balcerzyk M, et al. YSO, LSO, GSO, and LGSO, A Study of Energy Resolution and Nonproportionality [J]. IEEE Trans. Nucl. Sci., 2000, 47 (4): 1319.

[9] 徐军, 王四亭, 吴光照, 等. 新型高效闪烁晶体 Ce: Gd_2SiO_5 的生长 [J]. 人工晶体学报, 1995, 24 (3): 261~263.

[10] 介明印, 赵广军, 何晓明, 等. 掺铈硅酸钆闪烁晶体的研究进展与发展方向 [J]. 人工晶体学报, 2005, 33 (1): 136~143.

[11] Melcher C L. Lutetium orthosilicate single crystal scintillator detector: US 4958080 [P]. 1990-09-18.

[12] Melcher C L, et al. Cerium doped lutetium oxyorthosilicate: A fast efficient new scintillaor [J]. IEEE. Trans. Nucl. Sci., 1992 (39): 502.

[13] Melcher C L, et al. Czochralski growth of rare earth oxyorthosilicate single crystals [J]. J. Crys. Grow., 1993 (128): 1001.

[14] 丁栋舟. 中国科学院大学博士论文.

[15] Naud J D, Tombrello T A, Melcher C L, Schweitzer J S. The role of cerium sites in the scintillation mechanism of LSO [J]. IEEE Trans. Nucl. Sci., 1995 (43): 1324~1328.

[16] Melcher C L, et al. Scintillation properties of LSO: Ce boules [J]. IEEE Trans. Nucl. Sci., 2000, 47 (3): 965.

[17] Antich P, et al. Comparison of LSO samples produced by Czochralski and modified Musatov methods [J]. Nucl. Instr. Meth., 2000 (A441): 551~557.

[18] Pichler B J, et al. LGSO scintillation crystals coupled to new large area APDs compared to LSO and BGO [J]. IEEE Trans. Nucl. Sci., 1999, 46 (3): 289.

[19] Kapusta M, et al. Comparison of the scintillation properties of LSO: Ce manufactured by different laboratories and of LGSO: Ce [J]. IEEE Trans. Nucl. Sci., 2000, 47 (4): 1341.

[20] Suzuki H, Tombrello T A, Melcher C L, Schweitzer J S. Light emission mechanism of cerium doped lutetium oxyorthosilicate [J]. IEEE Trans. Nucl. Sci., 1993, NS-40 (4): 380~383.

[21] Bo Liu, Chaoshu Shi, Min Yin, et al. Luminescence and energy transfer processes in Lu_2SiO_5: Ce^{3+} scintillator [J]. Journal of Luminescence, 2006 (117): 129~134.

[22] Starzhinsky N G, Sidletskiy O T, Grinyov B V, et al. Luminescence kinetics of crystals LSO co-doped with rare earth elements [J]. Functional materials, 2009, 16 (4): 431.

[23] Cooke D W, McClellean K J, Bennett B L, et al. Crystal growth and optical characterization of cerium-doped $Lu_{1.8}Y_{0.2}SiO_5$ [J]. J. Appl. Phys., 2000 (88): 7360~7362.

[24] Jary V, Nikl M, Ren G, et al. Influence of yttrium content on the CeLu1 and CeLu2 luminescence characteristics in $(Lu_{1-x}Y_x)_2SiO_5$: Ce single crystals [J]. Optical Materials, 2011, 34: 428~432.

[25] Saoudi A, et al. Scintillation light emission studies of LSO scintillatitors [J]. IEEE. Trans. Nucl. Sci., 1999 (46): 1925.

[26] Buisson G, et al. Mater. Res., 1968 (3): 1072.

[27] Wanklyn B M. The prediction of starting compositions for the flux growth of complex oxide crystals [J]. J. Cryst. Grow, 1977 (37): 334.

[28] Arsenev P A, et al. Spectral properties of neodymium ions in the lattice of Y_2SiO_5 crystals [J]. Phys. Stat. Sol., 1972 (13): K45~K47.

[29] 周世斌，沈定中．一种钼坩埚生长硅酸钇镥闪烁晶体的工艺：中国，CN201410532109 [P]．

[30] Melcher C L, et al. Scintillation properties of LSO：Ce boules [J]. IEEE. Trans. Nucl. Sci., 2000, 47 (3): 965~968.

[31] Guohao Ren, Laishun Qin, Huanying Li, et al. Investigation on defects in Lu_2SiO_5 : Ce crystals grown by chockralski method [J]. Cryst. Res. Technol., 2006, 41: 163~167.

[32] 秦来顺，任国浩，李焕英，等．Lu_2SiO_5：Ce 晶体生长中存在的主要问题 [J]．硅酸盐学报，2004，32 (11): 1361~1366．

[33] Dorenbos P, et al. Afterglow and thermoluminescence properties of Lu_2SiO_5 : Ce scintillation crystals [J]. J. Phys. Condens. Matter, 1994 (6): 4167.

[34] Samuel Blahuta, Aurelie Bessiere, Bruno Viana, Vladimir Ouspenski, Eric Mattmann, Julien Lejay, Didier Gourier. Defects identification and effects of annealing on $Lu_{2(1-x)}Y_{2x}SiO_5$(LYSO) single crystals for scintillation application [J]. Materials, 2011 (4): 1224~1237.

[35] Sidletskiy O, Belsky A, Gektin A, et al. Structure-property correlations in a Ce-doped $(Lu, Gd)_2SiO_5$: Ce scintillator [J]. Crystal Growth & Design, 2012 (12): 4411~4416.

[36] Dorenbos P, et al. Scintilltion and thermoluminescence properities of Lu_2SiO_5 : Ce fast scintillation crystals [J]. J. Lumin, 1994 (60): 979.

[37] Masaaki Kobayashi, et al. Radiation damage of a cerium-doped lutetium oxyorthosilicate single crystal [J]. Nucl. Instr. Meth. 1993 (A335): 509.

[38] Peter Bruyndonckx, Cedric Lemaıtre, Dennis Schaart, et al. Towards a continuous crystal APD-based PET detector design [J]. Nuclear Instr. & Meth., 2007, 571: 182~186.

[39] Blahuta S, Bessiere A, Viana B, et al. Evidence and consequences of Ce in LYSO：Ce, Ca and LYSO：Ce, Mg single crystals for medical imaging applications [J]. IEEE Trans. Nucl. Sci., 2013, 60 (4): 3134~3141.

[40] 吴光照，等，Ce：Lu_2SiO_5 闪烁晶体生长 [J]．人工晶体学报，1996 (25): 175．

[41] Dongzhou Ding, Bo Liu, Yuntao Wu, et al. Effect of yttrium on electron-phonon coupling strength of 5d state of Ce^{3+} ion in LYSO:Ce crystals [J]. J. Lumin, 2014, 154: 260~266.

[42] 尹红, 徐扬, 李德辉, 等. 小动物 PET 成像用 LYSO 闪烁晶体阵列研究 [J]. 压电与声光, 2014, 36 (3): 406.

[43] Gomes de Mesquita A H, Bril A. Preparation and cathodoluminescence of Ce^{3+}-activated yttrium silicates and some isostructural compounds [J]. Material Research Bulletin, 1969, 4 (9): 643~650.

[44] Felsche J. Polmorphism and crystal data of rare-earth disilicates of type $RE_2Si_2O_7$ [J]. Journal of the Less-Common Metals, 1970, 21 (1): 1~14.

[45] Bretheau-Raynal F, Lance M, Charpin P. Crystal data for $Lu_2Si_2O_7$ [J]. J. Appl. Cryst, 1981, 14 (5): 349~350.

[46] Leonyuk N I, Belokoneva E L, Bocelli G, et al. High-temperature crystallization and X-ray characterization of Y_2SiO_5, $Y_2Si_2O_7$ and $LaBSiO_5$ [J]. Journal of Crystal Growth, 1999, 205 (3): 361~367.

[47] Kawamura S, Higuchi M, Kaneko J H, et al. Phase relations around the pyrosilicate phase in the Gd_2O_3-Ce_2O_3-SiO_2 system [J]. Cryst. Growth & Des., 2009, 9 (3): 1470~1473.

[48] Kawamura S, Kaneko J H, Higuchi M, et al. Investigation of Ce-doped $Gd_2Si_2O_7$ as a scintillator material [J]. Nucl. Instr. Meth. A, 2007, 583 (2~3): 356~359.

[49] Gerasymov I, Sidletskiy O, Neicheva S, et al. Growth of bulk gadolinium pyrosilicate, single crystals for scintillators [J]. J. Cryst. Growth, 2011, 318 (1): 805~808.

[50] Hucheng Y, Yin L, Song Y, et al. Purple-to-yellow tunable luminescence of Ce^{3+} doped yttrium-silicon-oxide-nitride phosphors [J]. Chemical Physics Letters, 2008, 451 (4~6): 218~221.

[51] Yan C F, Zhao G J, Hang Y, et al. Crystal structure and optical characterization of cerium-doped $Lu_2Si_2O_7$ [J]. Acta Physica Sinica, 2005, 54 (8): 3745~3748.

[52] 冯鹤, 丁栋舟, 李焕英, 等. 退火对提拉法生长 $Lu_2Si_2O_7$:Ce 晶体闪烁性能的影响[J]. 无机材料学报, 2009, 24: 1054~1058.

[53] Pauwels D, Viana B, et al. A novel inorganic scintillator: $Lu_2Si_2O_7$:Ce^{3+} (LPS) [J]. IEEE Transactions on Nuclear Science, 2000, 47 (6): 1787~1790.

[54] Pidol L, Kahn-Harari A, Viana B, et al. Scintillation properties of $Lu_2Si_2O_7$:Ce^{3+}, a fast and efficient scintillator crystal [J]. Journal of Physics: Condensed Matter, 2003, 15 (12): 2091~2102.

[55] Pidol L, Viana B, Kahn-Harari A, et al. Luminescence properties and scintillation mechanisms of Ce^{3+}-, Pr^{3+}- and Nd^{3+}-doped lutetium pyrosilicate [J]. Nucl. Instr. Meth. A, 2005, 537 (1~2): 125~129.

[56] Pidol L, Guillot-Noël O, Kahn-Harari A, et al. EPR study of Ce^{3+} ions in lutetium silicate scintillators $Lu_2Si_2O_7$ and Lu_2SiO_5 [J]. Journal of Physics and Chemistry of Solids, 2006, 67 (4): 643~650.

[57] Pidol L, Viana B, Galtayries A, et al. Energy levels of lanthanide ions in a $Lu_2Si_2O_7$ host [J].

Physical Review B, 2005, 72 (12): 125110.1~125110.9.

[58] Feng He, Ding Dongzhou, Li Huanying, et al. The annealing effect on Czockralski grown $Lu_2Si_2O_7$: Ce crystal under different atmospheres [J]. Journal of Applied Physics, 2008 (103): 083109-1~083109-5.

[59] Kawamura S, Kaneko J H, Higuchi M, et al. Floating zone growth and scintillation characteristics of cerium-doped gadolinium pyrosilicate single crystals [J]. IEEE Nuclear Science Symposium Conference Record, 2007, 54 (4): 1383~1386.

[60] Pidol L, Kahn-Harari A, Viana B, et al. Czochralski growth and physical properties of cerium-doped lutetium pyrosilicate scintillators Ce^{3+}: $Lu_2Si_2O_7$ [J]. Journal of Crystal Growth, 2005, 275 (1~2): e899~e904.

[61] Szupryczynski P, Melcher C L, Spurrier M A, et al. Ce-doped lutetium pyrosilicate scintillators LPS and LYPS [J]. Proceedings of the IEEE Nuclear Science Symposium Conference Record, 2005 (3): 1310~1313.

[62] Yan C F, Zhao G J, Hang Y, et al. Comparison of cerium-doped $Lu_2Si_2O_7$ and Lu_2SiO_5 scintillators [J]. Journal of Crystal Growth, 2005, 281 (2~4): 411~415.

[63] Yan C F, Zhao G J, Hang Y, et al. Czochralski growth and crystal structure of cerium-doped $Lu_2Si_2O_7$ scintillator [J]. Materials Letters, 2006, 60 (16): 1960~1963.

[64] 李焕英, 秦来顺, 任国浩. Lu_2SiO_5: Ce 闪烁晶体的生长与宏观缺陷研究 [J]. 无机材料学报, 2006, 21 (3): 527~532.

[65] 李焕英, 秦来顺, 姚冬敏, 等. Lu_2SiO_5: Ce 晶体的闪烁性能 [J]. 发光学报, 2006, 27 (5): 729~733.

[66] Yagi Y, Susa K. Phase studies of the system Gd_2O_3-Ce_2O_3-SiO_2 and their luminescence [J]. Proc. KEK-RCNP Inter. Sch. Mini-Workshop Scinti. Cryst., 2004 (4): 89~94.

[67] Feng H, Xu W S, Ren G H, et al. Optical, scintillation properties and defect study of $Gd_2Si_2O_7$: Ce single crystal grown by floating zone method [J]. Physica B, 2013 (411): 114~117.

[68] Kawamura S, Kaneko J H, Higuchi M, et al. Investigation of Ce-doped $Gd_2Si_2O_7$ as a scintillator materials [J]. Nucl. Instr. Meth. A, 2005 (583): 356.

[69] Gerasymov I, Sidletskiy O, Neicheva S, et al. Growth of bulk gadolinium pyrosilicate single crystals for scintillators [J]. J. Crys. Grow., 2011 (318): 805.

[70] Kurosawa S, Shishido T, Suzuki A, et al. Scintillation properties of a La, Lu-admix gadolinium pyrosilicate crystals [J]. Nucl. Instr. Meth. A, 2015 (784): 115.

[71] Díaz M, Garcia-Cano I, Mello-Castanho S, et al. Synthesis of nanocrystalline yttrium disilicate powder by a sol-gel method [J]. Journal of Non-Crystalline Solids, 2001, 289 (1~3): 151~154.

[72] Karar, Chander H. Luminescence properties of cerium doped nanocrystalline yttrium silicate [J]. Journal of Physica D: Applied Physics, 2005, 38 (19): 3580~3583.

[73] Taghavinia N, Lerondel G, Makino H, et al. Blue- and red-emitting phosphor nanoparticles embedded in a porous matrix [J]. Thin Solid Films, 2006, 503 (1~2): 190~195.

[74] Toropov N A, Bondar I A. Silicates of the rare earth elements [J]. Russian Chemical Bulletin, 1961, 10 (4): 502~508.
[75] Toropov N A. Some rare-earth silicate [C]. Transactions of the 11th International Ceramic Congress. London, 1960: 435~442.
[76] Toropov N A, Vasileva V A. Phase diagram of the binary system of scandium oxide and silica [J]. Zhurnal Neorganicheskoi Khimii, 1962, 7 (8): 1938~1945.
[77] Escudero A, Alba M D, Becerro A I. Polymorphism in the $Sc_2Si_2O_7$-$Y_2Si_2O_7$ system [J]. Journal of Solid State Chemistry, 2007, 180 (4): 1436~1445.
[78] Ohashi H, Alba M D, Becerro A I, et al. Structural study of the $Lu_2Si_2O_7$-$Sc_2Si_2O_7$ system [J]. Journal of Physics and Chemistry of Solids, 2006, 68 (3): 464~469.
[79] Bondar I A, Koroleva L N, Bezruk E T, et al. Phase diagram estimation of the Al_2O_3-Re_2O_3 [J]. Inorg. Mater, 1984: 214~218.
[80] Nikl M, Yoshikawa A, Kamada K, Nejezchleb K, Sranek C R, Mares J A, Blazek K. Development of LuAG-based scintillator crystals- a review [J]. Progress in Crystal Growth and Characterization of Materials, 2013, 59: 47~72.
[81] Ptrosyn A G, Ovanesyan K L, Sargsyan R V, et al. Bridgman growth and site occupation in Lu-AG: Ce scintillat or crystals [J]. Journal of Crystal Growth, 2010, 312: 3136~3142.
[82] Mares J A, Beitlerova A, Nikl M, et al. Scintillation response of Ce-doped or intrinsic scintillating crystals in the range up to 1MeV Radiat [J]. Meas., 2004 (38): 353~357.
[83] Dujardin, Mancini, Amans, et al. LuAG: Ce fibers for high energy calorimetry [J]. J. Appl. Phys., 2010, 108: 013510.
[84] Kamada K, et al. Composition engineering in cerium-doped $(Lu, Gd)_3(Ga, Al)_5O_{12}$ single-crystal scintillators [J]. Crystal Growth Des., 2011 (11): 4484.
[85] Kuklja M. Defects in yttrium aluminium perovskite and garnet crystals: atomistic study [J]. J. Phys.: Condens. Matter, 2000 (12): 2953.
[86] Stanek C R, et al. The effect of intrinsic defects on $RE_3Al_5O_{12}$ garnet scintillator performance [J]. Nucl. Instrum. Meth. Phys. Res. A, 2007 (579): 27.
[87] Vedda A, et al. Deffect States in $Lu_3Al_5O_{12}$: Ce crystals [J]. Radiation Effects & Deffects in Solids, 2002 (157): 1003~1007.
[88] Nikl M. Energy transfer phenomena in the luminescence of wide band-gap scintillators [J]. Phys. Status Solidi A, 2005 (202): 201.
[89] Zorenko Yu, et al. Luminescence of excitons and antisite defects in the phosphors based on garnet compounds [J]. J. Lumin, 2005, 114 (1): 85~94.
[90] Fasoli M, Vedda A, et al. Band-gap engineering for removing shallow traps in rare earth $Lu_3Al_5O_{12}$ garnet scintillators using Ga^{3+} doping [J]. Phys. Rev. B, 2011 (84): 0811021.
[91] Kei Kamada, et al. Composition engineering in cerium-doped $(Lu, Gd)_3(Ga, Al)_5O_{12}$ single-crystal Scintillators [J]. Cryst. Growth Des., 2011 (11): 4484~4490.
[92] Kvapil J, et al. Czochralski Growth of YAG-Ce in a reducing protective atmosphere [J]. J. Cryst. Growth, 1981 (52): 542.

[93] Kuwano Y, et al. Crystal growth and properties of (Lu, Y)$_3$Al$_5$O$_{12}$ [J]. J. Cryst. Growth, 2004 (260): 159.

[94] Yoshikawa A, Chani V. Growth of optical crystals by the micro-pulling-down method [J]. MRS Bull., 2009, 34 (4): 266~270.

[95] Drozdowski W, Lukasiewicz T, et al. Thermoluminescence and scintillation of praseodymium-activated Y$_3$Al$_5$O$_{12}$ and LuAlO$_3$ crystals [J]. J. Cryst. Growth, 2005 (275): e709~e714.

[96] Kei Kamada, et al. Large-size single crystal growth of Pr: Lu$_3$Al$_5$O$_{12}$ and uniformity of its scintillation properties [J]. IEEE Nuclear Science Symposium Conference Record, 2009.

[97] Ashurov M K, et al. Spectroscopic study of stoichiometry deviation in crystals with garnet structure [J]. Phys. Status Solidi (a), 1977, 42 (1): 101~110.

[98] Baryshevsky V G, et al. Spectroscopy and scintillation properties of cerium doped YAlO$_3$ single crystals [J]. J. Phys: Condens. Matter, 1993 (5): 7893~7902.

[99] Lempicki A, et al. Ce-doped scintillators: LSO and LuAP [J]. Nucl. Instr. Meth. Phys. Res. A, 1998 (416): 333~344.

[100] Lempicki A, Randles M H, Wisniewski D, et al. LuAlO$_3$: Ce and other aluminate scintillators [J]. IEEE Transactions on Nuclear Science, 1995, 42 (4): 280~284.

[101] Fedorov A, Korzhik M, Missevitch O, Panov V. Double-end readout of Lu-based scintillation pixels in Positron Emission Tomography [J]. Nucl. Instr. Meth. Phys. Res. A, 2005, 537 (1~2): 331~334.

[102] Petrosyan A G, Ovanesyan K L, Shirinyan G O, et al. LuAP/LuYAP single crystals for PET scanners: effects of composition and growth history [J]. Optical Materials, 2003, 24 (1~2): 259~265.

[103] Fedorov A, Korzhik M, Lobko A, et al. Light yield temperature dependence of lutetium-based scintillation crystals [J]. Nucl. Instr. Meth. Phys. Res. A, 2005: 276~278.

[104] Winicjusz Drozdowski, et al. Scintillation properties of LuAP and LuYAP crystals activated with Cerium and Molybdenum [J]. Nucl. Instr. Meth. Phys. Res. A, 2006 (562): 254~261.

[105] Petrosyan A G, Shirinyan G O, Ovanesyan K L, et al. Potential of existing growth methods of LuAP and related scintillators [J]. Nucl. Instr. Meth. Phys. Res. A, 2002 (1~2): 74~78.

[106] Petrosyan A, Ovanesyan K, Shirinyan G, et al. The melt growth of large LuAP single crystals for PET scanners [J]. Nucl. Instr. Meth. Phys. Res. A, 2005 (1~2): 168~172.

[107] Chval J, Clehment D, et al. Development of new mixed Lu$_x$(RE^{3+})$_{1-x}$AP: Ce scintillators (RE^{3+} = Y^{3+} or Gd^{3+}): comparison with other Ce-doped or intrinsic scintillating crystals [J]. Nucl. Instr. Meth. Phys. Res. A, 2000 (443): 331~341.

[108] Mares J A, Nikl M, Maly P, et al. Growth and properties of Ce^{3+}-doped Lu$_x$(RE^{3+})$_{1-x}$AP scintillators [J]. Optical Materials, 2002 (1): 117~122.

[109] Kuntner C, Auffray E, Bellotto D, Dujardin C, et al. Advances in the scintillation performance of LuYAP: Ce single crystals [J]. Nucl. Instr. Meth. Phys. Res. A, 2005 (1~2):

295~301.

[110] Annenkov A, Fedorov A, Korzhik M, Lecoq P, Missevitch O. First results on prototype production of new LuYAP crystals [J]. Nucl. Instr. Meth. Phys. Res. A, 2004 (1~2): 50~53.

[111] Ding Dongzhou, Qin Laishun, Ren Guohao. Research on the phase decomposition of $Lu_xY_{1-x}AlO_3$: Ce crystals at high temperature [J]. Nuclear Instruments and Methods in Physics Research A, 2007, 575 (3): 1042~1046.

[112] 丁栋舟, 陆晟, 任国浩. $Lu_xY_{1-x}AlO_3$: Ce 晶体中伴生 (Lu, Y)$_3Al_5O_{12}$: Ce 相成因研究 [J]. 无机材料学报, 2008 (23): 434~438.

[113] Mares J A, Nikl M, Solovieva N, et al. Scintillation and spectroscopic properties of Ce^{3+}-doped $YAlO_3$ and $Lu_x(RE)_{1-x}AlO_3(RE=Y^{3+}$ and $Gd^{3+})$ scintillators [J]. Nucl. Instr. Meth. Phys. Res. A, 2003 (1~3): 312~327.

[114] Phunpueok A, Chewpraditkul W, Limsuwan P, et al. Scintillation response of $YAlO_3$: Ce and $Lu_{0.7}Y_{0.3}AlO_3$: Ce single crystal scintillators [J]. Nuclear Instruments and Methods in Physics Research B, 2012 (286): 76.

[115] Wisniewski D. VUV excited emission pulse shapes of $LuAlO_3$: Ce [J]. Journal of Alloys and Compounds, 2000 (300~301): 483~487.

[116] Krasnikov A, Savikhina T, Zazubovich S, et al. Luminescence and defects creation in Ce^{3+}-doped aluminium and lutetium perovskites and garnets [J]. Nucl. Instr. Meth. Phys. Res. A, 2005, 537 (1~2): 130~133.

[117] Wojtowicz A J, Glodo J, Drozdowski W, et al. Electron traps and scintillation mechanism in $YAlO_3$: Ce and $LuAlO_3$: Ce scintillators [J]. Journal of Luminescence, 1998 (4): 275~291.

[118] Bartram R H, Hamilton D S, Kappers L A, et al. Electron traps and transfer efficiency of cerium-doped aluminate scintillators [J]. Journal of Luminescence, 1997 (3): 183~192.

[119] Mares J A, Nikl M, Beitlerova A. Ce^{3+}-doped scintillators: status and properties of (Y, Lu) aluminium perovskites and garnets [J]. Nucl. Instr. Meth. Phys. Res. A, 2005 (537): 271~275.

[120] Petrosyan A G, Derdzyan M, Ovanesyan K, et al. Properties of LuAP: Ce scintillator containing intentional impurities [J]. Nucl. Instr. Meth. Phys. Res. A, 2007 (571): 325.

3 稀土卤化物闪烁晶体材料

闪烁晶体是指在射线（X 射线、γ 射线）或高能粒子（电子）等辐射能量作用下能发出紫外或可见光的光功能晶体。闪烁光和荧光的区别主要在于激发源的不同而导致材料对辐射能的吸收、转化、传输和复合等微观过程存在差异，高能粒子（包括带电和不带电）进入闪烁体后通过光电效应、康普顿效应（光子能量低于 1.022MeV）、电子-空穴对效应（光子能量高于 1.022MeV）和电磁簇射等各种作用而损失能量，使粒子径迹附近的介质（包括分子、原子或离子）被激发或离化（ionization），直到穿越介质的长度足够大，簇射粒子的平均能量减小到不能再产生新的簇射为止。这是一个非常复杂的过程，其特点是：(1) 具有高的激发密度与高的量子效率，因入射粒子的能量高达 keV、MeV 甚至 GeV 量级，远远大于晶体的禁带宽度，在闪烁体内形成的级联簇射产生的大量次级粒子（光子、电子）引起了多次激发，从而形成高密度激发区和高的量子效率；(2) 激发区的不均匀性，高能粒子只能对其径迹周围的原子、分子和离子进行激发，而对远离径迹区域的质点则没有激发作用，从而在空间上形成激发区与非激发区，且激发区的大小和形状随入射粒子能量的不同而变化；(3) 对激发区内的所有元素的原子及其任何态都可无选择地激发，包括电离、质点位移，产生新的缺陷和发光中心，甚至改变介质的组成、局域结构及永久性辐照损伤等，而不像低能光子（如可见光、紫外光等）只对某些离子或离子的某些能级进行有选择性的激发[1]。因此在实际应用中，只有密度大、光输出高以及能量分辨率好的晶体才对辐射粒子有较高的探测效率，从而获得更多更准确的物理信息。

评价闪烁晶体性能的主要参数有：密度、透过率、发光波长、光产额、能量分辨率以及衰减时间等。闪烁晶体的吸收系数、辐射长度以及 Moliere 半径都直接或间接地与晶体密度相关，即希望闪烁晶体的密度越大越好，因此高原子序数和高密度一直是评价闪烁晶体性能的重要指标之一，这也是稀土化合物被视为优异闪烁材料基质的重要原因。对于闪烁晶体，为了使晶体在闪烁过程中所产生的光脉冲能最大限度地传播给光探测器，闪烁晶体在其闪烁光波段应具有较高的透过率，因此透过率是衡量闪烁晶体的又一重要性能指标。闪烁晶体的发光波长最好与激发波长有较大的 Stokes 位移，这样可减少晶体的自吸收，同时发光波长还要与光电探测器的敏感波长相匹配，以利于闪烁晶体与光电探测器耦合，提高光子的收集效率。光产额表示闪烁体将吸收射线的能量转变为光脉冲的一种本领，定义为在一次闪烁过程中产生的光子数目 N 与高能粒子在闪烁体中损失的能量 ΔE 之比,单位是光子/兆电子伏(ph/MeV)。能量分辨率表示闪烁探测器区分粒子能量差异的能力,当能量为 E 的 γ 光子入射到闪烁体内,经过一系列物理过程后在多道分析器输出一个统计分布的电流脉冲,以 ΔP 为分布谱的半高全宽(Full Width at Half Maximum,简称为 FWHM),P 为分布谱的峰位值,则能量分辨率 $R=\Delta P/P$。R 越小,习惯上称晶体的能量分辨率越好,因而越能把不同能量的粒子区别开来。衰减时间是表征闪烁晶体光衰减快慢的物理量,可定义为激发停止后,闪烁发光强度(I)衰减至初始强度(I_0)的 $1/e$ 时所对应的时间,通常用希腊字母 τ 表示,一般衰减时间测量可通过单光子计数法、积分时间法或脉冲形状拟合来获得。几乎所有的闪烁计数应用领域都要求闪烁晶体具有较快的光衰减时间。

无机闪烁晶体可根据化学成分划分为氧化物和卤化物两个类别,氧化物晶体的特点是密度高、不潮解、物化性质稳定等,卤化物的特点是熔点较低、发光效率较高,缺点是都存在一定程度的潮解性。据统计,在已知的几百种闪烁晶体中,卤化物晶体占据了半壁江山。其中有些晶体的主量元素就是由稀土元素构成的,如氟化铈(CeF_3)、溴化铈($CeBr_3$)等。有的虽然主量元素不是稀土,但必须通过掺入少量的稀土离子才能实现发光效应,如铕离子掺杂的氟化钙(CaF_2:Eu)和碘化锶(SrI_2:Eu)等,还有闪烁晶体其主量元素和发光中心都是稀土元素,如铈掺杂的溴化镧($LaBr_3$:Ce)晶体等。除了氟化物,稀土非氟卤化物闪烁晶体普遍具有光输出较高和能量分辨率较好的特点,其综合闪烁性能甚至优于在核辐射探测领域占据统治地位近半个世纪的 NaI:Tl 和 CsI:Tl 晶体,因而在未来的辐射探测技术领域具有非常强的竞争优势。

根据化学组成的特点,稀土卤化物闪烁晶体主要可分为三类:

(1)Ce^{3+} 激活的稀土三卤化物(LnX_3,Ln=Ce,Y,La,Gd,Lu 及其混合;X=F,Cl,Br,I 及其混合)系列晶体,例如 $LaCl_3$:Ce 晶体、$LaBr_3$:Ce 晶体、$CeBr_3$ 晶体、LuI_3:Ce 晶体等。

(2)Eu^{2+} 激活的碱金属和碱土金属卤化物(MeX_2:Eu,Me=Ca,Sr,Ba 及其混合;X=Cl,Br,I 及其混合)系列晶体以及 Eu^{2+} 激活的碱金属和碱土金属卤化物复盐晶体,前者如 LiI:Eu 晶体、CaI_2:Eu 晶体、SrI_2:Eu 晶体、$BaCl_2$:Eu 晶体、$BaBr_2$:Eu 晶体、BaClBr:Eu 晶体等;后者的通式为 RMe_2X_5(R=Li,Na,K,Rb,Cs;Me=Ca,Sr,Ba),如 $CsBa_2Br_5$:Eu 晶体、$CsBa_2I_5$:Eu 晶体等。

(3)Ce^{3+} 激活的碱金属和稀土金属卤化物复盐晶体,包括以 K_2LaBr_5:Ce 晶体和 K_2LaI_5:Ce 晶体为代表的 R_2LnX_5:Ce(R=K,Rb;Ln=La,Ce)晶体系列,以及数量众多、具有钾冰晶石(Elpasolite)结构的 A_2BLnX_6:Ce(A=Li,K,Rb,Cs;B=Li,Na,Cs;Ln=Y,La,Ce,Gd;X=Cl,Br)系列闪烁晶体。

3.1 Ce^{3+}激活的稀土三卤化物闪烁晶体

铈（Ce）原子最外层的电子构型是 4f^{1}5d^{1}6s^2，失去 5d^{1}6s^2 轨道上的电子后成为三价的稀土离子，如果再失去 4f^1 电子则成为四价离子 Ce^{4+}。拥有一个 4f^1 电子的 Ce^{3+} 离子在游离基态（^2F_J）时，其激发态分别是 5d（^2D_J）和 6s^2（$S_{1/2}$），自旋轨道相互作用把基态（^2F_J）和激发态（^2D_J）分别劈裂成两对能级，$^2F_{7/2}$、$^2F_{5/2}$ 和 $^2D_{5/2}$、$^2D_{3/2}$，相应的能级差分别是 2250cm^{-1} 和 2500cm^{-1}，4f-5d 之间的电偶极子跃迁是允许的并且具有大的振荡能量。通常，Ce^{3+} 离子的光发射出现在最低的 5d 能级向 4f 基态能级 $^2F_{7/2}$ 和 $^2F_{5/2}$ 之间的跃迁，从而使 Ce^{3+} 离子的 5d→4f 发射具有典型的双峰特征，依据寄主晶体的晶体结构和测试温度的不同，这个跃迁很容易被解析出来。由于 4f 电子受到近邻 5s 和 5d 电子壳层的屏蔽，在晶体中 Ce^{3+} 离子基态（^2F_J）能级的劈裂一般只有几百个 cm^{-1}，这取决于晶体中与 Ce^{3+} 离子配位的阴离子的化学键性质和配位体的种类[2]。Ce^{3+} 离子掺杂晶体的量子效率不仅受主晶格带隙宽度的制约，而且还受主晶格的晶体结构类型、Ce^{3+}-阴离子之间化学键的类型以及 Ce^{3+} 与主晶格阳离子之间电离势的影响。Ce^{3+} 离子的发射一般处于光谱的紫外或蓝色波段（但在 YAG 晶体中由于受晶体场影响而发射绿光或红光），光衰减速度很快，一般只有几十纳秒，因此成为无机闪烁晶体中的首选发光中心。表 3-1 列出了若干 AX$_3$ 型稀土三卤化物闪烁晶体的主要物理性能和闪烁性能。

表 3-1 若干 AX$_3$ 型稀土三卤化物的物理性能和闪烁性能

基质	晶体结构	密度 /g·cm^{-3}	熔点 /℃	发射波长 /nm	Ce^{3+}的摩尔分数/%	光输出/ph·MeV^{-1}			分辨率① /%
						0.5μs	3μs	10μs	
CeF$_3$	P$\bar{3}$c1	6.16	1443	300	100	4400	4400	4400	>20
CeCl$_3$	P6$_3$/m	3.9	817	360	100	28000			8.0
CeBr$_3$	P6$_3$/m	5.18	732	370	100	68000			3.8
LaF$_3$	P$\bar{3}$c1	8.3	1490	310	10	2200	2200	2200	>20
LaCl$_3$	P6$_3$/m	3.86	859	350	10	46000	49000	49000	3.2
LaBr$_3$	P6$_3$/m	5.29	783	380	0.5	66000	66000	66000	2.8
LuF$_3$	Pnma	8.3		310		8000			
LuCl$_3$	C2/m	4.0	925	374	10	5900	6400	6700	>11
LuBr$_3$	R$\bar{3}$	5.17	1025	408	0.76	10000	17000	24000	6.5
LuI$_3$	R$\bar{3}$	5.68	1050	470	2	115000			4.7
GdBr$_3$	R$\bar{3}$	4.6	770	413, 446	2	28000	38000	44000	>20

① 以 ^{137}Cs 源所发射的 662keV 伽马射线激发下的能量分辨率。

3.1.1 氟化铈晶体

氟化铈（化学式为 CeF_3）晶体是一种无色透明的材料[图 3-1(a)]，带隙宽度 E_g 约等于 10eV。晶体结构属于三方晶系，氟铈矿结构，空间群为 $P\bar{3}c1$，$a=0.71141nm$，$c=0.72702nm$[3]。密度 $6.2g/cm^3$，在 350nm 处的光学透过率达 88%[图 3-1(b)]。其发光性能最早见于 1941 年 Kröger 和 Bakker 的报道。1989 年，Anderson 以及 Moses-Derenzo 等研究发现 CeF_3 晶体不仅密度高，衰减速度快（5ns/30ns），而且发光成分中没有长于 100ns 的慢分量，属于响应速度比较快的闪烁晶体。CeF_3 晶体在 270~360nm 之间存在一个宽的发光带，可拟合出 300nm 和 340nm 两个发光带（图 3-2），其中的短波发光带被认为是源于正常格位上的 Ce^{3+} 离子（Ce_{reg}）的 5d→4f 跃迁，而长波段发光带被认为是源于受附近本征缺陷微扰的 Ce^{3+} 离子（Ce_{per}）的 5d→4f 跃迁，它们的衰减时间分别为 17ns 和 29ns[3]。总的光输出约为 4400ph/MeV，比纯 CsI 高出 50%，且光输出的温度系数很小（0.05%/℃）。折射率（1.62，400nm 时）与玻璃相近[4]，从而有利于晶体与玻璃之间的耦合和提高光的收集效率。据报道[3]，CeF_3 在掺杂 5%Lu^{3+} 之后光输出提高 50%（图 3-2），与 BGO 的光输出相当，如果对 Lu 的浓度适当优化，光输出还可望进一步提高。但因发光波长在紫外区（图 3-2），需要使用紫外敏感的光探测器，从而给光探测带来一定的困难。与一般卤化物闪烁晶体相比，它不潮解，物化性质稳定，从而可直接在大气环境下使用。因此在 20 世纪 90 年代初，CeF_3 晶体被作为欧洲核子中心大型强子对撞机（LHC）的 CMS 中电磁量能器建设的三个候选材料之一进行过详细研究。

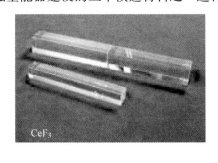
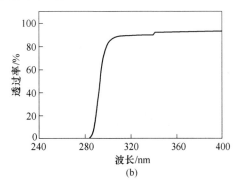

(a)　　　　　　　　　　(b)

图 3-1　CeF_3 晶体（a）及其透射光谱（b）

CeF_3 晶体既可以采用提拉法生长，也可以采用坩埚下降法生长，但生长气氛必须是真空或 CF_4、HF 等还原气氛[3,5]，因为，在加热或熔融 CeF_3 原料时，

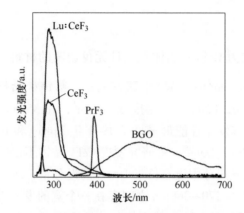

图 3-2 CeF$_3$、PrF$_3$ 和 BGO 晶体的发射光谱[3]

其中的含氧杂质与 CeF$_3$ 之间会发生下列化学反应[4]：

$$4CeF_3 + O_2 \longrightarrow 4CeO_2 + 6F_2 \uparrow$$

或

$$2CeF_3 + 2CeO_2 \longrightarrow 4CeOF + F_2 \uparrow$$

或

$$2CeF_3 + O_2 \longrightarrow 2CeOF + 2F_2 \uparrow$$

如果在有水存在的条件下，还会发生如下反应：

$$4CeF_3 + O_2 + 6H_2O \longrightarrow 4CeO_2 + 12HF \uparrow$$

生成的 CeO$_2$ 和 CeOF 以包裹体的形式存在于晶体当中，导致光散射中心的出现[4]。生成的 HF 气体对炉子腔体和管道具有很强的腐蚀性，加速了设备的损坏。此外，该晶体 a 轴与 c 轴方向的线膨胀系数相差 30%（图 3-3），这种差异在生长大尺寸晶体时非常容易引起晶体开裂。再者，稀土离子在化学性质上的相似性使得 CeF$_3$ 原料中总是含有少量其他稀土杂质，这些稀土杂质很容易引起光吸收，例如浓度为 200×10^{-6} 的 Nd 离子就会使 CeF$_3$ 晶体的截止吸收边向长波方向移动 15nm，从而显著降低晶体的光输出。尽管如此，该晶体较高的密度、快的衰减速度、好的温度稳定性以及比较高的 α/β 比使其在某些特殊领域具有非常重要的应用价值[6]。

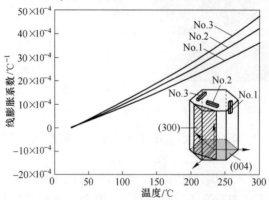

图 3-3 CeF$_3$ 晶体沿不同方向的线膨胀系数[4]

3.1.2 溴化铈晶体

CeBr$_3$ 晶体属于六方晶系，UCl$_3$ 型结构，P6$_3$/m 空间群，密度 5.18g/cm^3，熔点 732℃。CeBr$_3$ 晶体受到重视的原因是，它不像 LaBr$_3$：Ce 晶体那样含有 ^{138}La 这样的放射性同位素。CeBr$_3$ 晶体中的本征原生核素有 ^{227}Ac 和痕量 ^{138}La，它们的活度分别是 (300±20)mBq/kg 和 (7.4±1.0)mBq/kg，比 LaBr$_3$ 低 5 个数量级。其活化产物有 ^{82}Br 和 ^{139}Ce，它们的含量分别为 (18±4)mBq/kg 和 (4.3±0.3)mBq/kg[7]。由于其放射性核素的含量比含镧的卤化物晶体低，甚至接近于碘化钠晶体（图 3-4），这使得它对低强度辐射信号的探测具有更高的灵敏度。同时，它的发光波长（370nm）与 LaBr$_3$：Ce 几乎完全相同（图 3-5）。在 662keV 能量（^{137}Cs 源）激发下的能量分辨率为 3.8%（图 3-6），光输出为 68000ph/MeV[22]，大大优于 BGO 晶体和 NaI(Tl) 晶体，与 LaBr$_3$：5%Ce 十分接近，对 ^{60}Co 的闪烁效率达到 9%，略低于 LaBr$_3$：Ce（7.3%）。时间分辨率（330ps）虽然低于 LaBr$_3$：Ce

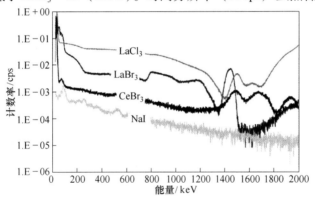

图 3-4 CeBr$_3$ 与 LaBr$_3$、LaCl$_3$ 和 NaI 晶体的放射性活度对比[7]

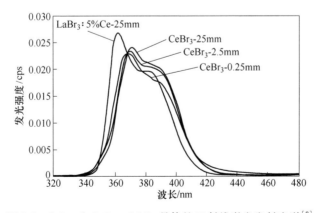

图 3-5 CeBr$_3$ 和 LaBr：5%Ce 晶体的 X 射线激发发射光谱[8]

晶体（260ps），但优于 LaCl$_3$（约 350ps）[8]。2014 年，法国 Saint-Gobain 和荷兰 SCINNIX 公司已经制作出 ϕ75mm ×75mm 的 CeBr$_3$ 晶体，预计在高灵敏度的辐射探测技术领域将发挥越来越重要的作用。

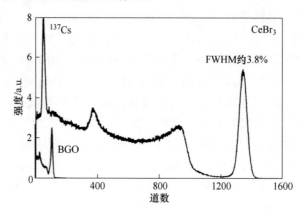

图 3-6　CeBr$_3$ 和 BGO 晶体在 ^{137}Cs 激发下的多道能谱[9]

　　CeBr$_3$ 晶体的不足之处是晶体的发光波长和衰减时间都存在比较明显的体积依赖性。图 3-5 显示该晶体的发光波长随着体积的增加而向长波方向移动，小尺寸晶体的衰减时间与 LaBr$_3$：Ce 晶体相当，但随着晶体尺寸的增大衰减时间从 17ns 增加至 26ns[8]，这种现象的产生与晶体中存在的自吸收效应有关。CeBr$_3$ 的激发光谱的长波波段与其发射光谱的短波波段存在局部重叠，造成发射光谱中的短波长光被晶体吸收，再次激发 Ce 离子而发光。部分光子在晶体内部不断重复"发射—吸收—激发—发射"这样的过程，致使发射主峰的波长产生红移和部分光子到达出光口的时间被延长。晶体尺寸越大，这种自吸收现象越严重，从而表现出晶体衰减时间随着晶体尺寸的增大而延长的现象。虽然 CeBr$_3$ 晶体的光输出对能量的非比例性较差（图 3-7），但通过掺入碱土金属离子 Mg^{2+}、Ca^{2+}、Sr^{2+}、Ba^{2+}等，这一非比例性得到明显改善，其中 Ca^{2+}、Sr^{2+} 的掺杂效果最为明显[9]。但是，CeBr$_3$ 晶体的潮解性比氟化物和其他卤化物严重得多。由于水（H$_2$O）是一个极性分子（即正电荷中心与负电荷中心不重合），当遇到其他极性分子时便在库仑力的作用下与该分子产生吸引作用，导致这些物质溶解，表现为潮解现象。对于离子晶体而言，正离子与负离子之间的间距越大（即物质的极性越强），越容易被溶解（相似相溶原理）。所以与 CeCl$_3$ 相比，CeBr$_3$ 的潮解性更强。因此，当用 Cl 部分取代 Br 离子后所形成的 CeCl$_x$Br$_{3-x}$，其潮解性随 x 的增多而减弱[11]。所以，通过掺杂来缩短离子间距是抑制卤化物潮解性的有效方法之一。

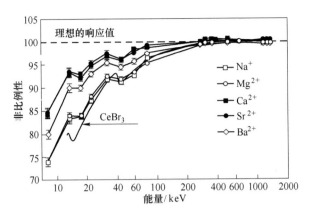

图 3-7　掺杂不同 Me^{2+} 阳离子的 $CeBr_3$ 晶体的光输出非比例性变化特征[10]

3.1.3　氯化镧晶体

3.1.3.1　纯氯化镧的晶体结构和发光特征

氯化镧（化学式为 $LaCl_3$）晶体属于六方晶系，空间群为 $P6_3/m$，UCl_3 型结构，密度为 $3.86g/cm^3$，有效原子序数为 59.5，熔点为 859℃[11]。未掺杂的 $LaCl_3$ 晶体无色透明，其透过光谱中除了位于 215nm 左右的本征吸收带，在 251nm 处还存在一个弱自陷激子吸收峰［图 3-8(a)］。在 X 射线或 251nm 的紫外光激发下均出现一个宽的发光带，其主峰波长位于 405nm［图 3-8(b)］，此外在短波长区域还存在一个 325nm 的弱发射峰［图 3-8(b)］[12]。据研究，325nm 和 405nm 发光峰是氯化镧晶体中的自陷激子（Self-Trapped-Exciton，STE）发光，分别对应为 STE1 和 STE2。自陷激子产生过程可描述为两个相邻的 Cl^- 离子捕获一个空穴（h^+）形成 V_k 心（$2Cl^- + h^+ \rightarrow V_k$），$V_k$ 心再捕获一个电子形成所谓的自陷激子 STE（$V_k + e^- \rightarrow exciton \rightarrow STE$），STE 从激发态回到基态时将多余的能量以光的形式释放出来，即 STE→$h\nu$，由于这种自陷的激子（电子-空穴对）具有一定的动能，在运动过程中会不断地损失能量，导致发光峰的宽化。当用固定发射波长 405nm 监测 $LaCl_3$ 晶体的激发光谱时，测得激发光谱的波长在 251nm［图 3-8(b)］，其能量对应于束缚的电子-空穴对。纯氯化镧晶体的自陷激子发光具有较大的斯托克斯位移（Stokes shift），约 $15149cm^{-1}$，因此基质晶体没有发光自吸收现象。在 ^{137}Cs 源所发射的 γ 射线激发下，纯 $LaCl_3$ 的光输出为 34000ph/MeV，光衰减曲线呈单指数衰减，但均为慢衰减成分，衰减时间为 $3.5\mu s$[13]。

3.1.3.2　Ce 掺杂氯化镧

Ce^{3+} 离子掺杂氯化镧晶体的透射光谱、X 射线激发和紫外激发发射谱示于图 3-9，与图 3-8(a) 相比可以看出，掺入 Ce^{3+} 离子后，$LaCl_3$ 晶体的截止吸收边从

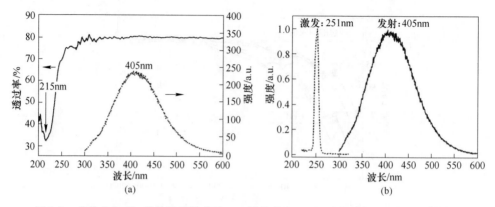

图 3-8　未掺杂 $LaCl_3$ 晶体的透射光谱、X 射线激发（a）和紫外激发（b）发射光谱

215nm 红移至 300nm 附近（图 3-9）。在 X 射线激发下，Ce^{3+} 掺杂 $LaCl_3$ 晶体在 300~400nm 之间出现一个具有双峰特征的发光带谱（主峰位于 350nm 附近），同时，未掺杂 $LaCl_3$ 晶体在 405nm 处的 STE 发射几乎完全消失，主要为 Ce 离子的 5d-4f 发光。

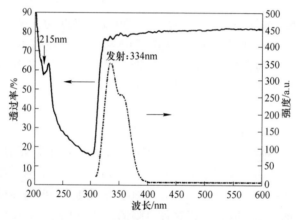

图 3-9　$LaCl_3$：Ce 晶体的透射和 X 射线激发发射谱

图 3-10 展示了 Ce 掺杂浓度从低向高变化时 $LaCl_3$：Ce 晶体的 X 射线激发发射谱，该发射谱可粗略地划分为两个发射带，一个位于 300~400nm 波段，强度较大且比较尖锐，具有双峰发射特征，属于 Ce^{3+} 离子的 $5d\rightarrow 4^2F_{5/2}$ 和 $5d\rightarrow 4^2F_{7/2}$ 跃迁；另一个位于 400~500nm 波段，强度较弱且宽，属于 $LaCl_3$ 晶体固有的 STE 发射。该图同时显示，$LaCl_3$：Ce 的发光行为与 Ce 离子的掺杂浓度具有很强的依赖性，在较低的 Ce 浓度（原子分数）如 1% 时，虽然 Ce 离子的 5d-4f 发光占据主导地位，但在 390~550nm 的 STE 发光仍占有一定的比例。随着掺杂 Ce 浓度的增加，Ce 离子的发光强度比越来越高，而 400~500nm 段的强度比则越来越小，

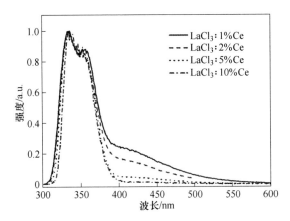

图 3-10 掺杂不同 Ce 浓度（原子分数）的氯化镧晶体 X 射线激发发射谱

当 Ce 的浓度（原子分数）达到 10% 时，$LaCl_3$：10%Ce 中 STE 发光完全被 Ce 离子的发光所取代（图 3-10）。测得该晶体在 ^{137}Cs 源的激发下的光输出达 50000ph/MeV，能量分辨率达 3.2%。但超过这一掺杂浓度之后，发光强度则呈现略微下降的趋势。

通过对图 3-10 的高斯拟合，可以更加清晰地看出，随着 Ce 浓度的提高，XC1（$5d\rightarrow4^2F_{5/2}$）发光峰的峰值波长从 330.46nm 红移到 333.77nm，而 XC2（$5d\rightarrow4^2F_{7/2}$）发光峰随浓度变化不大；XC3(STE) 发光峰随浓度的提高也有逐渐红移的趋势，XC1、XC2 发光峰的宽度 W_1、W_2 随着浓度的升高有逐渐变小的趋势。Ce^{3+} 离子双峰发射带随着掺杂浓度的提高变得越来越尖锐，这种现象可归因于 Ce^{3+} 离子掺杂所引起的自吸收作用随着掺杂浓度的增加而增强。另外，若以每个发光成分的积分面积百分比来衡量每个发光成分的发光强度百分比，则从图 3-11 中可以看到，当 Ce 浓度（原子分数）在 0.5%~10% 之间变化时，XC1 发光成分所占的百分比（A_1/A_{total}）随 Ce 浓度的提高先增加而后减小；XC2 发光成分所占的百分比（A_2/A_{total}）随 Ce 浓度的提高一直在增加，增加幅度达 37.9%；XC3 发光成分所占的百分比（A_3/A_{total}）随 Ce 浓度的提高而迅速减小，减小幅度达 46.5%。STE 与铈离子发光强度随着 Ce 浓度的增加而呈现出的此消彼长的关系说明铈浓度的增加会促使 STE 发光中心逐渐把其能量传递给 Ce^{3+} 发光中心[15]。

对 $CeCl_3$ 掺杂浓度（原子分数）为 0.1%、1%、2%、5%、10% 的 $LaCl_3$：Ce 晶体所进行的 X 射线晶体结构测试表明，即便 $CeCl_3$ 掺杂浓度达 10% 时，$LaCl_3$：Ce 晶体的 XRD 图中仍显示为单一晶相，表现为 Ce 在 $LaCl_3$ 晶体中能完全互溶（图 3-12）。这是因为 Ce 与 La 离子的晶体化学性质极其相近，它们可以在很宽的浓度范围内互相替代而不引起第二相的出现。晶体的折射率表现出明显的 Ce 浓

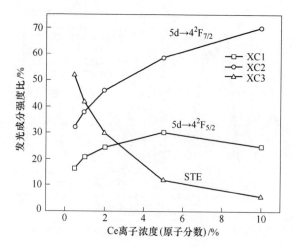

图 3-11　$LaCl_3$：Ce 晶体中三个发光成分（XC1、XC2、XC3）随 Ce 浓度的变化趋势

度依赖性[16]，已测得 a、c 两个方向对 380nm 光的折射率分别为 $n_a = 2.040 + [Ce] \times 0.034$、$n_c = 2.074 + [Ce] \times 0.082$，以及 $LaCl_3$：10%Ce 晶体在 25℃ 沿着 a 向与 c 向的线膨胀系数分别为 $\alpha_a = 24 \times 10^{-6}/K$、$\alpha_c = 11 \times 10^{-6}/K$[14]，$c$ 向是 a 向的两倍。热传导和力学性能也表现出类似的各向异性，这种各向异性对晶体生长是不利的。

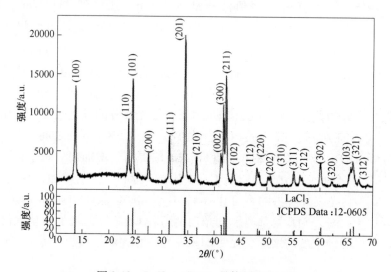

图 3-12　$LaCl_3$：10%Ce 晶体的 XRD 谱

3.1.3.3　铈掺杂对氯化镧晶体衰减时间的影响

固体材料的发光衰减时间谱一般可以描述成一个或几个指数衰减成分的叠加，即

$$s^*(t) = \sum_i^N I_i \tau_i \mathrm{e}^{-t/\tau_i}$$

式中，N 为衰减时间谱分成的个数；τ_i 为第 i 个衰减谱的平均寿命；I_i 为它的相对发光强度。

未掺杂 $LaCl_3$ 和 Ce 掺杂 $LaCl_3$ 晶体在脉冲 X 射线激发下的荧光衰减曲线如图 3-13 所示。在扣除掉有关噪声的影响之后，对衰减时间谱的拟合结果显示（见表 3-2），未掺杂氯化镧晶体的发光只有一个 $(3.5\pm0.1)\mu s$ 的衰减时间，没有快分量。这个发光通常被认为是源于 $LaCl_3$ 晶体中的自陷激子。当掺入 Ce 离子后，出现快、中、慢三个分量，分别为 20~30ns、200~350ns 和 0.8~3.5μs，当 Ce 掺杂浓度从 0.5%增加到 10%时，这三个分量的衰减时间都有不断加快的趋势，且前两个分量所占的比例随着掺杂浓度的增加而提高，后一个分量所占比例则相应下降。这说明，Ce 浓度的增加有利于纯 $LaCl_3$ 晶体中的自陷激子中心向 Ce 离子中心进行能量传递。

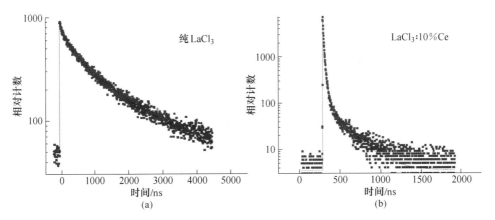

图 3-13 未掺杂 $LaCl_3$(a) 和 Ce 掺杂 $LaCl_3$(b) 晶体在脉冲 X 射线激发下的荧光衰减曲线

表 3-2 Ce 掺杂浓度对 $LaCl_3$：Ce 和 $LaBr_3$：Ce 晶体光衰减时间的影响

基质晶体	Ce 离子掺杂浓度/%	衰减时间分量		
		快分量/ns	中间分量/ns	慢分量/μs
$LaCl_3$	—	—	—	3.5±0.1(100%)
	0.57	20±2(8%)	350±50(20%)	2.5±0.2(72%)
	2	27±3(10%)	230±20(18%)	1.8±0.2(72%)
	4	25±3(18%)	210±20(25%)	1.1±0.1(57%)
	10	25±3(41%)	210±20(29%)	0.8±0.1(30%)

续表 3-2

基质晶体	Ce 离子掺杂浓度 /%	衰减时间分量		
		快分量/ns	中间分量/ns	慢分量/μs
LaBr$_3$	—	22±2(16%)	330±30(84%)	—
	0.5	31±3(100%)	—	—
	2	31±3(100%)	—	—
	4	31±3(100%)	—	—
	10	31±3(100%)	—	—

除了掺杂浓度，温度对衰减时间也有很大影响，图 3-14 表明，LaCl$_3$：10% Ce 晶体的快衰减时间随温度的升高而增大 [图 3-14(a)]，慢衰减时间随温度的升高而减小 [图 3-14(b)]。而且快、慢分量所占的比例也随温度的升高而表现出前者增加、后者减少的趋势 [图 3-14(c)]。由此可见，LaCl$_3$：Ce 晶体的闪烁性能不仅对掺杂浓度，而且对服役环境的温度都有很强的依赖性。

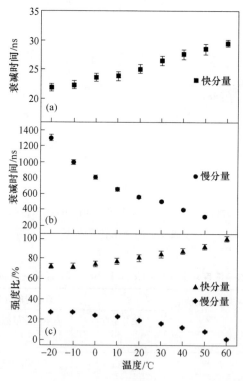

图 3-14　LaCl$_3$：10%Ce 晶体衰减时间对温度的依赖性[16]

图 3-15 展示了 LaCl$_3$：10%Ce 晶体在 ^{137}Cs 所发射的 662keV γ 射线激发下的多道能谱，当用 BGO 晶体（光产额：8000ph/MeV）为参考标准时测得该晶体的

光输出为50000ph/MeV，能量分辨率为3.2%，衰减时间为26ns，时间分辨率达224ps[23]。在能量为60keV到1275keV的γ射线源激发下，非线性响应仅为7%（LSO：Ce为35%，NaI：Tl及CsI为20%）[24]。从以上介绍中可明显看出，$LaCl_3$：Ce具有光输出高、衰减快、能量分辨率好、时间分辨率高和线性响应好等特点，但其闪烁性能仍有很大的改进空间。

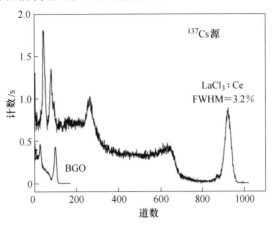

图3-15　$LaCl_3$：10%Ce晶体的多道能谱[17]

3.1.3.4　$LaCl_3$晶体的潮解与氧化

$LaCl_3$晶体在大气环境下很容易吸收水分而潮解，根据对潮解后的$LaCl_3$晶体在氮气气氛保护下所做的差热和热重分析可以发现，其水解产物为含有多个结晶水的$LaCl_3 \cdot nH_2O$水合物。它在加热时分别在105℃、165℃、191℃、222℃和850.7℃产生明显的吸热效应，其中前四个温度是水合物的脱水温度，对应的质量损失分别为4.65%、13.17%、10.4%和5.8%（图3-16）。850.7℃是$LaCl_3$的熔融温度。通过对比不同温度下的质量损失比例和相应XRD测试结果，可以分析出$LaCl_3 \cdot 7H_2O$结晶水合物在加热过程中经历了四次脱水反应，结晶水的脱水次序依次是$7H_2O \rightarrow 6H_2O \rightarrow 3H_2O \rightarrow 1H_2O \rightarrow 0$（表3-3）[17]。

表3-3　$LaCl_3 \cdot 7H_2O$结晶水合物的脱水温度和脱水过程

温度/℃	脱水温度/℃	实测的质量损失比/%	脱水反应	质量损失计算值/%
90~135	105	4.65	$LaCl_3 \cdot 7H_2O \rightarrow LaCl_3 \cdot 6H_2O$	4.85
135~175	165	13.17	$LaCl_3 \cdot 6H_2O \rightarrow LaCl_3 \cdot 3H_2O$	14.55
175~210	191	10.4	$LaCl_3 \cdot 3H_2O \rightarrow LaCl_3 \cdot H_2O$	9.7
210~270	222	5.8	$LaCl_3 \cdot H_2O \rightarrow LaCl_3$	4.85
		34.02		33.95

3 稀土卤化物闪烁晶体材料

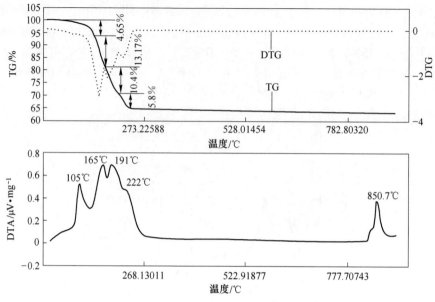

图 3-16　含水 $LaCl_3$ 的 DTA 和 TG 曲线

当在空气中加热 $LaCl_3$：Ce 晶体时，随着加热温度的不断提高，$LaCl_3$：Ce 会与大气环境中的水或氧发生反应，形成氯氧化镧：$LaCl_3+H_2O \rightarrow LaOCl+2HCl$ 或 $LaCl_3+1/2O_2 \rightarrow LaOCl+Cl_2$。根据高温 XRD 测试结果（图 3-17），氧化反应的起始

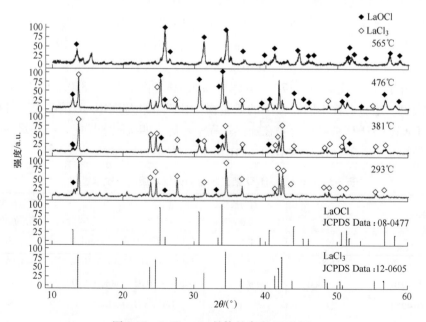

图 3-17　$LaCl_3$：Ce 晶体的高温 XRD 图

温度约为135℃，反应结束温度约为565℃。由于反应产物LaOCl不溶于水，所以通过过滤和烘干，很容易得到单一物相的LaOCl白色粉末。实验表明，LaOCl的比例随着加热温度的提高而增加（图3-18）。对反应产物LaOCl所进行的X射线荧光光谱分析表明（图3-19），它在300～500nm之间存在三个发光峰：338nm、366nm和400nm，分别对应于Ce^{3+}离子的$5d \to {}^2F_{5/2}$、$5d \to {}^2F_{7/2}$跃迁和STE发射，但各个发光峰的相对强度与$LaCl_3$:Ce晶体明显不同，表现为Ce^{3+}离子的$5d \to {}^2F_{5/2}$发射强度明显弱于$5d \to {}^2F_{7/2}$发射，造成这些现象的原因估计与Cl^-离子替代O^{2-}离子之后所引起的自吸收有关。

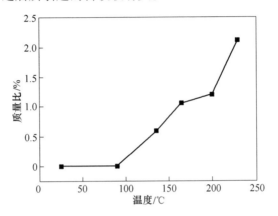

图3-18　LaOCl含量随加热温度的变化

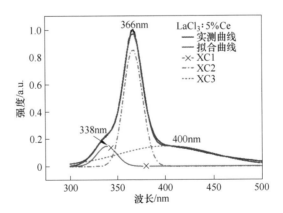

图3-19　LaOCl:Ce多晶粉末的X射线激发发射谱

掺杂实验表明，通过在$LaCl_3$晶体中掺入少量的CeF_3可以明显降低该晶体的潮解性[19]，这种现象可解释为F离子半径小于Cl而减弱了$LaCl_3$晶体中La-Cl之间的极性，提高了它抵抗潮解的能力。类似的效应在$LaBr_3$晶体中也得到了很好的印证[20]。

3.1.4 溴化镧晶体

溴化镧（$LaBr_3$）是荷兰科学家 Guillot 于 2001 年发现的一种新晶体，它属于六方晶系，UCl_3 型结构，空间群为 $P6_3/m$，晶格常数为 $a=b=0.79648nm$、$c=0.45119nm$，密度为 $5.29g/cm^3$，熔点为 783℃[21]。由于闪烁性能优异，该晶体自发现以来迅速成为世界各国竞相研究的热点，并带动了整个与稀土卤化物闪烁晶体相关产业的发展。

纯的 $LaBr_3$ 在 100K 时在 X 射线的激发下在 300~600nm 波段内产生一个很宽的发光谱，峰值位于 340nm 和 430nm 附近（图 3-20 中的插图）[22]。在 ^{137}Cs 的 γ 射线源的激发下的光输出为 17000ph/MeV，能量分辨率为 14%；衰减曲线有一个相对较慢的成分（300ns），其成因主要是自陷激子（STE）发光，并在室温下完全猝灭[9]。

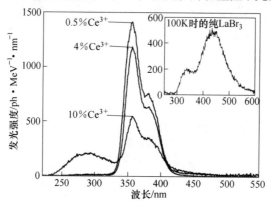

图 3-20　未掺和掺 $LaBr_3$：Ce 晶体的 X 射线激发发射谱[22]

掺 Ce 离子的 $LaBr_3$：Ce 晶体在 325~425nm 之间具有一个很宽的发光峰（最大峰在 358nm 附近）（图 3-20），该晶体发光强度对掺杂浓度的依赖性与 $LaCl_3$：Ce 完全相反，随掺杂浓度的降低而增大，当 Ce 离子的掺杂浓度为 0.5% 时，发光强度最大，达 45000~61000ph/MeV，能量分辨率在 2.9%~3.9% 之间；进一步提高 Ce 离子的浓度，发光强度逐渐减小，很可能发生了浓度猝灭效应[22]。$LaBr_3$：Ce 的光衰减曲线虽然可被描述为双指数衰减，其中快衰减成分（16ns）占整个光产额的 94% 以上（图 3-21）[23]。尽管有一个相对较长的衰减成分，可能是能量通过 STE 传输到 Ce 离子发光中心激发发光，

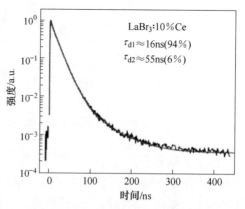

图 3-21　$LaBr_3$：Ce 晶体的光衰减曲线[9]

但这种慢衰减成分对整个光输出贡献很小（约6%），若忽略不计的话，其衰减时间几乎全为快衰减成分。拟合出的衰减时间随温度的不同而变化于16ns（-30℃）和22ns（60℃）之间。与$LaCl_3$相比，其余辉很小。

图3-22给出了$LaBr_3$：0.5%Ce的γ射线激发的多道能谱及其与NaI：Tl和$LaCl_3$：Ce晶体的对比，其光输出高达61000ph/MeV，能量分辨率为2.9%[24]，优于NaI：Tl和$LaCl_3$：Ce，是目前所发现的无机闪烁晶体中能量分辨率最好的晶体；在60~1275keV的能量范围内，光产额的非比例系数只有4%，远远小于NaI：Tl晶体（15%）、CsI：Tl（20%）和LSO：Ce晶体（35%）[25]。而且，当以Sr^{2+}离子作为共掺杂剂掺入$LaBr_3$：Ce晶体中时，其能量响应接近于理想曲线，能量分辨率达到2%（662keV时）。通过对一系列掺杂不同Ce浓度样品的温度效应的研究发现：从100K到400K，$LaBr_3$：0.5%Ce随着温度的升高，光输出略有下降，而$LaBr_3$：2%、4%、10%Ce随着温度的升高，光输出基本保持不变，因而具有较好的温度稳定性。

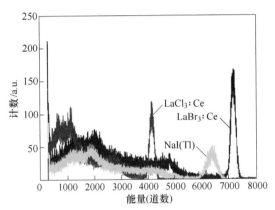

图3-22　$LaBr_3$：Ce、$LaCl_3$：Ce和NaI（Tl）晶体在^{137}Cs激发下的多道能谱图[24]

$LaBr_3$：Ce晶体的闪烁性能固然很好，但它也存在一些问题。首先，$LaBr_3$：Ce晶体发育有（100）解理，因而很容易开裂，致使生长大尺寸晶体比较困难。其次，$LaBr_3$原料的化学性质非常活泼，很容易吸水形成各种不同的结晶水合物——$LaBr_3·nH_2O$（n变化于1~7之间）[25]，这种含水的原料是不能直接用来生长晶体的，它们在被加热到一定温度下后逐步脱去的结晶水在高温下气化，容易导致石英坩埚内的蒸气压过大而使石英坩埚在高温下爆裂或爆炸。此外，水还会与$LaBr_3$发生水解反应，形成溴氧化物（LaOBr），这些溴氧化物（LaOBr）会以包裹体的形式存在于晶体当中而导致晶体失透。因此，原料合成、晶体加工和器件制作必须在无水的干燥环境中进行，这自然增加了生产成本。第三，该晶体中天然存在的少量^{138}La放射性同位素和作为杂质存在的^{227}Ac放射性核素及其衰变

子体 ^{227}Th、^{223}Ra、^{219}Rn、^{215}Po、^{211}Pb 和 ^{211}Bi 等会产生 β 衰变和 α 衰变，使晶体存在较强的放射性本底[14]，降低了探测器的信噪比。第四，高纯度无水 LaBr$_3$：Ce 原料目前还没有形成规模化生产能力，价格居高不下，这在很大程度上阻碍了 LaBr$_3$：Ce 基辐射探测器的应用和推广。可以预言，一旦上述问题得到解决，LaBr$_3$：Ce 晶体在 γ 射线探测以及核医学成像（PET、SPECT）、高能物理、安全检查、地质勘探、环境监测等方面的应用前景将十分看好。

3.1.5 碘化镥晶体

碘化镥晶体属于三方晶系，R3空间群，$a=(0.739\pm0.001)$nm、$c=(2.071\pm0.002)$nm，密度为 5.6g/cm^3，有效原子序数 60.21，熔点 1050℃。LuI$_3$：Ce 晶体具有光输出高（115000ph/MeV）、衰减速度快、能量分辨率好（3.6%，662keV 时）和时间分辨率高（210ps）的特点，在 10~662keV 的能量范围内光输出的非均匀系数只有 10%，大大优于 LYSO：Ce（35%）、CsI：Tl 及 NaI：Tl（10%）[31]。LuI$_3$：Ce 在 400~620nm 之间有一个发光谱带，主峰位于 472nm 和 505nm，对应于 Ce^{3+}的 5d→4f($F_{7/2}$ 和 $F_{5/2}$) 跃迁[32]。当 Ce 离子掺杂浓度为 0.5%~2%时，发光强度主要集中在 5d-$^2F_{5/2}$(472nm)，随着浓度增加到 5%，发光强度逐渐转移到 5d-$^2F_{7/2}$(505nm) 部分，表明随着 Ce 离子浓度的增加，发光的平均波长逐渐向长波方向移动[33]。美国 RMD 公司已经研制出基于 LuI$_3$：Ce 晶体的硬 X 射线成像屏[34]，该晶体可望应用于高能物理、无损探测、环境检测以及地质勘探等诸多方面。然而由于该晶体极易潮解和发光均匀性差，要实现产品化，其闪烁性能和生长工艺等方面尚有许多问题有待深入研究。

除了 LuI$_3$ 之外，铈离子掺杂的 GdI$_3$、YI$_3$ 和混合 LuI$_3$-YI$_3$-GdI$_3$ 晶体也被发现具有优异的闪烁性能。图 3-23（a）是 LuI$_3$：2%Ce、GdI$_3$：2%Ce 和 YI$_3$：2%Ce

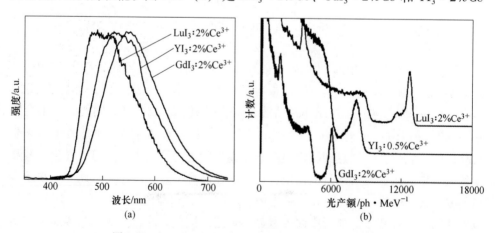

图 3-23　LuI$_3$：2%Ce、YI$_3$：2%Ce 和 GdI$_3$：2%Ce 的
X 射线激发发射光谱（a）和多道能谱（b）[36]

的 X 射线激发发射光谱。与 LuI：Ce 晶体相比，GdI_3：2%Ce 和 YI_3：2%Ce 的发射波长分别向长波方向红移了 50~30nm，达到 552nm 和 532nm，均是由于 Ce^{3+} 离子的 5d→4f 跃迁引起的发射光，主发光峰的衰减时间小于 100ns[35]。图 3-23（b）是 LuI_3：2%Ce、YI_3：0.5%Ce 和 GdI_3：2%Ce 晶体在 ^{137}Cs 源激发下的多道能谱，横坐标经过定量标定后可明显比较出这三种晶体的光产额[36]，从中不难看出这三种晶体中，LuI_3：2%Ce 晶体具有最高的光产额和最好的能量分辨率。但这一类晶体在对称上都是 BiI_3 型结构，三方晶系，因存在层状结构而非常容易解理，此外也极易潮解，衰减时间和上升时间都与 Ce 浓度存在很大的依赖性（表 3-4），从而给晶体制备带来许多困难。

表 3-4　LuI_3：Ce、YI_3：Ce 和 GdI_3：Ce 的物理性能[33~36]

晶体	密度/g·cm^{-3}	熔点/℃	发射峰波长/nm	光产额/ph·MeV^{-1}	能量分辨率/%（662keV 时）	衰减时间/ns
LuI_3：2%Ce	5.68	1050	505	115000	3.6	33（74%）、180（4%）、900（22%）
YI_3：0.5%Ce	4.62	1004	532	99000	9.3	45（100%）
YI_3：2%Ce			532	97000	—	34（89%）、470（11%）
GdI_3：2%Ce	5.22	926	552	90000	8.7	43（77%）、311（23%）
GdI_3：5%Ce			552	83000	—	33（59%）、91（41%）

3.2　Eu^{2+} 掺杂的碱土金属卤化物闪烁晶体

Eu 原子的价电子构型是 $4f^76s^2$，失去 $6s^2$ 轨道上的两个电子后形成 Eu^{2+} 离子，其基态电子构型是半充满的 4f 壳层，即 $4f^7(^8S_{7/2})$，最低激发态为 $4f^65d(^6P_J)$，5d→4f 跃迁属于电偶极和自旋均允许的跃迁，其特点是发光强度大，量子效率高，但发光衰减时间比 Ce^{3+} 离子的 5d→4f 跃迁至少延迟了一个数量级，一般为微秒量级。不过，在安全检查和工业应用中，高光输出和好的能量分辨率对探测器的重要性要超出衰减时间的重要性。因此，具有高光输出和微秒量级衰减时间的 Eu^{2+} 激活的碱土金属卤化物闪烁晶体依然受到重视。这其中的典型代表就是 LiI：Eu 晶体和 SrI_2：Eu 晶体。

3.2.1　碘化锂（LiI：Eu）闪烁晶体

碘化锂晶体属于立方晶系，密度 3.49~4.08g/cm^3，折射率 1.96，熔点因测试条件的不同而变化于 449~462℃ 之间[37]。早在 1954 年，ϕ50mm×70mm 的 LiI：Eu 晶体首次被 Nicholson 和 Sneling 等制备出来，成为第一个锂基闪烁晶体。由于 ^6Li 核素具有高达 940b 的中子捕获截面，所以可借助于核反应：

$$n + {}^6Li \longrightarrow {}^4He + {}^3H + Q$$

（上述反应方程式中的 Q 是 α 粒子和氚核的总能量，等于 4.78MeV）所发射的能量激发发光中心（Eu^{2+}）而获得闪烁光。但因 ^6Li 在自然状态下的丰度只有 7.6%，不足以获得强的荧光信号，因此以富集了 ^6Li 同位素的 LiI 原料生长出的 LiI：Eu 晶体是一种优异的中子探测材料。它在单个中子激发下的光产额高达 51000 个光子，伽马射线激发下的光产额为 1200ph/MeV，n/γ 甄别系数高达 0.86，在所有已知的中子探测材料中表现最佳，尽管其衰减时间（1.4μs）比较慢[37]。A. Syntfeld 等以 ^{137}Cs 源所发射的 662keVγ 射线和 Pu-Be 中子源为激发源分别测试了 ^6LiI：Eu 晶体的多道能谱（图 3-24 和图 3-25），测得该晶体在 662keV γ 射线和 Pu-Be 中子源激发下的能量分辨率分别为 7.5% 和 3.9%[38]。

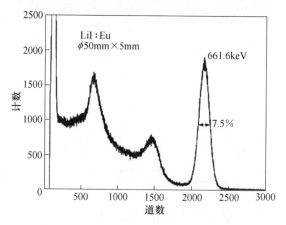

图 3-24　^6LiI：Eu 晶体在 ^{137}Cs 激发下的 γ 射线多道能谱[38]

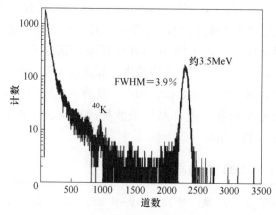

图 3-25　^6LiI：Eu 晶体在 Pu-Be 源激发下的热中子能谱[38]

LiI：Eu 晶体的发光中心是 Eu^{2+} 离子，当它受激而产生 $4f^65d \rightarrow 4f^7$ 跃迁时，

发射出发光波长为467nm的闪烁光（图3-26），所以在晶体生长时一般都以EuI_2作为掺杂剂。但根据乌克兰科学院闪烁材料研究所的报道，用作^6LiI晶体发光中心的Eu离子也可以是含有Eu^{3+}的非碘化合物，例如Eu_2O_3、EuF_3、$EuOF$、$Eu(OH)_3$或者其中两个的混合物（如$Eu_2O_3+EuF_3$），掺杂浓度（质量分数）变化于0.002%~0.1%之间。这种发光现象被认为是Eu^{3+}在生长晶体的高温和真空环境下发生了还原反应，从Eu^{3+}转变成Eu^{2+}，如

$$3LiI + EuCl_3 \longrightarrow 3LiCl + EuI_3$$
$$2EuI_3 \longrightarrow 2EuI_2 + I_2 \uparrow$$

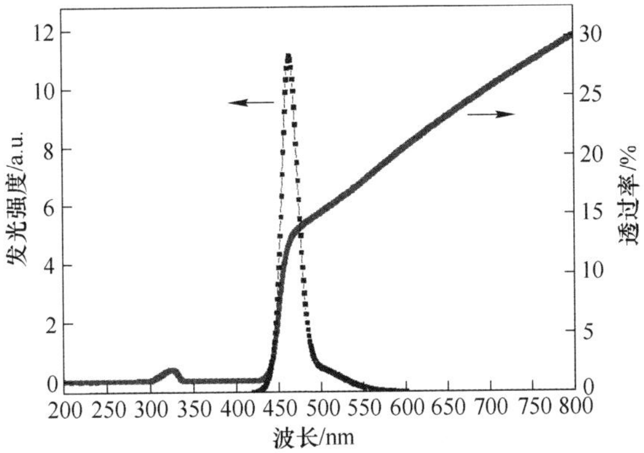

图3-26　LiI:Eu晶体的X射线激发发射谱与透射光谱

当然，也有人提出Eu^{3+}离子发光的可能原因是处于O_h格位上的Eu^{3+}的有效电荷较多而具有很强的捕获电子能力，捕获一个电子后成为Eu^{2+}激发态$(Eu^{2+})^*$，后者在返回基态的过程中发射出闪烁光[38]，即

$$Eu^{3+} + e \longrightarrow (Eu^{2+})^* \longrightarrow Eu^{2+} + h\nu$$

随后，Eu^{2+}可以通过捕获价带的空穴而返回到Eu^{3+}状态，或者继续保持二价状态，后者就是通常所说的辐射还原效应。

LiI晶体是一种极易潮解的材料，它在水中的溶解度高达165g/100g水（10℃时），因此非常容易与水结合形成结晶水合物，如$LiI \cdot 0.5H_2O$、$LiI \cdot H_2O$、$LiI \cdot 2H_2O$，甚至$LiI \cdot 3H_2O$。这些含有不同数量结晶水的碘化锂在真空条件下加热会逐步失去结晶水，差热分析表明，脱水温度始于77℃，随后在83℃、133℃、175℃和246℃均出现吸热效应（图3-27）。D.S.Sofronov等认为低于280℃的吸热效应是脱水作用所致，而高于该温度的吸热效应则与LiI的热分解反应有关，理由是在这个温度下观察到与碘蒸气有关的着色现象[39]。此外，羟基也是原料中一种非常常见的水杂质存在形式，例如$LiOH \cdot 2H_2O$，它们在被加热时会发生脱水反应（$LiOH \cdot 2H_2O \rightarrow LiOH + 2H_2O$）和分解反应（$2LiOH \rightarrow Li_2O +$

H_2O），所形成的产物 LiOH 和 Li_2O 都会对晶体性能产生不利影响。

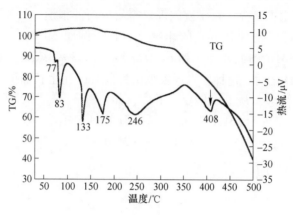

图 3-27　LiI 多晶粉末的 DG-DTA 曲线

3.2.2　碘化锶（SrI_2∶Eu）闪烁晶体

SrI_2 晶体结构属正交晶系，空间群为 Pbca，$Z=8$，其中 Sr^{2+} 离子与 7 个 I^- 离子形成变形八面体配位，八面体之间通过共角顶和共棱的方式互相连接形成三维网络结构。尽管该晶体的结构对称程度不高，但它在 a、b、c 三个晶向的线膨胀系数却差异不大，分别为 $1.552×10^{-5}℃^{-1}$、$2.164×10^{-5}℃^{-1}$ 和 $0.924×10^{-5}℃^{-1}$，从而有利于生长出完整的晶体。

早在 1968 年，美国学者 Robert Hofstadter 报道了 SrI_2∶Eu 晶体的闪烁性能并申请了发明专利[40]，但由于受当时原料质量或生长技术的限制其性能优势并未充分显示出来。一直到 2008 年，美国的 N. J. Cherepy 报道了 SrI_2∶Eu^{2+} 晶体优良的闪烁性能[41]，从而掀起了新一轮研究 SrI_2 晶体的热潮。SrI_2∶Eu^{2+} 晶体的发光主峰位于 435nm，该发光带源于 Eu^{2+} 离子的 d→f 能级跃迁，属于电偶极和自旋均允许的跃迁。其特点是发光强度大，量子效率高，最新报道的光输出可达 120000 ph/MeV，对 662keV 射线的能量分辨率达 2.85%（图 3-28），且能量线性响应好。这是迄今为止光输出最高的卤化物闪烁晶体[42]。但发光衰减时间（1.2μs）比 Ce^{3+} 离子的 5d→4f 跃迁延迟了一个数量级。能量分辨率与 $LaBr_3$∶Ce 相当，在低能核物理实验、化学物质的无损检测、核医学及现代反恐和探测技术领域将有很好的应用前景。不过，SrI_2 的潮解性给原料的制备、晶体的生长、封装、测试和应用带来很大困难。

SrI_2∶Eu 晶体的生长所采用的原料是无水的 SrI_2 和 EuI_2 高纯试剂，二者混合均匀后装在石英安培瓶中，并在不低于 $133.322×10^{-3}$Pa 的真空和大约 150℃ 的加热条件下对原料进行烘干。SrI_2 非常容易潮解，每个 SrI_2 极易与水结合形成含

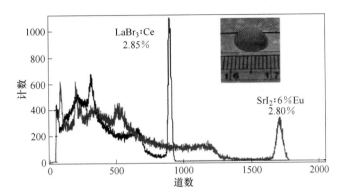

图 3-28　SrI_2：Eu 和 $LaBr_3$：Ce 晶体在^{137}Cs 源激发下的脉冲高度谱[42]

有 1~6 个水分子的结晶水合物，随着加热温度的升高，$SrI_2 \cdot 6H_2O$ 分别在 70℃、130℃ 和 210℃ 转化为 $SrI_2 \cdot 2H_2O$、$SrI_2 \cdot H_2O$ 和无水 SrI_2。所以，不仅在生长之前要对原料进行无水化处理，而且对生长出来的晶体必须进行封装，避免晶体与空气接触。SrI_2 和 EuI_2 化合物的熔点非常接近，分别为 534℃ 和 541℃[43]，在降温过程中没有多晶相变，从而有助于避免因组分偏析所引起的晶体缺陷，所以适合采用电阻加热的坩埚下降法生长晶体。

自 2008 年以来，美国 LLBL、RMD、ORNL 和 Fisk University 等实验室合作，在两个方面进行了明显改进：首先是用区熔法来提高 SrI_2 原来的纯度；其次是优化了 Eu^{2+} 的掺杂浓度。目前所有长出的 SrI_2：Eu^{2+} 晶体都是光学透明的，很少有 Eu^{2+} 析出，说明 Eu^{2+} 离子有希望与 SrI_2 形成完全固溶体。由于 SrI_2：Eu 发光带源于 Eu^{2+} 离子的 d→f 能级跃迁，所以确定 Eu^{2+} 离子在 SrI_2 中的最佳掺杂浓度极其重要。J. Glode 发现，该晶体的闪烁性能对 Eu 的含量有较大的依赖性，当 Eu 的含量从 0.5% 增加至 10% 时，其 X 射线和 UV 激发的发射谱峰值波长分别从 429nm 和 427nm 红移至 436nm 和 432nm（图 3-29）。衰减时间随着 Eu^{2+} 离子掺杂浓度的增加也从 620ns 延长至 1650ns［图 3-30（a）][44]。而且对测试样品的体积也有依赖性，当晶体体积从 1 增加到 9 个单位时，光衰减时间从 700ns 增加到 1200ns。SrI_2：Eu 晶体的闪烁性能对掺杂浓度和晶体体积的这种依赖性反映出该晶体存在一系列能级相近的陷阱，它们对晶体初次发射的光进行部分吸收（即所谓的自吸收问题）后导致发光波长的红移和衰减时间的延迟。实验测得 Eu 的掺杂浓度为 5%~6%（摩尔分数）时，SrI_2：Eu 晶体具有最高的光输出［图 3-30（b）][44]。表 3-5 显示，在 Eu^{2+} 离子掺杂浓度为 5% 时所测得的光输出为 120000ph/MeV，在 662keV 的 γ 射线激发下，能量分辨率接近 2.8%，能量线性响应好。

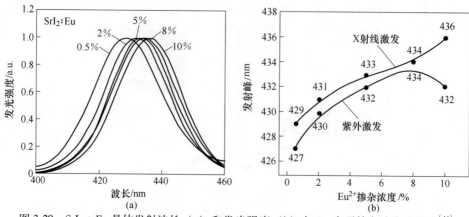

图 3-29 SrI$_2$：Eu 晶体发射波长（a）和发光强度（b）与 Eu 离子掺杂浓度的关系[44]

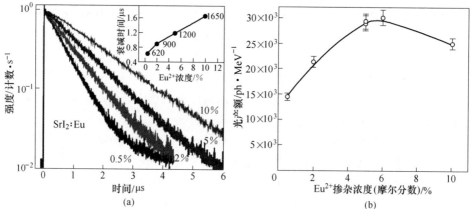

图 3-30 SrI$_2$：Eu 晶体在 X 射线激发下衰减时间（a）与
光输出对 Eu 掺杂浓度（b）的依赖性[44]

表 3-5 SrI$_2$：Eu 和 LaBr$_3$：Ce 晶体的闪烁性能

晶体	Z_{eff}	光产额 /ph·MeV^{-1}	能量分辨率 /%(662keV)	发射范围	衰减时间/ns	非线性 /%
SrI$_2$：0.5%Eu^{2+}	50	68000	5.3	400~460	1100	4.8
SrI$_2$：2%Eu^{2+}	50	84000	3.9	400~460	1100	6.2
SrI$_2$：5%Eu^{2+}	50	120000	2.8	400~460	1100	2.0
SrI$_2$：8%Eu^{2+}	50	80000	4.9	400~460	1100	5.1
LaBr$_3$：Ce	45.7	63000	2.8	325~425	15(97%), 66(3%)	4(60~1274keV)
SrI$_2$：0.5%Ce^{3+}/Na$^+$	50	16000	6.4	350~475	25(47%), 159(53%)	8(60~1274keV)
SrI$_2$：2%Ce^{3+}/Na$^+$	50	11000	12.3	350~475	32(46%), 450(53%)	6(60~1274keV)

3.2.3 Eu^{2+}掺杂的复杂卤化物闪烁晶体

除SrI_2:Eu 晶体外,掺 Eu 的碱土金属卤化物晶体还有 CaI_2:Eu、BaI_2:Eu、$BaCl_2$:Eu、BaClBr:Eu、BaBrI:Eu 晶体等,此外,通式为 RMX_3:Eu、R_2MX_4:Eu 和 RM_2X_5:Eu(R=Cs、Rb,M=Ca、Sr、Ba,X=Cl、Br、I)等组成更为复杂的碱金属和碱土金属卤化物复盐晶体均表现出比较好的闪烁性能(表3-6和表3-7)。美国 LBNL 实验室发现,BaBrI:Eu 晶体的光输出高达 97000ph/MeV,能量分辨率为 3.4%(662keV 时)[45],并通过提高原料纯度和改进晶体生长工艺,使 $BaCl_2$:Eu 晶体的光输出得到显著提高,能量分辨率已达到 3.5%(662keV 时)[46],但闪烁性能受 Eu^{2+} 掺入浓度和温度的影响较大。美国劳伦斯伯克利国家实验室(LNAL)

表3-6 若干 Eu^{2+} 激活的 AX_2 型和 ABX_3 型碱土金属卤化物闪烁晶体性能对比[46~48]

晶体	密度 /g·cm^{-3}	光输出 /ph·MeV^{-1}	衰减时间 /ns	发射主峰 /nm	能量分辨率/% (662keV 时)
SrI_2:Eu	4.6	120000	1200	435	3.0
$CaBr_2$:Eu	3.35	36000	2500	448	9.1
CaI_2:Eu	3.96	110000	790	470	8
$BaCl_2$:Eu	3.89	52000	25(15%)、138(21%)、642(61%)	406	3.5
$BaBr_2$:Eu	4.78	49000	35(8%)、415(47%)、814(44%)	408	6.9
BaI_2:Eu	5.15	38000	513(95%)	426	5.6
BaBrI:Eu	5.2	97000	70(1.5%)、432(70%)、9500(28.5%)	413	3.4
$KCaI_3$:Eu	3.81	72000	1060	465	3
$CsSrI_3$:Eu	4.25	65000	3300	452	5.9

表3-7 Eu 掺杂 AB_2X_5 型碱土金属卤化物晶体的闪烁性能[49]

项 目	$RbSr_2Br_5$	$RbSr_2I_5$	KSr_2Br_5	KSr_2I_5	KBa_2I_5	$CsBa_2I_5$
Eu 浓度/%	2.5	2.5	5	4	4	4
有效原子序数(Z_{eff})	35.3	52.8	35.2	51.4	53.2	54.1
密度/g·cm^{-3}	4.18	4.55	3.98	4.39	4.52	4.77
熔点/℃	593	490	575	470		610
光产额/ph·MeV^{-1}	64700	90400	75000	94000	90000	100000
发射波长/nm	429	445	427	445	444	432
能量分辨率/% (662keV 时)	4.0	3.0	3.5	2.4	2.4	2.3
闪烁衰减时间/ns	780	890	1000	990	910	1000

和荷兰 Delft 理工大学发现了许多 Eu^{2+} 激活的卤化物复盐晶体[47]。例如在 $CsI-BaI_2$ 体系中发现了 $CsBa_2I_5$，在 $CsI-BaBr_2$ 体系中发现了 $CsBa_2Br_5$ 等，但前者是个一致熔融化合物，熔点为610℃，后者则是一个不一致熔融化合物，分解温度为642℃[48]。美国田纳西大学 Melcher 团队则在 $RbI-SrI_2$ 和 $RbBr-SrBr_2$ 体系中分别发现了 $RbSr_2I_5$：Eu 和 $RbSr_2Br_5$：Eu 等 RM_2X_5：Eu 型复盐晶体[49]。这些晶体均表现出异常高的光输出和非常好的能量分辨率，其中的典型代表是$CsBa_2I_5$：Eu 晶体[50]。该晶体属于单斜晶系，$P12_1/c1$ 空间群，结构中的 Ba 离子存在两个结晶学格位，与之配位的碘离子数目分别是 7 和 8。发光剂 Eu^{2+} 离子优先占据配位数为 7 的格位，最大掺杂浓度可以达到 9%。该晶体的理论密度为 $5.04g/cm^3$，但实测密度只有 $(4.8±0.2)g/cm^3$。据说晶体的潮解性明显好于 SrI_2：Eu 晶体。根据伽马射线激发下所获得的多道能谱（图 3-31、图 3-32），$CsBa_2I_5$：Eu 晶体的光产额和能量分辨率分别是（97000±5000）ph/MeV 和 3.8%（662keV 时），光输出相当于 NaI：Tl 晶体的 2.2 倍，仅次于 SrI_2：Eu 晶体和 LuI_3：Ce 晶体[48]。

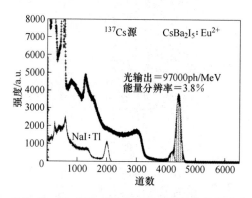

图 3-31　$CsBa_2I_5$：Eu 复盐晶体与 NaI：Tl 晶体的脉冲高度谱[50]

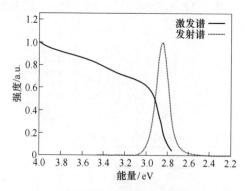

图 3-32　$CsBa_2I_5$：Eu 复盐晶体的激发与发射光谱[50]

发光光谱的主峰位于435nm，属于Eu^{2+}离子的5d-4f特征发射。发光衰减曲线可拟合出四个发光分量，即（48±5）ns、（383±10）ns、（1500±50）ns 和（9900±100）ns，它们所占比例分别为1%、6%、68%和25%。关于这几个发光分量的成因目前还没有一个公认的解释，估计与能量传递过程中所经历的不同路径有关。与SrI_2：Eu 晶体相似，$CsBa_2I_5$：Eu 晶体不仅光输出高，而且也具有较好的线性能量响应，但不足之处是也存在自吸收，表现为发射光谱的高能区与激发光谱的低能区存在明显的交叉或重叠，容易造成晶体光输出的下降和衰减时间的延长，这种自吸收效应在大尺寸晶体中表现得尤为严重。

3.3 钾冰晶石型闪烁晶体

3.3.1 晶体结构

冰晶石（cryolite）原指自然界存在的具有假立方体晶形的氟铝化钠（Na_3AlF_6）矿物，它属于单斜晶系。当其中 Na 离子数量的 2/3 被 K 离子取代后，即形成所谓的钾冰晶石（K_2NaAlF_6，elpasolite）。因此，钾冰晶石（K_2NaAlF_6）可视为冰晶石中占据十二配位的 Na 离子被较大的 K 离子取代后所形成的产物，该化合物的通式可表示为 $[A^+]_2[B^+][C^{3+}][X^-]_6$，A 位一般被第一主族的金属离子占据，如 K、Rb、Cs；B 位也是碱金属离子，但一般多为 Li 离子；C 位为正三价稀土离子（如 Y、La、Ce、Gd 等）所占据，X 为卤素离子。但与冰晶石的单斜结构不同，钾冰晶石型化合物属于立方晶系，空间群为 $Fm\bar{3}m$，从晶体结构几何模型（图3-33）看晶胞尺寸应为 B-X、C-X 键长之和，但实际晶胞尺寸还受化合价的共价性和 A^+ 离子半径的影响。这里，我们把 B 格位被 Li 离子占据的立方钾冰晶石型化合物通称为 Li 基钾冰晶石，其通式为 A_2LiCX_6（A = Cs、Rb，C = Y、

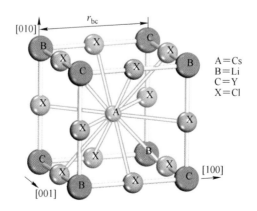

图 3-33　钾冰晶石型结构化合物晶体结构示意图

La、Ce、Pr, X = Cl、Br), 如 Cs_2LiYCl_6:Ce (CLYC)、$Cs_2LiLaCl_6$:Ce (CLLC)、$Cs_2LiLaBr_6$:Ce(CLLB)、Cs_2LiYBr_6:Ce、$Rb_2LiLaBr_6$:Ce 和 Rb_2LiYBr_6:Ce 等。

Cs_2LiYCl_6:Ce(缩写为 CLYC)晶体是铈离子掺杂锂基钾冰晶石型闪烁晶体的典型代表,该晶体的闪烁性能首先由荷兰 Delft 理工大学的 Combes 等人所发现[51]。由于含有 ^6Li 的化合物在吸收中子之后借助于核反应 $^6Li+n\rightarrow{}^3H+\alpha$ 而把所吸收的中子能量转化成次级的电离粒子,后者再激发晶体中的发光中心而产生闪烁光,从而为中子探测提供了可能。经过近 15 年的研究,该晶体直径已经从 1cm 增加到 50cm,能量分辨率已经从最初的 7%(662keV 时)提高到现在的 3.6%(662keV 时)[52]。但由于该晶体极易潮解,其晶体结构一直未得到精确测试。2016 年,为预防样品潮解给结构测试带来的不利影响,王晴晴等用聚酰亚胺薄膜为包覆材料测试了 CLYC 晶体粉末的 XRD(图 3-34)[53]。图 3-34 中 $2\theta=10°\sim25°$ 的峰包为测试时聚酰亚胺包裹材料的非晶峰。图中的标准卡片是经过理论计算得出的晶体结构,从图 3-34 中可以看出样品的衍射峰和理论计算得出的标准卡片极为接近,从而可以确定生长出的晶体属于钾冰晶石结构,晶胞参数:$a=1.0481nm$,$V=1.1515nm^3$,密度 $\rho=3.33g/cm^3$,这些参数与 Christian Reber 文献中对 CLYC:V 的理论计算结果:$a=1.0486nm$、$V=1.1529nm^3$、$\rho=3.31g/cm^3$ 非常接近[54],实验结果和理论计算吻合得很好,微小的偏差可能是掺杂离子 Ce 和 V 的不同以及实验结果和理论计算的误差造成的。

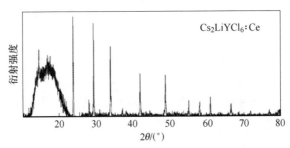

图 3-34 Cs_2LiYCl_6:5%Ce 晶体的 XRD 图

3.3.2 发光性能

图 3-35 是 Cs_2LiYCl_6:5%Ce 样品(10mm×10mm×5mm)在室温下测得的透射光谱和吸收光谱,从图中可以看出波长在 212nm 和 300~400nm 存在两个较强的吸收峰,以及三个强度较弱的吸收峰:238nm、253nm 和 271nm,这五个吸收峰可归因于 Ce^{3+} 离子从 $^2F_{5/2}$ 向 $5d_{1-5}$ 的电子跃迁,这与透射光谱的吸收谷以及激发光谱中的激发峰相对应。从透过光谱曲线可以看出,晶体在可见光区域的透过率大于 60%,并且会随着晶体质量的改进而提高。

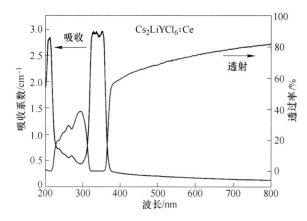

图 3-35 Cs_2LiYCl_6：5%Ce 样品在室温下的吸收和透射光谱

Cs_2LiYCl_6：0.1%Ce^{3+} 样品的紫外激发发射光谱如图 3-36 所示，当激发波长为 273nm 时，Cs_2LiYCl_6：0.1%Ce^{3+} 样品的发射光谱呈现出 Ce 离子特有的双峰发射带，即 372nm 和 402nm，分别对应于 Ce^{3+} 离子从 $5d_1$ 向 $^2F_{5/2}$ 和 $^2F_{7/2}$ 跃迁发光。Cs_2LiYCl_6：0.1%Ce^{3+} 的激发波长在 234~380nm 之间，共存在五个激发峰，分别位于 238nm、254nm、272nm、326nm 和 360nm，对应于 Ce^{3+} 离子从 $^2F_{5/2}$ 向 $5d_1$ 电子跃迁的激发峰。激发光谱和发射光谱之间存在比较大的重叠区域，说明 Cs_2LiYCl_6：Ce^{3+} 晶体存在比较强的自吸收效应，这一效应不仅会降低晶体的光输出，而且会延长闪烁晶体的衰减时间[55]。

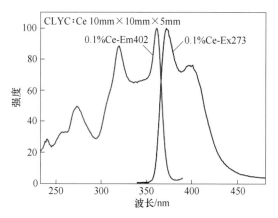

图 3-36 Cs_2LiYCl_6：0.1%Ce^{3+} 样品的紫外激发发射光谱

Cs_2LiYCl_6：5%Ce 晶体样品的 X 射线激发发射光谱如图 3-37 所示。从中可以观察到两个典型的发光峰，分别是波长位于 300nm 处的 CLYC 晶体的芯价发光（CVL）和波长介于 350~450nm 之间的 Ce^{3+} 离子发光，芯价发光源于 5pCs 芯带顶上的空穴和3pCl价带底的电子复合发光，其能带模型如图3-38所示。实验表明，CVL发光强度随着晶体尺寸和Ce^{3+}离子掺杂浓度的增加而下降，当晶体尺寸达到一定程度时，芯价发光成分会直接被Ce^{3+}吸收。波长在350~450nm的发光存在两个发光峰，是典型的Ce^{3+}离子发光，其中376nm处的发光峰对应于Ce^{3+}离子$5d^1 \to {}^2F_{5/2}$能级跃迁，而401nm处的发光峰对应于Ce^{3+}离子$5d^1 \to {}^2F_{7/2}$的能级跃迁。

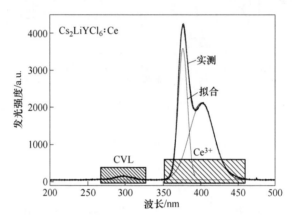

图3-37　室温下测得Cs_2LiYCl_6：5%Ce晶体样品的X射线激发发射光谱

（样品尺寸：10mm×10mm×5mm）

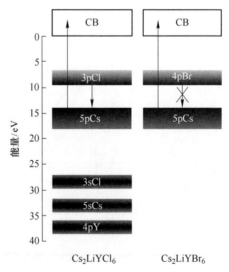

图3-38　Cs_2LiYCl_6、Cs_2LiYBr_6能带模型[54]

以^{137}Cs放射源所发射出662keV的伽马射线激发CLYC闪烁晶体，闪烁光被光电配增管（ET 9813QSB）收集，利用多道分析仪（Ortec，Easy-MCA-8k）和示波器处理得到多道能谱和衰减时间谱。图 3-39 给出了 Ce 离子掺杂浓度分别为 0.1%、1%和 2%的 $Cs_2LiYCl_6:Ce^{3+}$ 晶体样品的闪烁衰减时间谱。通过式（3-1）对所测得的光衰减曲线进行拟合，拟合出的三个时间参数如表 3-8 所示。

$$y = A_1 e^{-x/t_1} + A_2 e^{-x/t_2} + A_3 e^{-x/t_3} + y_0 \qquad (3-1)$$

式中，A_1、A_2 和 A_3 分别为曲线的幅度；t_1、t_2 和 t_3 分别为拟合出的衰减时间；y_0 为一常数。每种衰减时间成分的强度可以通过式（3-2）计算得到：

$$I_1 = \frac{A_1 t_1}{A_1 t_1 + A_2 t_2 + A_3 t_3}, \quad I_2 = \frac{A_2 t_2}{A_1 t_1 + A_2 t_2 + A_3 t_3}, \quad I_3 = \frac{A_3 t_3}{A_1 t_1 + A_2 t_2 + A_3 t_3} \qquad (3-2)$$

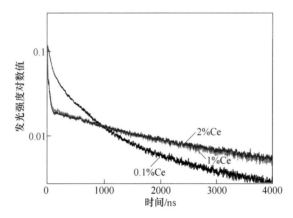

图 3-39　Ce 掺杂浓度为 0.1%、1%和 2%的 $Cs_2LiYCl_6:Ce^{3+}$ 晶体样品的闪烁衰减时间谱
（样品尺寸：10mm×10mm×5mm）

表 3-8　不同浓度掺杂的 $Cs_2LiYCl_6:Ce^{3+}$ 晶体样品的闪烁性能

Ce 离子掺杂浓度（摩尔分数）/%	662keV 时的能量分辨率 /%	闪烁衰减时间					
		CVL		Ce		V_k	
		t_1/ns	I_1/%	t_2/ns	I_2/%	t_3/ns	I_3/%
0.1	5.9	1.9±0.03	0.2	65.9±0.4	14.3	556.5±2.7	85.5
1	6.1	3.5±0.02	1.2	32.3±0.3	4.8	1631.8±11.0	94.0
2	6.1	3.5±0.02	1.2	31.0±0.3	4.3	1870.8±14.3	94.5

表 3-8 显示，从所生长的 $Cs_2LiYCl_6:0.1\%Ce^{3+}$、$Cs_2LiYCl_6:1\%Ce^{3+}$ 和 $Cs_2LiYCl_6:2\%Ce^{3+}$ 晶体样品的光衰减曲线中可以拟合出三种成分。

(1) 纳秒级的超快衰减时间，$Cs_2LiYCl_6:0.1\%Ce^{3+}$、$Cs_2LiYCl_6:1\%Ce^{3+}$ 和 $Cs_2LiYCl_6:2\%Ce^{3+}$ 晶体样品的衰减时间分别为 1.9ns、3.5ns、3.5ns，它们的强度比分别为 0.2%、1.2% 和 1.2%。这种超快发光成分常存在于某些碱金属和碱土金属卤化物晶体中，最早是由 Ershovet 等[56]在研究 BaF_2 时观察到衰减时间为 0.8ns 的快衰减成分，用芯带→价带跃迁机制（CVL）来解释其荧光快分量的产生过程[57]。当高能光子入射晶体时，5pCs 芯带的电子被激发到导带，产生的芯带空穴存在时间极短，3pCl 价带上的电子迅速和此空穴复合发出荧光。CVL 发光的特征是衰减时间短，为纳秒量级（通常只有 0.6~3ns 的超快荧光），而且光输出没有温度猝灭效应，但 CVL 对光输出的贡献相对较小而且只有当芯带与价带之间的能级差比价带与导带之间的能级差小时，才会出现芯价发光现象[58]。Cs_2LiYCl_6、Cs_2LiYBr_6 能带模型（图3-37）表明，芯价发光只存在于 Cs_2LiYCl_6：Ce 晶体中，但 Cs_2LiYBr_6 不存在芯价发光，这可能是因为 Cs_2LiYBr_6 带隙（5.7eV）比 Cs_2LiYCl_6 窄（6.8eV），Cs_2LiYBr_6 更易发生 Auger 衰减或是 CVL 更易猝灭。

(2) 几十纳秒级的快衰减，$Cs_2LiYCl_6:0.1\%Ce^{3+}$、$Cs_2LiYCl_6:1\%Ce^{3+}$ 和 $Cs_2LiYCl_6:2\%Ce^{3+}$ 晶体中衰减时间为 65.9ns、32.3ns 和 31ns 的发光分量所占的强度比分别为 14.3%、4.8%、4.3%，可以发现随着 Ce 掺杂浓度的增加，衰减时间和衰减时间分量所占的比例都在减小，这个成分属于典型的 Ce^{3+} 离子发光。CLYC 晶体受到电离辐射或高能粒子辐射后，激发电子从价带跃迁到导带，一部分自由电子-空穴对在扩散的过程中被 Ce^{3+} 离子捕获导致 4f→5d 激发，电子-空穴对的弛豫激发 Ce^{3+} 离子的 5d→4f 跃迁，迅速发射荧光，衰减时间约几十纳秒[58]。

(3) 微秒级衰减时间，衰减时间成分随着浓度的增加，衰减时间在延长，由 $Cs_2LiYCl_6:0.1\%Ce^{3+}$ 晶体的 556.5ns 增加到 $Cs_2LiYCl_6:2\%Ce^{3+}$ 晶体的 1870.8ns，强度比分别为 85.5%、94.5%。这种慢衰减成分广泛存在于 $LaCl_3$ 和 $LaBr_3$ 等卤化物晶体中，被认为是 STE 发光和 Ce^{3+} 离子之间的能量传递延长了衰减时间。在卤化物闪烁晶体中存在一种俘获空穴型色心即 V_k 心，V_k 心是自陷空穴局域在两个相邻卤素离子之间形成的一个色心[42]，其中两个相邻的卤素离子在自陷空穴的作用下相互靠拢，形成一个双原子的"分自型"离子 X_2^-(X 指卤素离子)。在 CLYC 晶体中 V_k 心即是两个卤素离子 Cl^- 俘获价带上的空穴形成的。V_k 心在扩散过程中可能先捕获导带上的电子，所形成的电子-空穴对被称为自陷激子（STE）。热能化的 V_k 心在晶体中不断地迁移，被 Ce^{3+} 捕获形成 Ce^{4+} 或 Ce^{3+}-V_k 电离能载体，V_k 心再俘获自由电子，V_k 心上的空穴和自由电子复合激发 Ce^{3+} 发光[59]。STE 中电子-空穴对通过复合而发出荧光，衰减

时间在 μs 级，能量转移不存在热猝灭效应，但 STE 发光峰会和 Ce^{3+} 发光峰重叠而较难区分。

3.3.3 n/γ 分辨能力

传统的闪烁晶体一般只适用于对 X 射线或伽马射线的探测，而在混合辐射场中，伽马射线总是与中子相伴生，因此需要同时能够分辨中子和伽马射线的闪烁材料。与伽马射线不同的是，中子因穿透能力强而难以被直接捕获或探测，通常需要通过核反应才能实现对中子的间接探测。因此，中子探测材料中须含有对中子有大的反应截面且对 γ 射线不敏感性的元素，如 ^6Li、^{10}B、^{155}Gd 或 ^{157}Gd 元素中的一种或是几种。对于 Li 基中子探测材料（如 LiI：Eu）[37]，其探测原理是通过 ^6Li 同位素与中子之间的核反应 $^6_3Li+^{10}_0n \rightarrow ^3_1H+\alpha+4.8MeV$，释放的能量激发发光中心而被探测到。

CLYC 是第一个具有实用价值的中子/伽马射线双模式探测（Dual Mode Detector）的闪烁晶体，当把晶体中 ^6Li 的丰度增加到 95% 时，中子探测效率可提高 5~7 倍[56]，光输出可达 73000ph/n，在 662keV 伽马射线激发下的能量分辨率已由原来的 7% 提高到 3.6%[57]。此外，它在探测能量为 14~1275keV 的伽马射线时，表现出优异的线性一致性[58]。它不仅对中子有很高的探测效率，而且具有较高的 α/β 比（0.73），有望替代 ^6Li 玻璃和 ^6LiI：Eu 晶体等传统的热中子探测材料，利用脉冲形状谱（图 3-40）或脉冲高度谱（图 3-41）同时对 n/γ 射线进行甄别，因而在国防安全、核安全检查方面应用潜力巨大。目前，美国 RMD 公司已经生长出 φ76.2mm×76.2mm（3in×3in）的 CLYC：Ce 晶体。此外，由于同晶置换和固溶性，A_2BLnX_6：Ce 可演变出数十种不同组分的变种，如 CLLC 晶体和 CLLB 晶体（表 3-9），因此存在巨大的开发潜力。

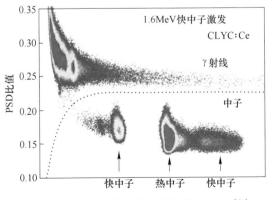

图 3-40 CLYC 晶体的脉冲形状谱（PSD）[51]

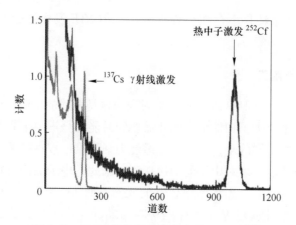

图 3-41　CLYC 晶体的脉冲高度谱（PHS）[52]

表 3-9　一些钾冰晶石型结构的闪烁晶体的性能[57~60]

项　目	$Cs_2LiLaCl_6$：Ce	$Cs_2LiLaBr_6$：Ce	Cs_2LiYCl_6：Ce	Cs_2LiYBr_6：Ce
密度/g·cm^{-3}	3.5	4.2	3.31	4.15
发射主峰/nm	400	410	390	390, 423
衰减时间/ns	60, 400	55, 270	1.4, 50	70, 1000
γ 的光输出/ph·MeV^{-1}	约 35000	约 60000	约 20000	24000
中子的光输出/ph·n^{-1}	约 110000	约 180000	约 70000	90000
α/β	0.65	0.62	0.73	0.78
能量分辨率（662keV 时）/%	3.4	2.9	3.6	4.1
脉冲形状甄别（PSD）	优秀	可以	优秀	

3.4　展望

闪烁晶体作为辐射探测器的关键核心材料，其应用领域包括核物理、高能物理、核医学成像、安全检查、油井勘探、环境监测和工业无损探伤等与人民生活和经济建设密切相关的领域。由于民用核辐射的剂量一般都很低，因此要求闪烁晶体的性能尽可能满足：(1) 高的闪光产额（L.Y.>70000ph/MeV），而且光产额与沉积能量之间具有很好的线性关系；(2) 衰减时间短（τ<40ns）；(3) 好的能量分辨率（<4%，662keV 时）；(4) 高的化学稳定性和温度稳定性；(5) 低的放射性本底和低余辉[61]。

闪烁晶体的光输出（L）直接决定于闪烁晶体的闪烁效率（η）。目前人们已经初步建立起闪烁晶体光输出和闪烁效率的理论模型，根据闪烁体的闪烁机制，闪烁总量子效率（η）可以表示为能量转换效率（β）、能量传递效率（S）以及发光中心荧光量子效率（Q）的乘积，如式 (3-3) 所示[62,63]：

$$\eta = \beta SQ, \quad 0 \leqslant \eta, \beta, S, Q \leqslant 1 \tag{3-3}$$

式中，β 为 γ 射线能量转化为电子-空穴对的效率；S 为电子-空穴对向发光中心的传递效率；Q 为发光中心的发光量子效率。公式（3-3）清晰地表示了闪烁过程中的三个步骤：（1）电子-空穴对产生；（2）电子-空穴对向发光中心传递；（3）发光中心辐射发光。通常 γ 射线电离一对电子-空穴对所需最小能量约为 $2.3E_g$，所以闪烁晶体的光输出（L）可以表示为[61,62]：

$$L = (\beta SQ) \times 10^6/(2.3E_g) \tag{3-4}$$

式（3-4）中 10^6 来自于 $1\,MeV = 10^6\,eV$。由上式可知，光输出主要与电子-空穴对的能量传输效率、发光中心的量子效率、能量转化效率有关，另外小的禁带宽度也有利于获得高的光输出。

但必须指出的是，由于卤化物比较容易吸潮或遭受含氧杂质的污染，无水无氧卤化物原料的合成技术和生产成本在很大程度上决定了晶体的成本和市场接受能力，$LaBr_3$、$CeBr_3$ 和 SrI_2 等晶体在未来市场上的应用规模在很大程度上取决于其原料制备成本的高低。因为原料质量是决定晶体质量的关键，原料成本是决定晶体成本的关键，所以若要稀土卤化物闪烁晶体获得市场竞争力，就必须尽快攻克高纯度无水卤化物原料的低成本合成技术。

参 考 文 献

[1] 徐叙瑢，苏勉曾. 发光学与发光材料 [M]. 北京：化学工业出版社，2004：513~516.

[2] Piotr A Rodnyi. Physical processes in inorganic scintillators [M]. New York：CRS Press，1997：152~160.

[3] Shimamura K, Villora E G, Nakakita S, et al. Growth and scintillation characteristics of CeF_3, PrF_3 and NdF_3 single crystal [J]. Journal of Crystal Growth, 2004, 264：208~215.

[4] Inaki T, Yoshimura Y, Kanda Y, et al. Development of CeF_3 crystal for high-energy electromagnetic calorimetry [J]. Nuclear Instruments and Methods in Physics Research, 2000, A 443：126~135.

[5] Jones D A, Shand W A. J. Crystal Growth, 1968, 2：361.

[6] BelliE P, Bernbei R, Cerulli R, et al. Performance of a CeF_3 crystal scintillator and its application to the search for rare processes [J]. Nuclear Instruments and Methods in Physics Research, 2003, A 498：352~361.

[7] Lutter G, Hult M, Billnert R, et al. Radiopurity of $CeBr_3$ crystal used as scintillation detector [J]. Nuclear Instruments and Methods in Physics Research, 2013, A703：158~162.

[8] Quarati F G A, Dorenbos P, Biezen J V D, et al. Scintillation and detection characteristics of high sensitivity $CeBr_3$ gamma-ray spectrometers [J]. Nuclear Instruments and Methods in Physics Research, 2013, A729：596~604.

[9] Guss P, Reed M, Yuan D, et al. CeBr$_3$ as a room temperature high-resolution gamma-ray detector [J]. Nuclear Instruments and Methods in Physics Research, 2009, A608: 297~304.

[10] Wei H, Martin V, Lindsey A, et al. The scintillation properties of CeBr$_{3-x}$Cl$_x$ single crystals [J]. Journal of Luminescence, 2014, 156: 175~179.

[11] Van Loef V D, Dorenbos P, Van Eijk C W E, Krämer K, Güdel H U. High-energy-resolution scintillator: Ce^{3+} activated LaCl$_3$ [J]. Applied Physics Letters, 2000, 77: 1467~1468.

[12] Yu Pei, Chen Xiaofeng, Mao Rihua, Ren Guohao. Growth and luminescence characteristics of undoped LaCl$_3$ crystal by Modified Bridgman Method [J]. Journal of Crystal Growth, 2005, 279: 390~393.

[13] Alain Iltis, Mayhugh M R, Menge P, Rozsa C M, Selles O, Solovyev V. Lanthanum halide scintillators: Properties and applications [J]. Nuclear Instruments and Methods in Physics Research, 2006, A563: 359~363.

[14] 任国浩, 裴钰, 吴云涛, 陈晓峰, 李焕英, 潘尚可. 铈离子掺杂浓度对氯化镧闪烁晶体发光性能的影响 [J]. 物理学报, 2014, 63: 037802.

[15] Moszynski M, Nassalski A, Syntfeld-Kazuch A, Szczesniak T, Czarnacki W, Wolski D, Pausch G, Stein J. Temperature dependences of LaBr$_3$(Ce), LaCl$_3$(Ce) and NaI(Tl) scintillators [J]. Nuclear Instruments and Methods in Physics Research, 2006, A568: 739~745.

[16] Shah K S, Glodo J, Klugerman M, Cirignano L, Moses W W, Derenzo S E, Weber M J. LaCl$_3$: Ce scintillator for γ-ray detection [J]. Nuclear Instruments and Methods in Physics Research, 2003, A505: 76~81.

[17] Ren Guohao, Yu Pei, Chen Xiaofeng. Dehydration and oxidation in the Preparation of Ce-Doped LaCl$_3$ Scintillation Crystals [J]. Journal of alloys and compounds, 2009, 467: 120~123.

[18] Yu Pei, Chen Xiaofeng, Yao Dongmin, Ren Guohao. The role of CeF$_3$ in LaCl$_3$ scintillation crystal [J]. Radiation Measurements, 2007, 42: 1351~1354.

[19] 张明荣, 张春生, 葛云程, 等. 一种铈激活的卤溴化物稀土闪烁体及其制备方法: 中国, 200710105857.X [P].

[20] Van Loef V D, Dorenbos P, Van Eijk C W E, Krämer K, Güdel H U. High-energy-resolution scintillator: Ce^{3+} activated LaBr$_3$ [J]. Applied Physics Letters, 2001, 79: 1573.

[21] Van Loef E V D, Dorenbos P, Van Eijk C W E, Krämer K W, Güdel H U. Scintillation properties of LaBr$_3$: Ce^{3+} crystals: fast, efficient and high-energy-resolution scintillators [J]. Nuclear Instruments and Methods in Physics Research, 2002, A486: 254~258S.

[22] Higgins W M, Churilov A, Van Loef E, et al. Crystal growth of large diameter LaBr$_3$: Ce and CeBr$_3$ [J]. J. Crystal Growth, 2008, 310: 2085~2089.

[23] Pani R, Cinti M N, Fabbri A, et al. Excellent pulse height uniformity response of a new LaBr$_3$: Ce scintillation crystal for gamma ray [J]. Nuclear Instruments and Methods in Physics Research, 2015, A787: 46~50.

[24] Normand, Iltis A, Bernard F, Domenech T, Delacour P. Resistance to γ irradiation of LaBr$_3$: Ce and LaCl$_3$: Ce single crystals [J]. Nuclear Instruments and Methods in Physics Re-

search, 2007, A572: 754~759.

[25] Alekhin M S, De Haas J T M, Khodyuk I V, et al. Improvement of γ-ray energy resolution of LaBr$_3$: Ce scintillation detectors by Sr^{2+} and Ca^{2+} co-doping [J]. Applied Physics Letters, 2013, 102: 161915.

[26] Menge P R, Gautier G, Iltis A, et al. Performance of large lanthanum bromide scintillators [J]. Nuclear Instruments and Methods in Physics Research, 2007, A579: 6~10.

[27] Giaz A, Pellegri L, Riboldi S, et al. Characterization of large volume 3.5″×8″ LaBr$_3$: Ce detectors [J]. Nuclear Instruments and Methods in Physics Research, 2013, A729: 910~921.

[28] Guillot-Noël O, et al. Optical and scintillation properties of cerium-doped LaCl$_3$, LuBr$_3$ and LuCl$_3$ [J]. J. Lumin, 1999, 85: 21~35.

[29] Roberts O J, Bruce A M, Regan P H, et al. A LaBr$_3$: Ce Fast-timing Array for DESPEC at FAIR [J]. Nucl. Instrum. Methods, 2014, A748: 91~95.

[30] Cazzaniga C, Nocente M, Tardocchi M, et al. Response of LaBr$_3$(Ce) scintillators to 14MeV fusion neutrons [J]. Nuclear Instruments and Methods in Physics Research, 2015, A778: 20~25.

[31] Van Loef E V D, Dorenbos P, Van Eijk C W E, Krämer K, Güdel H U. Optical and scintillation properties of pure and Ce doped GdBr$_3$ [J]. Optical communications, 2001, 189: 297.

[32] Birowosutoa M D, Dorenbosa P, De Haasa J T M, Van Eijka C W E, Krämerb K W, Güdel H U. Optical spectroscopy and luminescence quenching of LuI$_3$: Ce^{3+} [J]. Journal of Luminescence, 2006, 118: 308.

[33] Glodo J, Van Loef E V D, Higgins W M, et al. Mixed lutetium iodide compounds [J]. IEEE Trans. Nucl. Sci., 2008, NS-55: 1496~1500.

[34] Marton Z, Nagarkar V V, et al. Novel high efficiency microcolumnar LuI$_3$: Ce for hard X-ray imaging [J]. Journal of Physics: Conference Series, 2014, 493: 012017.

[35] Birowosuto M D, Dorenbos P. Novel γ- and X-ray scintillator research: on the emission wavelength, light yield and time response of Ce^{3+} doped halide scintillators [J]. Phys. Status Solidi, 2009, A206 (1): 9~20.

[36] Srivastava A M, Camardello S J, Comanzo H A, et al. Explanation for the variance of the Ce^{3+} emission energy in LnI$_3$(Ln=Lu^{3+}, Y^{3+}, Gd^{3+})[J]. Optical Materials, 2010, 32: 936~940.

[37] Van Eijk C W E. Inorganic scintillators for thermal neutron detection [J]. IEEE Transactions on Nuclear Science, 2012, 59 (5): 2242.

[38] Agnieszka Syntfeld, Marek Moszynski, Rolf Arlt, Marcin Balcerzyk, Maciej Kapusta, Michael Majorov, Radoslaw Marcinkowski, Paul Schotanus, Martha Swoboda, Dariusz Wolski. 6LiI (Eu) in neutron and ray spectrometry—a highly sensitive thermal neutron detector [J]. IEEE Transactions on Nuclear Science, 2005, 52 (6): 3151.

[39] Sofronov D S, Grinyov D V, Voloshko A Y, Gerasimov V G, et al. Dehydration of alkali metal iodides in vacuum [J]. Functional Materials, 2005, 12 (3): 559~562.

[40] Hofstadter R. Europium-activated strontium iodide scintillators: U S, 3373279 [P]. 1968.

[41] Wilson C M, Van Loef E V, Glodo J, et al. Strontium iodide scintillators for high energy reso-

lution gamma ray spectroscopy [J]. Proc SPIE, 2008, 17: 70791~70799.

[42] Cherepy N J, Payne S A, Asztalos Stephen J, et al. Scintillators with potential to supersede lanthanum bromide [J]. IEEE Transaction on Nuclear Sciences, 2009, 56 (3): 873~880.

[43] Cherepy N J, Sturm B W, Drury O B, Hurst T A, Sheets S A, Ahle L E, Saw C K, Pearson M A, Payne S A, Burger A, Boatner L A, Ramey J O, Van Loef E V, Glodo J, Hawrami R, Higgins W M, Shah K S, William Moses. SrI_2 scintillators for gamma ray spectroscopy [J]. Proc SPIE, 2009 (7449): 74490F1~74490F6.

[44] Jarek Glodo, Van Loef E V, Cherepy N J, Payne S A, Shah K S. Concentration effects in Eu doped SrI_2 [J]. IEEE Transactions on Nuclear Science, 2010, 57: 1228.

[45] Van Loef E V, Higgins W M, Glodo J, Churilov A V, Shah K S. Crystal growth and characterization of rare earth iodides for scintillation detection [J]. J. C. G, 2008, 310: 2090.

[46] Bourret-Courchesne E D, Bizarri G, Hanrahan S M, Gundiah G, Yan Z, Derenzo S E. $BaBrI$: Eu^{2+}, a new bright scintillator [J]. Nuclear Instruments and Methods in Physics Research, 2010, A613: 95~97.

[47] Cherepy N J, Hull G, Drobshoff A D, Payne S A, Van Loef E, Wilson C M, Shah K S, Roy U N, Burger A, Boatner L A, Choong W S, Moses W W. Strontium and barium iodide high light yield scintillators, Applied Physics Letters, 2008: 92, Issue 8: 083508.

[48] Bourret-Courchesne E D, Bizarri G A, Borade R, et al. Crystal growth and characterization of alkali-earth halide scintillators [J]. Journal of Crystal Growth, 2012, 352: 78~83.

[49] Stand L, Zhuravleva M, Johnson J, Koschan M, Lukosi E, Melcher C L. New high performing scintillators: $RbSr_2Br_5$: Eu and $RbSr_2I_5$: Eu [J]. Optical Materials, 2017, 73: 408~414.

[50] Bourret-Courchesne E D, Bizarri G, Borade R, Yan Z, Hanrahan S M, Gundiah G, Chaudhry A, Canning A, Derenzo S E. Eu^{2+}-doped Ba_2CsI_5, a new high-performance scintillator [J]. Nuclear Instruments and Methods in Physics Research, 2009, A612: 138~142.

[51] Glodo J, Shirwadkar U, Hawrami R, et al. Fast neutron detection with Cs_2LiYCl_6 [J]. IEEE Trans. Nucl. Sci. , 2013, 60: 864~870.

[52] Higgins W M, Glodo J, Shirwadkar U, et al. Bridgman growth of Cs_2LiYCl_6 : Ce and ^{6}Li-enriched Cs_2LiYCl_6 : Ce crystals for high resolution gamma ray and neutron spectrometers [J]. Journal of Crystal growth, 2010, 312: 1216~1220.

[53] 王晴晴, 史坚, 李焕英, 陈晓峰, 潘尚可, 卞建江, 任国浩. Cs_2LiYCl_6 : Ce 闪烁晶体的光学及闪烁性能 [J]. 无机材料学报, 2017, 32 (2): 175~179.

[54] Reber C, Güdel H U, Meyer G, et al. Optical spectroscopic and structural properties of V^{3+}-doped fluoride, Chloride, and Bromide Elpasolite Lattices [J]. Inorg. Chem, 1989, 28: 3249~3258.

[55] Smith M B, Achtzehn T, Andrews H R, et al. Fast neutron spectroscopy with Cs_2LiYCl_6 (CLYC) Scintillator [J]. IEEE Trans. Nucl. Sci. , 2013, 60 (2): 855~859.

[56] Shirwadkar U, Glodo J, Van Loef E V, et al. Scintillation properties of $Cs_2LiLaBr_6$ (CLLB)

crystals with varying Ce^{3+} concentration [J]. Nuclear Instruments and Methods in Physics Research, 2011, A652: 268~270.

[57] Glodo J, Van Loef E V, Hawrami R, et al. Selected Properties of Cs$_2$LiYCl$_6$, Cs$_2$LiLaCl$_6$, and Cs$_2$LiLaYBr$_6$ Scintillators [J]. IEEE Trans. Nucl. Sci., 2011, 58: 333~338.

[58] Whitney C M, Lakshmi S P, Johnson E B, et al. Gamma-neutron imaging system utilizing pulse shape discrimination with CLYC [J]. Nuclear Instruments and Methods in Physics Research, 2015, A784: 346~351.

[59] Budden B S, Stonehill L C, Dallmann N, et al. A Cs$_2$LiYCl$_6$: Ce-based advanced radiation monitoring device [J]. Nuclear Instruments and Methods in Physics Research, 2015, A784: 97~104.

[60] Birowosuto M D, Dorenbos P, De Haas J T M, et al. Li-based thermal neutron scintillator research: Rb$_2$LiYBr$_6$: Ce^{3+} and other elpasolites [J]. IEEE Trans. Nucl. Sci., 2008, 55: 1152~1155.

[61] Moszynski M, Inorganic scintillation detectors in g-ray spectrometry [J]. Nuclear Instruments and Methods in Physics Research, 2003, A505: 101~110.

[62] Lempicki A, Wojtowicz A J, Berman E. Fundamental limits of scintillator performance [J]. Nucl. Instrum. Methods Phys. Res. A, 1993, 333: 304~311.

[63] Marvin J Weber. Inorganic scintillators: today and tomorrow [J]. Journal of Luminescence, 2002, 100: 35~45.

[64] Robbins D J. On predicting the maximum efficiency of phosphor systems excited by ionizing radiation [J]. J. Electrochem. Soc., 1980, 127: 2694~2702.

4 稀土非线性光学晶体材料

非线性光学晶体材料是获得可调谐宽波段激光光源的核心材料。自1960年第一台红宝石激光器问世以来[1]，激光技术推动了整个光电子技术产业的发展，在信息、能源、工业制造、医学、科研、军事等领域具有广泛的应用前景。近年来，随着半导体激光器（Laser diode，LD）快速发展，全固态激光器成为当前激光器发展的主流。由于全固态激光器输出的波长有限，扩大激光输出波长范围最重要的方法是使用非线性光学晶体。利用非线性光学晶体的和频（倍频）、差频、光参量放大以及电光调制、电光偏转等手段能够获得不同波段的激光光源。在社会经济发展方面，非线性光学晶体材料和高性能显示、高密度存储、激光微加工及激光医疗等产业密切相关，其技术进展显著影响上述产业的前景和发展。在国家安全方面，非线性光学晶体材料在激光制导、激光通信、激光约束核聚变等领域具有不可替代的作用[2]。

伴随着激光技术的发展，非线性光学晶体也得到长足的进步，从最初的石英倍频晶体开始，不断涌现出磷酸二氢钾（KH_2PO_4，KDP）、磷酸二氘钾（KD_2PO_4，DKDP）、碘酸锂（$LiIO_3$，LI）、磷酸氧钛钾（$KTiOPO_4$，KTP）、铌酸锂（$LiNbO_3$，LN）、铌酸钾（$KNbO_3$，KN）、低温相偏硼酸钡（$\beta\text{-}BaB_2O_4$，BBO）、三硼酸锂（LiB_3O_5，LBO）、三硼酸铯（CsB_3O_5，CBO）、硼酸铯锂（$CsLiB_6O_{10}$，CLBO）、氟硼酸铍钾（$KBe_2BO_3F_2$，KBBF）以及硫镓银（$AgGaS_2$，AGS）、磷锗锌（$ZnGeP_2$，ZGP）等新型非线性光学晶体[3]。目前，用于可见光波段的非线性光学晶体已经成熟，基本满足了各类激光器的需求，其中BBO、LBO、KBBF等中国品牌晶体已得到广泛的应用[4~7]。但随着社会的发展，人类对技术的需求永无止境，急需探索能够应用于深紫外和远红外波段的非线性光学晶体材料。

自20世纪90年代初起，一类含稀土金属的非线性光学晶体引起人们的重视和研究。一方面，部分稀土金属化合物可作为紫外/深紫外非线性光学材料的研究体系。一般认为，由于稀土金属离子外层轨道d-d和f-f电子跃迁导致的吸收，使得稀土化合物的光学吸收边很难深入到深紫外波段。然而，含有La^{3+}、Sc^{3+}、Y^{3+}、Gd^{3+}和Lu^{3+}的稀土金属离子的化合物却可以透过紫外光。这是因为这些稀土离子具有全充满3d、4d外层电子轨道，半充满或者全充满的4f外层电子轨道，这样的轨道配置有效地抑制了不利的电子跃迁[8]。因此，含有这些稀土离子的非线性光学晶体材料也可以被用于紫外甚至深紫外波段,代表性的例子如 $La_2CaB_{10}O_{19}$[9]、$YAl_3(BO_3)_4$[10]和$YCa_4O(BO_3)_3$[11]等。此外,稀土非线性光学晶体不仅可以用作激光频率转换晶体(主要是利用二阶非线性光学效应,即倍频),也可以掺杂其他稀土离子作为激活离子,用作激光晶体以及激光自倍频(self-frequency doubling,简称SFD)晶体材料。另一方面,由于稀土化合物具有丰富的结构和性质,在红外非线性光学晶体材料方面也具有潜在的应用。最近报道的一些稀土硫属化合物具有较好的非线性光学性能,如 $ZnY_6Si_2S_{14}$[12]、$Al_xDy_3(Si_yAl_{1-y})S_7$[12]、$Al_{0.33}Sm_3SiS_7$[12]、$Eu_2Ga_2GeS_7$[13]、$Ln_4GaSbS_9$(Ln = Pr、Nd、Sm、Gd-Ho)[14]、La_4InSbS_9[15]等。但这些材料正处于发展初期,目前尚没有成熟的晶体材料。

近年来,稀土非线性光学晶体材料的研究主要集中于硼酸盐体系,特别是作为激光自倍频晶体材料的应用受到广泛关注。在本节中主要总结 $La_2CaB_{10}O_{19}$(简称为 LCB)、$YAl_3(BO_3)_4$(简称为 YAB)和 $LnCa_4O(BO_3)_3$(Ln = Y、Gd,简称为 YCOB 或 GdCOB)晶体,以及最近报道的新型稀土非线性光学晶体材料的研究和应用进展。

4.1 LCB 晶体

1998 年,吴以成等人在探索 Ln_2O_3-CaO-B_2O_3 体系时得到了 $Ln_2CaB_{10}O_{19}$(Ln = 稀土元素)系列稀土硼酸盐化合物[16]。2001 年,他们对该系列中的 $La_2CaB_{10}O_{19}$(LCB)晶体进行了生长,并测试了其相关的物化性能[9]。LCB 结晶于单斜晶系 $C2$ 空间群,属于双轴晶体,晶胞参数为 $a = 1.1043$nm、$b = 0.6563$nm、$c = 0.9129$nm、$\beta = 91.4°$。LCB 晶体结构的基本构筑单元是 B_5O_{12} 基团,该基团通过共用顶点氧原子互相连接构成二维双层结构(图 4-1)。两种阳离子 La^{3+} 和 Ca^{2+} 分别填充在层内和层间[9]。对于其初步性能测试表明,LCB 晶体的透光范围可从深紫外到红外波段,该晶体的倍频性能大约是商业化晶体 KDP 的两倍,此外,该晶体中 La 的位置可以被稀土金属离子部分取代形成 Ln:LCB 晶体。因此,LCB 可以同时作为激光基质晶体和非线性光学晶体材料。

LCB 的晶体最开始是从接近计量比的熔体中生长出来的[9],它也可以利用顶部籽晶法生长[17,18]。2003 年,吴以成等人对于 LaB_3O_6-CaB_3O_6 赝二元相图的研究发现[19],LCB 晶体是非一致熔融化合物,熔点为 $(1065 \pm 2)°C$,可以从 CaO-B_2O_3 自助熔剂中生长。为了增大晶体生长尺寸和优化晶体质量,研究人员探索了新的助熔剂体系,降低其熔点和体系黏度来生长 LCB 晶体。例如采用 CaO-Li_2O-B_2O_3 复合助熔剂,可以生长出尺寸达 30mm × 25mm × 9mm 的晶体[20],并且研究还发现籽晶的取向对晶体生长质量影响较大,其中采用[101]方向的籽晶对晶体生长最有利[21]。除了纯 LCB 晶体外,生长稀土掺杂的 Ln:LCB 晶体也

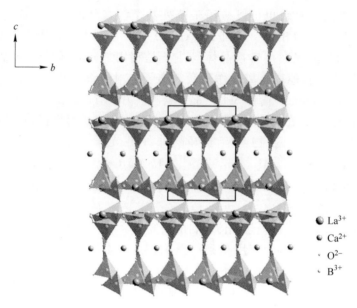

图 4-1　LCB 的晶体结构

是研究的热点。2000 年，傅佩珍等人利用泡生法（Kyropoulos method）生长了掺杂不同 Nd^{3+} $Nd_xLa_{2-x}CaB_{10}O_{19}$ 晶体，研究发现 Nd^{3+} 很容易取代 La^{3+} 进入 LCB 晶体中。随后，利用助熔剂法生长的一系列稀土掺杂的 LCB 晶体如 Er∶LCB[22]、Ce∶LCB[23]、Nd,Yb∶LCB[24] 和 Pr∶LCB[25, 26] 等被先后报道。2010 年，张建秀等人[27]使用顶部籽晶法成功生长出了高质量的不同比例掺杂 Nd^{3+} 的 LCB 晶体，其中最大尺寸可达 55mm×35mm×20mm（图 4-2）。

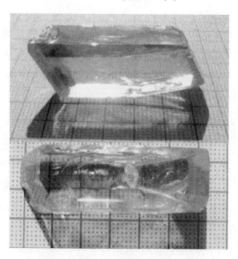

图 4-2　掺杂 Nd^{3+} 的 LCB 晶体[27]

为了评估LCB晶体的应用前景，景芳丽等人[28]对LCB的物化性能进行了测试。结果显示LCB热稳定性较好，分解温度高于1000℃，不潮解，密度为3.665g/cm³，莫氏硬度6.5，其（001）、（010）和（100）晶面的维氏硬度分别为1087N/mm²、1046N/mm²和1029N/mm²。LCB显示出的较好的物化稳定性和适中的机械强度有利于晶体切割、抛光和器件制作等工艺。LCB室温下的比热容为0.654J/(g·K)，[100]和[010]方向的热导率分别为5.55W/(m·K)和5.68W/(m·K)，其沿a轴、b轴和c轴三个方向的线膨胀系数分别为8.642×$10^{-6}K^{-1}$、8.387×$10^{-6}K^{-1}$以及2.266×10^{-6} K^{-1}。这些热学性能测试表明LCB的热各向异性较小，有利于晶体生长。此外，LCB还具有宽的透光范围（185nm～2.4μm），其紫外截止边可达170nm（图4-3），因此LCB可作为紫外和深紫外光学晶体材料。此外，LCB的激光损伤阈值可达11.5GW/cm²，与BBO和LBO近似，远高于其他无机非线性光学晶体。

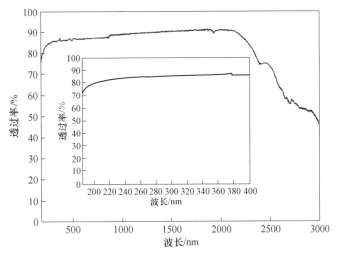

图4-3 LCB晶体的透过光谱[28]

LCB属于单斜晶系，是正双轴晶，其物理学轴（x，y，z）与晶体学轴（a，b，c）的关系是：$b//y$，$(a, z) = 49°$，$(c, x) = 47.5°$[29]。采用最小偏向角法测试了LCB晶体在1064nm到354.2nm范围内的折射率，其结果使用Sellmeier方程拟合如下：

$$\begin{cases} n_x^2(\lambda) = 2.78122 + \dfrac{0.0163186}{\lambda^2 - 0.0146002} - 0.0162299\lambda^2 \\ n_y^2(\lambda) = 2.78533 + \dfrac{0.0151688}{\lambda^2 - 0.0206079} - 0.0155475\lambda^2 \\ n_z^2(\lambda) = 2.96167 + \dfrac{0.0204238}{\lambda^2 - 0.0136912} - 0.0201447\lambda^2 \end{cases}$$

根据 Sellmeier 方程拟合的拟合结果，计算得到 LCB 能够实现最短的倍频输出的波长为 288nm（Ⅰ类相位匹配）和 408nm（Ⅱ类相位匹配）[28]。图 4-4 显示了 xz、yz 和 xy 三个平面上理论计算得到的Ⅰ类和Ⅱ类相位匹配曲线。

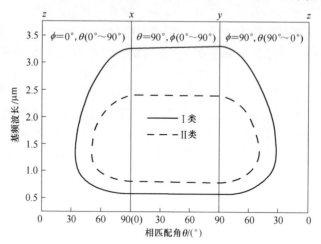

图 4-4　LCB 理论计算的相位匹配曲线[29]

LCB 属于 2 点群，具有 8 个不为零的非线性光学系数，即 d_{14}、d_{16}、d_{21}、d_{22}、d_{23}、d_{25}、d_{34} 和 d_{36}。根据 Kleinman 对称性，非线性光学系数矩阵可简化为以下形式：

$$\begin{bmatrix} 0 & 0 & 0 & d_{14} & 0 & d_{21} \\ d_{21} & d_{22} & d_{23} & 0 & d_{14} & 0 \\ 0 & 0 & 0 & d_{23} & 0 & d_{14} \end{bmatrix}$$

其中，$d_{21}=d_{16}$、$d_{23}=d_{34}$、$d_{14}=d_{25}=d_{36}$。采用 Maker 条纹法测定的非线性光学系数为：$d_{21}=1.11\times d_{36}(KDP) = 0.433$pm/V、$d_{22}=1.24\times d_{36}(KDP) = 0.484$pm/V、$d_{23}=1.12\times d_{36}(KDP) = 0.437$pm/V 以及 $d_{14}=1.64\times d_{36}(KDP) = 0.640$pm/V（$d_{36}$（KDP）= 0.39pm/V）。在 1064nm（锁模 Nd：YAG 激光器，脉宽 35ps，频率 10Hz）激光下 LCB 的有效倍频系数为 $d_{\text{eff}}=1.05$pm/V，倍频转换效率（3mm LCB 晶体）约为 25%[29]。

另外，关于稀土掺杂的 LCB 晶体的光谱分析，如吸收光谱、荧光发射光谱以及荧光寿命也有相关报道[23~25]。例如荧光测试表明在 LCB 中有两个非等效的 Nd^{3+} 掺杂位点，分别对应了 Nd^{3+} 取代 La^{3+} 和 Ca^{2+} 的位置。实验测试证实这两种荧光中心均可以实现激光自倍频效应[30]。

4.2　YAB 晶体

1962 年 Ballman 报道了 $LnAl_3(BO_3)_4$（Ln = Y、Sm、Eu、Gd、Dy、Er、Ho、

Tu）系列四硼酸盐晶体的生长及初步性能研究，认为这一族晶体具有与天然矿物碳酸钙镁石 $CaMg_3(CO_3)_4$ 类似的结构。1974 年，Filimonov 等人研究了这一类晶体的倍频效应，认为这一类晶体的倍频效应相当于 KDP 量级，其中 YAB 约为 KDP 的 3.9 倍[10]。YAB 的空间群为 $R32$，其晶胞参数为 $a = 0.9295nm$、$c = 0.7243nm$。YAB 系列的晶体结构主要是由 BO_3 三角形基团和 AlO_6 八面体基团组成。每个 BO_3 基团通过共用顶点和 AlO_6 八面体连接，构成无限三维网络，而 Y^{3+} 或其他稀土阳离子位于网络结构中的间隙中（图 4-5）。由于结构中同时存在畸变的 AlO_6 八面体和平面 π 共轭结构 BO_3 基团，因此 YAB 晶体具有较大的非线性光学系数。此外 YAB 晶格中具有两种半径大小不同的三价离子 Y^{3+} 和 Al^{3+} 位置，为稀土和过渡金属发光离子的掺杂提供了十分广阔的空间。在发现后的 40 多年里，YAB 晶体一直是激光、激光自倍频和荧光等方向的明星材料。

图 4-5　YAB 的晶体结构

YAB 晶体为非同成分熔融化合物，在 1280℃分解。YAB 晶体以及稀土掺杂的 YAB 晶体的主要生长方法为助熔剂法，常用的助熔剂有 $K_2Mo_3O_{10}$、$K_2Mo_3O_{10}$-B_2O_3 以及 PbO-B_2O_3[31]。但是，采用钼酸盐生长的 YAB 晶体，容易导致钼或铅进入晶格内，很难生长出尺寸较大、质量高的 YAB 晶体。此外，上述助熔剂生长的 YAB 晶体在 300nm 左右有严重吸收，到 280nm 左右透过率已经小于 1%[32, 33]。所以一般认为 YAB 晶体不能应用在紫外光区，限制了其在 Nd：YAG 激光器 1064nm 四倍频输出方面的应用。因此，为了获得紫外透过性能良好的 YAB 晶体，探索新型助熔剂是关键。2008 年，Rytz 等人[34]报道了采用新助熔剂生长的 YAB 晶体，其紫外截止边可达 160nm，但他们没有给出具体的生长条件。2009 年，陈啸等人对用于紫外低吸收 YAB 晶体生长的助熔剂体系进行了筛选，测定了 YAB-Li$_2$B$_4$O$_7$-AlBO$_3$ 体系的结晶关系，并优化得到了 YAB 晶体合适的生长区间。他们采用顶部籽晶熔盐法生长出尺寸为 15mm×15mm×10mm 的 YAB 晶体，其紫外吸收边达到 165nm[35]。2010 年，两个研究组各自报道了以 Li$_2$WO$_4$-B$_2$O$_3$ 和 Li$_2$O-B$_2$O$_3$ 为助熔剂生长 YAB 晶体（图 4-6），其紫外截止边分别低于 190nm 和 170nm[36, 37]。然而，这些方法生长的 YAB 晶体在紫外波段仍有明显的吸收峰，可能是由于痕量的 Fe^{3+} 杂质导致的[37]。最近有报道在无氧弱还原气氛（95%N$_2$ 或 Ar + 5%H$_2$）下采用 Al$_2$O$_3$-Li$_2$O-B$_2$O$_3$ 助熔剂生长 YAB 晶体，可以完全消除不利的紫外吸收，截止边达 170nm（图 4-7）[33]。

图 4-6 采用 Li$_2$WO$_4$-B$_2$O$_3$（a）和 Li$_2$O-B$_2$O$_3$（b）为助熔剂生长 YAB 晶体[36, 37]

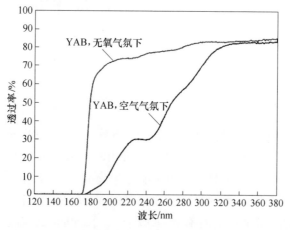

图 4-7 空气气氛和无氧气氛下生长的 YAB 晶体的透过光谱[33]

稀土掺杂的 YAB 晶体的生长与 YAB 类似。1995 年，Aka 等采用顶部籽晶法，以 K$_2$Mo$_3$O$_{10}$ 为助熔剂生长了不同激活离子浓度（10%~25%）的 Yb：YAB 晶体[38]。晶体尺寸一般可以达到 25mm×25mm×35mm 左右，并且当 Yb^{3+} 掺入量在小于10%时对其结构和晶胞参数的影响甚小。但是，同样的方法很难获得高质量、高光学均匀性的 $Nd_xY_{1-x}Al_3(BO_3)_4$（简称 NYAB）晶体。因为 NYAB 并非 $NdAl_3(BO_3)_4$ 和 YAB 晶体的均匀固溶体，组成其混晶的这两种基质晶体的结构不同（$NdAl_3(BO_3)_4$ 晶体是单斜晶系，而 YAB 晶体为三方晶系）。

YAB 晶体具有非线性系数大、物理化学性能稳定、不吸潮和硬度大（莫氏硬度为 7.5）等优点。同时，YAB 晶体在室温下的比热容为 $0.675J/(g·K)$，线膨胀系数 $a_a = 3.88×10^{-6} K^{-1}$、$a_c = 12.5×10^{-6} K^{-1}$，沿 a 和 c 方向的热导率分别为 $11.891W/(m·K)$ 和 $11.591W/(m·K)$[36]。上述热学性能表明 YAB 具有较好的热导性和较小的热膨胀各向异性，容易获得大尺寸的晶体。

YAB 属于三方晶系，是负单轴晶。因为缺乏合适的晶体，纯 YAB 晶体准确的折射率色散曲线直到最近才有报道[33]，其拟合的 Sellmeier 方程可表示为：

$$n_o^2 = 3.100637 + \frac{0.019165}{\lambda^2 - 0.014928} - 0.022432\lambda^2$$

$$n_e^2 = 2.847015 + \frac{0.015833}{\lambda^2 - 0.012958} - 0.010084\lambda^2$$

根据 Sellmeier 方程拟合的拟合结果，计算得到 YAB 最短 I 类相位匹配倍频波长为 246nm（图4-8），这意味着 YAB 可以实现 532nm→266nm 的倍频输出或 1064nm 的直接四倍频输出，可能在紫外非线性光学领域有着巨大的应用价值。

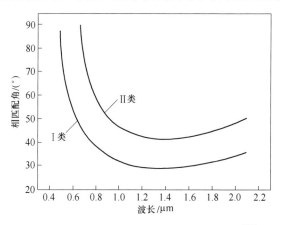

图4-8　YAB 晶体理论计算的相位匹配曲线[33]

此外，YAB 晶体折射率随温度（30～170℃）的变化也有报道[39]。在 1064nm 时，折射率和温度的关系可表示为：

$$n_o(\lambda, T) = 1.75888 + 0.75508\Delta T$$

$$n_e(\lambda, T) = 1.68828 + 1.15327\Delta T$$

YAB 晶体对称性为 D_3-32，根据 Kleinman 全交换关系，$d_{11} = -d_{12} = -d_{26}$。采

用相位匹配法测得的 YAB 的二阶非线性光学系数：$d_{11} = 1.30\text{pm/V}$[39]。掺杂稀土的 YAB 晶体的非线性系数与纯 YAB 近似，例如含 Nd^{3+} 的 NYAB 晶体的二阶非线性系数 $d_{11} = (1.51 \pm 0.25)\text{pm/V}$[40]，Yb：YAB 的二阶非线性系数 $d_{11} = 1.42\text{pm/V}$[41]。

目前，关于这一晶体的非线性光学性能的研究还相对较少。限制其发展的主要因素是难以获得高质量的、在紫外无显著吸收的 YAB 晶体。但利用其较大的非线性光学系数，通过掺杂形成的 NYAB、Yb：YAB、Tm：YAB 等晶体在激光自倍频领域已经获得了相当程度的关注，取得了一些很有价值的研究成果。此外，$LnAl_3(BO_3)_4$ 系列晶体中的 $GdAl_3(BO_3)_4$、$LuAl_3(BO_3)_4$ 与 YAB 的光学性能类似，在紫外波段无明显吸收，对于这两种晶体的大尺寸晶体生长和非线性光学性能也有相关报道[42,43]。

4.3 YCOB 和 GdCOB 晶体

20 世纪 90 年代初，一类新的钙-稀土硼酸盐非线性光学晶体（$LnCa_4O(BO_3)_3$，简称 LnCOB）引起人们广泛的重视和研究。YCOB 和 GdCOB 的单晶结构首先于 1992 年由 Norrestam 等人测定[44]。这一类晶体属于氧合硼酸盐化合物，晶体结构为单斜晶系，Cm 空间群，晶胞参数都比较接近。YCOB 的晶胞参数[11]：$a = 0.8046\text{nm}$，$b = 1.5959\text{nm}$，$c = 0.3517\text{nm}$，$\beta = 101.19°$；GdCOB 的晶胞参数[45]：$a = 0.8106\text{nm}$，$b = 1.6028\text{nm}$，$c = 0.3557\text{nm}$，$\beta = 101.25°$。LnCOB 系列的晶体结构中，Ln^{3+} 离子和 Ca^{2+} 离子分别与 6 个氧原子配位形成畸变的八面体，这些八面体随后通过共用顶点氧和 BO_3 基团连接。晶体结构中有两种不同的 BO_3 基团，大致沿着（001）面平行排列，是该类化合物具有大倍频效应的主要因素。LnCOB 的结构与 $Ca_5(BO_3)_3F$（磷灰石 $Ca_5(PO_3)_3F$ 的衍生物）很类似，可以看作 $Ca_5(BO_3)_3F$ 中的一个 Ca 被稀土离子替换，对应的 F 被 O 替换平衡电荷（图 4-9）。自发现以来，这一类晶体的合成、晶体生长和非线性光学性能的研究受到了广泛的关注。特别是 YCOB 和 GdCOB 晶体因其紫外吸收边短的优势成为非线性光学领域的热点。美国的 Chai 研究组致力于 YCOB 的晶体生长和性能研究，法国的 Mougel 研究组重点发展了 GdCOB 晶体，日本的 Yoshimura 小组将研究重心放在 $Gd_xY_{1-x}COB$ 复合晶体的三倍频性质上。我国的科研团队，如王继扬研究组也对这两种晶体的发展起到了不可替代的推动作用，尤其在自倍频性能方面做出了很多开创性的工作[46]。

Norrestam 等人对固相合成的 YCOB 和 GdCOB 进行了差热分析[44]，证明它们均具有一致熔融特性，因此有希望直接从熔体中生长大尺寸晶体。YCOB 和 GdCOB 的熔点分别为 1510℃ 和 1480℃，目前绝大多数文献报道中这两种晶体均采用射频感应加热的提拉法生长。1996 年，Aka 等人首次用提拉法生长出了 GdCOB 晶体和掺杂 Nd^{3+} 的 GdCOB 晶体。Iwai 等人[11]生长了 YCOB 和 GdCOB 晶

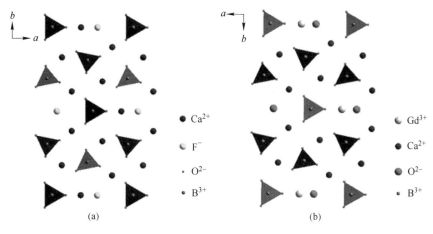

图 4-9 $Ca_5(BO_3)_3F$(a) 和 $GdCa_4O(BO_3)_3$(b) 的结构对比

体,并分别测定了其非线性光学性能。2006 年报道了直径 75mm 的大尺寸 YCOB 单晶(图 4-10),可以用于高功率 1048nm 激光倍频输出[47]。YCOB 和 GdCOB 掺入稀土离子如 Nd^{3+} 或 Yb^{3+} 后,其基本性质与原晶体相似,没有很大变化。此外,在这两种晶体中,Gd 与 Y 可以任意比例无限互溶,形成连续固溶体 $Gd_xY_{1-x}CaO(BO_3)_3$(简称 GdYCOB 晶体)。由于 YCOB、GdCOB 以及 GdYCOB 晶体均可以从熔体中生长,生长周期短,可获得优质大尺寸晶体,因此很适合用作 Nd∶YAG 激光的二倍频和三倍频晶体。

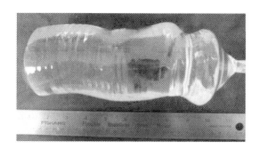 

图 4-10 提拉法生长的 YCOB 晶体[47]

YCOB 和 GdCOB 晶体物化性能稳定,不潮解,晶体的莫氏硬度为 6.5。YCOB 三个主轴方向 (x,y,z) 的线膨胀系数分别为 $9.18×10^{-6}$ K^{-1}、$1.00×10^{-6}$ K^{-1} 和 $5.52×10^{-6}$ K^{-1}[48]。YCOB 的热导率优于 KDP 和 BBO,同 KTP 相当;但作为激光基质材料,其热导率远小于 YVO_4 和 YAG 晶体。YCOB 的激光损伤阈值约为 $18.4GW/cm^2$,而 GdCOB 目前测得的激光损伤阈值大于 $1GW/cm^2$(1064nm 波长,脉宽 6ns 激光)[49]。

YCOB 晶体的透光范围是 0.202~3.700μm，在紫外波段没有明显吸收，在红外波段 2.70μm、2.90μm 和 3.25μm 附近有三个吸收峰。GdCOB 晶体也具有宽的透光范围（0.2~3.7μm），但在紫外波段 0.25μm、0.28μm 和 0.31μm 处分别有三个尖锐的吸收峰，而红外波段同 YCOB 类似。YCOB 和 GdCOB 为负双轴晶，是典型的低对称光学晶体，其介电学轴不同于晶体学轴。YCOB 介电学轴和晶体学轴的变换是：$y/\!/b$，a 轴和 c 轴位于 xy 平面，两轴夹角 $\beta=101.167°$，z 轴和 a 轴夹角为 24.7°，x 轴和 c 轴的夹角为 13.5°[50]。测得 YCOB 折射率色散在 x、y、z 三个方向拟合的 Sellmeier 方程可表示为[48]：

$$n_x^2 = 2.7697 + \frac{0.02034}{\lambda^2 - 0.01779} - 0.00643\lambda^2$$

$$n_y^2 = 2.8741 + \frac{0.02213}{\lambda^2 - 0.01871} - 0.01078\lambda^2$$

$$n_z^2 = 2.9107 + \frac{0.02232}{\lambda^2 - 0.01887} - 0.01256\lambda^2$$

GdCOB 介电学轴和晶体学轴的变换是：$y/\!/b$，a 轴和 c 轴位于 xz 平面，两轴夹角 $\beta=101.27°$，z 轴和 a 轴夹角为 27.2°，x 轴和 c 轴的夹角为 16.2°[51]。GdCOB 和 YCOB 同构，但折射率不同，其在 x、y、z 三个方向拟合的 Sellmeier 方程可表示为[52]：

$$n_x^2 = 2.8063 + \frac{0.02315}{\lambda^2 - 0.01378} - 0.00537\lambda^2$$

$$n_y^2 = 2.8959 + \frac{0.02398}{\lambda^2 - 0.01389} - 0.01132\lambda^2$$

$$n_z^2 = 2.9248 + \frac{0.02410}{\lambda^2 - 0.01406} - 0.01139\lambda^2$$

根据折射率色散关系预测这两种晶体都能在主光学平面（xy、yz、zx）上实现相位匹配。YCOB 能够实现的最短 I 类和 II 类相位匹配倍频波长分别为 362.2nm 和 515.0nm；GdCOB 晶体对 1064nm 的倍频仅能实现 I 类相位匹配，最短基频光为 830nm。

YCOB 和 GdCOB 晶体属于低对称性 m 点群，经过 Kleinman 变换后（$d_{31}=d_{15}$、$d_{32}=d_{24}$、$d_{13}=d_{35}$ 和 $d_{26}=d_{12}$），仍剩下 6 个独立的非线性光学系数，其约化矩阵如下：

$$\begin{bmatrix} d_{11} & d_{12} & d_{13} & 0 & d_{31} & 0 \\ 0 & 0 & 0 & d_{32} & 0 & d_{12} \\ d_{31} & d_{32} & d_{33} & 0 & d_{13} & 0 \end{bmatrix}$$

其中，YCOB 的二阶非线性系数为[53]：d_{11} = 0、d_{12} = 0.24pm/V、d_{13} = −0.73pm/V、d_{31} = 0.41pm/V、d_{32} = 2.00pm/V 以及 d_{33} = −1.60pm/V；GdCOB 的二阶非线性系数为：d_{11} = 0、d_{12} = 0.27pm/V、d_{13} = −0.85pm/V、d_{31} = 0.20pm/V、d_{32} = 2.23pm/V 以及 d_{33} = −1.87pm/V。YCOB 和 GdCOB 的有效倍频系数分别是 KDP 的 2.8 倍和 3.4 倍，且具有比 KDP 更好的允许角和允许温度范围。此外，YCOB 最大的特点是拥有足够大的双折射率，可以实现 Nd：YAG 激光器 1064nm 的三倍频（1064nm + 532nm→ 355nm），而 GdCOB 由于双折射偏小，不能实现三倍频输出。但是，可以通过调控复合晶体 GdYCOB 中 Y 和 Gd 的比例，调制其双折射率，形成折射率连续变化的置换型固溶体。通过这一特性，GdYCOB 能够在相位匹配方向控制折射率，对于实现非临界相位匹配（或称温度调谐相位匹配）是非常有利的。

总的说来，YCOB 和 GdCOB 晶体与其他常见非线性光学晶体如 BBO、LBO、KDP 等比较，在非线性光学应用方面并没有显著优势，很难取代现有材料。然而，YCOB 和 GdCOB 在非临界相位匹配、激光自倍频领域比其他晶体优势明显，也是迄今为止为人们研究得最广泛和最深入的低对称性晶体。这类晶体有望在小型化激光器中得到应用。

4.4 其他新型稀土非线性光学晶体

由于稀土离子与氧原子配位时常常形成具有较大超极化率的畸变多面体，有利于增加二阶非线性效应，因此在硼酸盐或其他体系中引入稀土元素是设计新型非线性光学晶体的有效策略之一。本节扼要介绍近年来报道的一些具有较大倍频效应的稀土非线性光学晶体材料。

YAB、LnCOB 晶体是很早发现的材料，然而都有各自的缺陷。容易联想到，通过元素替换、掺杂等手段对传统晶体进行性能改良，可获得更多新的衍生物。例如为了解决 YAB 晶体生长的难题，叶宁等人尝试了采用 Sc 和 La 替换 Al 的方法，研究了 $LaBO_3$-$ScBO_3$-YBO_3 相图体系[54]。他们采用高温熔液法获得了30mm× 30mm× 10mm 的 $Y_{0.57}La_{0.72}Sc_{2.71}(BO_3)_4$ 晶体。该晶体具有短的紫外吸收边（λ< 200nm）、适中的双折射率（Δn = 0.085）、较大的二阶倍频系数（d_{11} = 1.4pm/ V）和稳定的物化性能，是具有潜力的紫外非线性光学晶体材料。叶宁及其合作者同时也报道了 $LnCd_4O(BO_3)_3$（Ln = Y、Gd、Yb、Lu）等系列晶体[55,56]。该类晶体是 YCOB 晶体的衍生物，晶体结构中 Ca^{2+} 离子的位置被 Cd^{2+} 取代。它们均为一致熔融化合物，其粉末倍频效应分别是 5.2 倍、5.0 倍、4.0 倍和 5.3 倍 KDP。同 Ca 的同构物比较，这些化合物的倍频效应显著增大，但由于 Cd^{2+} 离子的引入导致紫外吸收边红移，不能用于深紫外波段。

碱金属-稀土金属复合硼酸盐体系中报道了一些有应用前景的非线性光学晶

体材料。典型的例子是 Na_2O-La_2O_3-B_2O_3 体系中发现的氧合硼酸盐 $Na_3La_9O_3(BO_3)_8$[57]。该晶体采用自助熔剂生长，其透光波段可从 270nm 到 2100nm，粉末倍频效应为 3~5 倍 KDP[58]。进一步的测试表明 $Na_3La_9O_3(BO_3)_8$ 仅有的一个二阶非线性系数为 d_{22} = (2.31 ± 0.07)pm/V，相位匹配区间为 560~5000nm（Ⅰ类）和 790~4344nm（Ⅱ类）[59]。另一类化合物是 Meisner 等人报道的具有类碳酸钠钙石结构的 $Na_3Ln_2(BO_3)_3$（Ln = La、Sm、Gd）系列晶体[60]。2013 年张国春等人报道了 $Na_3La_2(BO_3)_3$ 晶体的生长、线性和非线性光学性质[61]。该晶体的紫外吸收边为 213nm，在 1064nm 下的有效倍频系数为 1.44pm/V，略大于 LBO，是一种有潜力的倍频晶体材料。但另外两种化合物在非线性光学领域的应用受到限制：$Na_3Gd_2(BO_3)_3$ 不能实现 1064nm 下的相位匹配[62]，$Na_3Sm_2(BO_3)_3$ 在可见光波段有明显吸收[63]。此外，赵三根等人研究了 K_2O-Y_2O_3-B_2O_3 和 K_2O-Li_2O-Sc_2O_3-B_2O_3 体系，获得了 $K_3YB_6O_{12}$ 和 $K_6Li_3Sc_2B_{15}O_{30}$ 两种非中心化合物（都属于 $R32$ 空间群）[64,65]。两种化合物的结构基元都是 B_5O_{10}，倍频效应接近于 KDP，其紫外吸收边均小于 200nm。

最近，科研人员在碱土金属-稀土金属复合硼酸盐体系中也发现了一些具有非线性光学效应的化合物。例如 2013 年报道的 $LaBeB_3O_7$ 晶体具有沿 c 方向一致排列的 XO_4（X = B、Be）四面体基团[66]。该化合物是 SrB_4O_7 的同构物，但由于 Be/B 原子的"位置无序效应"能够实现 1064nm 下的相位匹配，同时具有较大的粉末倍频效应（1~2 倍 KDP）和较短的紫外吸收边（220nm）。另一类 $REBe_2B_5O_{11}$（RE = Y、Gd）晶体具有新颖的 $[Be_2B_5O_{11}]^{3-}$ 层状结构，该结构在硼酸盐中第一次被报道[67]。这两种化合物的紫外吸收边低于 200nm，其粉末倍频效应约和 KDP 相当。

不仅限于硼酸盐，由于 CO_3 具有与 BO_3 类似的 π 共轭结构，可以产生较大的倍频效应，稀土金属碳酸盐化合物也吸引了科研人员的兴趣。这些化合物包括：$Na_4La_2(CO_3)_5$、$CsNa_3Ca_5(CO_3)_8$[68]、$Na_8Lu_2(CO_3)_6F_2$ 和 $Na_3Lu(CO_3)_2F_2$[69]、$Na_3Ln(CO_3)_3$（Ln = Y、Gd）[70]、$Na_5Sc(CO_3)_4 \cdot 2H_2O$[71]等。这些化合物结构的共同特点是由 CO_3 基团和 LnO_n 多面体共用顶点组成阴离子框架，碱金属阳离子填充在晶格空隙中。其中 CO_3 的排列方式和晶胞中的密度影响化合物的非线性光学性能[68,69]。

由于其丰富的结构和性质，稀土硫属化合物得到了广泛的研究。2009 年报道的 $ZnY_6Si_2S_{14}$、$Al_xDy_3(Si_yAl_{1-y})S_7$ 和 $Al_{0.33}Sm_3SiS_7$ 具有非常大的倍频效应，其粉末倍频效应分别为 2 倍、2 倍和 1 倍 KTP[12]。2011 年，陈玲及其合作者报道了 Ln_4GaSbS_9（Ln = Pr、Nd、Sm、Gd-Ho）系列化合物[14]，其中 Sm 衍生物的倍频性能可达商业化标准 $AgGaS_2$ 的 3.8 倍（2.05μm 时），透光波段为 1.75~25μm，可望作为远红外非线性光学晶体材料得以应用。同一研究组随后报道的 La_4InSbS_9

属于422点群（理论上不可能产生二阶倍频效应），实验发现其具有1.5倍 $AgGaS_2$（$2.05\mu m$时）效应，违反了Kleinman对称性原理[15]。理论计算表明其较强的倍频效应可能来源于晶格热振动。

此外，近期报道的有机-无机杂化晶体 $Ln_2(CH_3CO_2)_2[B_5O_9(OH)] \cdot H_2O$（Ln=La、Ce、Pr）和 $La_2(CH_3CO_2)_2[B_5O_9(OH)]$ 也具有非线性活性，其倍频效应（1~3倍KDP）主要来源于不对称B-O基团和π共轭的 CH_3COO^- 阴离子的协同作用[72]。

4.5 稀土非线性光学晶体的典型应用

4.5.1 倍频和三倍频激光输出

作为非线性光学晶体，最常见的用途是激光频率转换，可以采用和频、差频和光参量振荡实现不同波长的激光输出。其中倍频（frequency doubling 或称 second harmonic generation，SHG）和三倍频（third harmonic generation，THG）是最常见的两种方式。

LCB晶体：2011年报道了利用LCB晶体实现最大功率为25W的倍频输出（532nm）。LCB晶体的三倍频测试利用1064nm和532nm的两束激光和频实现了355nm的输出。其中，在飞秒Nd：YAG激光光源和I类相位匹配条件下，LCB可实现5.0mW的355nm激光输出，光-光转换效率为17.5%；在纳秒激光光源和II类相位匹配条件下，LCB可输出3.5mW的355nm激光，转换效率为7.9%[5]。

YCOB晶体：YCOB晶体的特点是能够实现1064nm和532nm和频输出355nm激光，即THG输出。1998年，Yoshimura等人首次在沿着 xy 和 yz 主平面切割的YCOB晶体上获得了1064nm的三倍频输出[73]。在该实验中，YCOB在 xy 平面上的有效倍频系数 d_{eff} 是KDP的1.4倍。2000年，通过激光二极管阵列终端泵浦Nd：YVO_4 激光器（功率5.6W）腔内倍频1.2cm的YCOB晶体可产生2.35W的连续倍频激光输出[74]。杜晨林等人通过自行设计的内腔THG实验装置（图4-11），在Nd：YVO_4 光源下，以KTP为倍频晶体，YCOB作为三倍频晶体，获得了355nm、1.3mW连续激光和124mW准连续激光（脉冲频率20kHz），其光-光转换效率是3.3%[75]。YCOB晶体容易在高功率激光下损伤，如产生灰痕效应，一定程度上限制了其在THG方面的应用。

GdCOB晶体：GdCOB晶体在1064nm倍频时只能实现I类相位匹配。但由于GdCOB具有较高的激光损伤阈值和大的允许角，在10Hz调Q Nd：YAB激光器（1064nm、峰值能量400mJ、脉波宽度6ns）下，一块30mm×25mm×15mm的GdCOB作为倍频晶体可以达到50%的转换效率[49]。此外，通过掺杂4%的Sr，

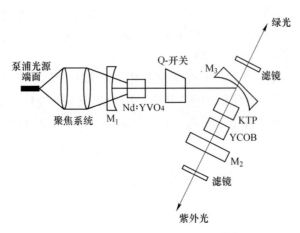

图 4-11　内腔 THG 实验装置图[75]

GdCOB 的转换效率还可以进一步提高[76]。

GdYCOB 晶体：对不同组分比例的 GdYCOB 晶体进行性能研究证实，通过改变固溶度可以连续地改变相匹配角，使其在 724～826nm（对应Ⅰ类相位匹配）以及 832～961nm（对应Ⅱ类相位匹配）范围内对任意波长实现非临界相位匹配。在利用这一特性方面，Kitano 等报道了 GdYCOB 沿 y 轴实现了 387nm 激光输出[77]。GdYCOB 晶体还可以替代 YCOB 应用于激光三倍频中，其输出功率大于 YCOB[78]。此外，利用 GdYCOB 晶体具有的大角度接受带宽和 KTP 拥有的宽温度区域接受带宽特性，Hatano 等人发展了一种新颖的、体积小巧的集成化频率转换器件（图 4-12），其中，GdYCOB 晶体作为三倍频转换晶体，KTP 负责倍频转换[79]。使用该器件，以 452mW、1064nm 的基频光，输出 355nm 激光的三倍频转换效率为 4.5%。

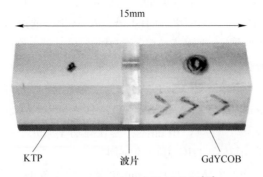

图 4-12　集成化的频率转换器[79]

$Na_3La_9O_3(BO_3)_8$ 晶体：张建秀等人测试了 $Na_3La_9O_3(BO_3)_8$ 和 LBO 晶体倍频

转换效率[59]。采用 7.08mW、1064nm 的 Nd：YAG 光源，$Na_3La_9O_3(BO_3)_8$ 晶体的输出功率为 4.05mW，对应转换效率 57.2%；而同样条件下采用 LBO 仅输出 2.02mW 的 532 倍频光，转换效率为 28.5%。因此 $Na_3La_9O_3(BO_3)_8$ 是非常有竞争力的倍频晶体材料。2012 年，同一研究组首次报道了该晶体的三倍频输出[80]。在飞秒 Nd：YAG 激光器（25ps、10Hz、1064nm）下 $Na_3La_9O_3(BO_3)_8$ 可输出 1.9mW 的 355nm 激光，最高转换效率为 9.3%。理论计算表明如采用更优质的晶体，其光转换效率可以进一步提高。

4.5.2 激光自倍频输出

通常，人们为了获得某一波长的激光输出，需要激光晶体和非线性光学晶体的组合。激光晶体受激辐射产生近红外激光，通过谐振腔增益，再通过一块或者多块非线性光学晶体倍频，三倍频以及四倍频转换，最终实现目标波长输出。正因为需要两次转换，造成整个系统结构复杂，体积较大，可靠性较差，维护不便，激光输出功率受到限制。因此，在一种激光晶体实现倍频输出或者在非线性光学晶体中掺杂激活离子，就有可能使这块晶体成为一种复合功能晶体，实现激光和非线性光学的功能复合，即激光自倍频晶体。早在 1969 年，美国贝尔实验室的 Johnson 等利用激光自倍频晶体 Tm：$LiNbO_3$ 首次实现了 $^3H_4 \to {}^3H_6$ 跃迁的 1853.2nm→926.6nm 的自倍频激光输出[81]。多年来，人们一直在探索自倍频晶体，先后发明了 Nd：MgO：$LiNbO_3$、NYAB、Nd：YCOB 和 Nd：GdCOB 等自倍频晶体并实现了自倍频绿光输出。目前，以激光二极管（LD）泵浦的自倍频激光器，具有体积小、寿命长、结构简单紧凑、稳定性强、制作成本低等独特优势，在分析仪器、激光通信、光盘存储和医疗诊断等方面有广泛的应用。

Nd：LCB 晶体：Brenier 等人报道了其由 $^4F_{3/2} \to {}^4I_{11/2}$ 产生的激光自倍频效应，转换效率为 5%[30]；随后，他们在 2007 年发现了 Nd：LCB 晶体中激光发射中心和自倍频效应的特殊关系[82]，并于 2009 年利用占据 La^{3+} 位置的 Nd^{3+} 激活离子和沿 z 方向的晶片，获得了 1051.4nm 的激光，并且在相位匹配方向获得了自倍频输出。同时，他们还实现了在 x 方向晶片上双线偏振的双频激光输出，激光频率差别可达 4.6 THz[83]。最近，Brenier 等人进一步研究了 Nd^{3+} 分别取代 La^{3+} 位置和 Ca^{2+} 位置，同时输出 1051nm 和 1069nm 激光的可能性[84]。

NYAB 晶体：掺钕四硼酸铝钇（或称 Nd：YAB）是研究最广泛的一种激光自倍频晶体。它具有同时输出基频光（1.32μm 和 1.06μm）和倍频光（660nm 和 532nm）双波长的特性。1981 年，前苏联科学家报道了 NYAB 晶体，并用闪光灯泵浦获得了 1320nm 到 660nm 自倍频激光运转。但是由于该晶体在倍频输出波段（532nm）附近存在一个吸收峰，从而 532nm 的自倍频激光输出困难。1986 年，陆宝生等通过调整 Nd^{3+}/Y^{3+} 的摩尔比，在国际上首次实现了从 1064nm→

532nm 的自倍频效应[85]。1988 年，江爱栋等人研制了 LD 泵浦 NYAB 小型激光器，泵浦功率为 400mW 时可获得 70mW 的自倍频绿光输出，转换效率为 17.5%[86]。1990 年以来，NYAB 晶体作为自倍频材料在激光二极管泵浦的固体激光器中获得应用，到目前为止，LD 泵浦的 NYAB 晶体已成功实现了连续和调 Q 自倍频运转。最近，NYAB 激光器在 LD 泵浦功率为 1.6W 时可以获得 225mW 的自倍频绿光输出；在采用钛宝石激光器（807nm、2.2W）作为泵浦源时，可以获得 450mW 的绿光[87]。NYAB 具有良好的激光自倍频特性，但是该晶体有一些缺点，如难以获得高质量的晶体、浓度猝灭、量子效率低、不适当的热致效应和在绿光谱区的明显吸收等，很难通过改善晶体生长条件或其他措施来解决，其实用性受到限制。

Yb：YAB 晶体：Nikogosyon 曾在《非线性光学晶体》一书中提到："Yb：YAB 是最成功的自倍频晶体。"因为 Yb^{3+} 离子半径非常接近 Y^{3+}，因此镱离子很容易进入 YAB 基质中。Yb：YAB 晶体没有浓度猝灭、激发态和倍频波长的自吸收，并且具有高的量子产率、低的量子缺陷、弱的热效应和潜在的宽增益带宽等优点[88]。澳大利亚-中国研究组采用助熔剂法生长了不同配比的 Yb：YAB 晶体，通过 I 类 Yb：YAB（0.3cm 长、Yb^{3+} 比例为 8%～10%、$\theta = 31°$）晶体，以 InGaAs 光纤耦合二极管激光器（11W、977nm）泵浦得到的 4.3W 基频光波输出，并在同样实验条件下得到了 1.1W 的自倍频绿光输出，光-光转换效率为 10%[89]。他们同时获得了 517～540nm（50mW 量级）可调谐的自倍频激光。这是当前自倍频激光输出的很好的水平。

Nd：GdCOB 晶体：因为晶体生长工艺简单，Nd：GdCOB 晶体是最有潜力发展应用的自倍频晶体。Aka 等人[90]利用 Nd：GdCOB 晶体平-凹外腔结构，在吸收 LD 泵浦功率为 1.2W 时，获得了 115mW 的自倍频 530nm 绿光输出；采用平-平腔结构，吸收 1W 功率时自倍频激光输出为 22mW。Brenier 等人[91]测试了 Nd：GdCOB 晶体的 n^+ 和 n^- 两个偏振在最佳匹配方向的光谱性能，认为 Nd：GdCOB 晶体可以达到 NGAB 晶体 78% 的转换效率。许祖彦等人基于对 Nd：GdCOB 激光器研究，提出激光自倍频晶体两种效应的平衡匹配理论和性能综合优化方案，发明了以该晶体作为增益介质的、具有单一束激光输出或线阵激光输出的自倍频激光器等新型自倍频激光器件，实现了单频自倍频绿光激光有效输出。该类激光器具有稳定性高、能量更集中、相干性更好等特点，可作为优质光源广泛应用于拉曼光谱仪、基因分析、光频标准、相干光通信、激光光谱技术、精密测量、激光雷达等。此外，由于 Nd：GdCOB 自倍频晶体在红外基频光波段存在 1040nm、1046nm、1060nm、1064nm 和 1090nm 等多个发射波长，因此能够输出 520～545nm 的绿光，在激光显示技术方面存在潜在的应用前景[46]。

参 考 文 献

[1] Maiman T H. Stimulated optical radiation in Ruby [J]. Nature, 1960, 187: 493~494.

[2] 张克从, 王希敏. 非线性光学晶体材料科学 [M]. 北京: 科学出版社, 1996.

[3] Dmitriev V G, Gurzadyan G G, Nikogosyan D N, et al. Handbook of nonlinear optical crystals [M]. Berlin: Springer, 1999.

[4] Becker P. Borate materials in nonlinear optics [J]. Adv. Mater., 1998, 10 (13): 979~992.

[5] Chen C T, Sasaki T, Li R K, et al. Nonlinear optical borate crystals: principals and applications [M]. Weinheim: Wiley-VCH, 2012.

[6] Sasaki T, Mori Y, Yoshimura M, et al. Recent development of nonlinear optical borate crystals: key materials for generation of visible and UV light [J]. Mater. Sci. Eng. R, 2000, 30 (1-2): 1~54.

[7] Xia Y N, Chen C T, Tang D Y, et al. New nonlinear optical crystals for UV and VUV harmonic generation [J]. Adv. Mater., 1995, 7 (1): 79~81.

[8] 徐光宪. 稀土 [M]. 2版. 北京: 冶金工业出版社, 1995.

[9] Wu Y C, Liu J G, Fu P Z, et al. A new lanthanum and calcium borate $La_2CaB_{10}O_{19}$ [J]. Chem. Mater., 2001, 13 (3): 753~755.

[10] Filimonov A A, Leonyuk N I, Meissner L B, et al. Nonlinear optical properties of isomorphic family of crystals with yttrium-aluminium borate (YAB) structure [J]. Kristall und Technik, 1974, 9 (1): 63~66.

[11] Iwai M, Kobayashi T, Furuya H, et al. Crystal growth and optical characterization of rare-earth (RE) calcium oxyborate $RECa_4O(BO_3)_3$ (RE = Y or Gd) as new nonlinear optical material [J]. Jpn. J. Appl. Phys., 1997, 36 (11B): 276~279.

[12] Guo S P, Guo G C, Wang M S, et al. A Series of new infrared NLO semiconductors, $ZnY_6Si_2S_{14}$, $Al_xDy_3(Si_yAl_{1-y})S_7$, and $Al_{0.33}Sm_3SiS_7$ [J]. Inorg. Chem., 2009, 48 (15): 7059~7065.

[13] Chen M C, Li P, Zhou L J, et al. Structure change induced by terminal sulfur in noncentrosymmetric $La_2Ga_2GeS_8$ and $Eu_2Ga_2GeS_7$ and nonlinear-optical responses in middle Infrared [J]. Inorg. Chem., 2011, 50 (24): 12402~12404.

[14] Chen M C, Li L H, Chen Y B, et al. In-phase alignments of asymmetric building units in Ln_4GaSbS_9 (Ln = Pr, Nd, Sm, Gd-Ho) and their strong nonlinear optical responses in middle IR [J]. J. Am. Chem. Soc., 2011, 133 (12): 4617~4624.

[15] Zhao H J, Zhang Y F, Chen L. Strong Kleinman-forbidden second harmonic generation in chiral sulfide: La_4InSbS_9 [J]. J. Am. Chem. Soc., 2012, 134 (4): 1993~1995.

[16] Wu Y C, Liu J G, Fu P Z, et al. New class of nonlinear optical crystals $R_2CaB_{10}O_{19}$ (RCB) [C]. Electro-Optic and Second Harmonic Generation Materials, Devices, and Applications Ⅱ, Proc. SPIE 3556, 1998: 8~13.

[17] Xu X W, Chong T C, Zhang G Y, et al. Growth and optical properties of a new nonlinear optical lanthanum calcium borate crystal [J]. J. Cryst. Growth, 2002, 237~239, Part 1: 649~653.

[18] Wang J X, Fu P Z, Wu Y C. Top-seeded growth and morphology of $La_2CaB_{10}O_{19}$ crystals [J]. J. Cryst. Growth, 2002, 235 (1~4): 5~7.

[19] Wu Y C, Fu P Z, Zheng F, et al. Growth of a nonlinear optical crystal $La_2CaB_{10}O_{19}$ (LCB) [J]. Opt. Mater., 2003, 23 (1~2): 373~375.

[20] Jing F L, Wu Y C, Fu P Z. Growth of $La_2CaB_{10}O_{19}$ single crystals from $CaO-Li_2O-B_2O_3$ flux [J]. J. Cryst. Growth, 2005, 285 (1~2): 270~274.

[21] Jing F L, Wu Y C, Fu P Z. Growth of $La_2CaB_{10}O_{19}$ single crystals by top-seeded solution growth technique [J]. J. Cryst. Growth, 2006, 292 (2): 454~457.

[22] Guo R, Wu Y C, Fu P Z, et al. Optical transition probabilities of Er^{3+} ions in $La_2CaB_{10}O_{19}$ crystal [J]. Chem. Phys. Lett., 2005, 416 (1~3): 133~136.

[23] Li L, Liang H B, Tian Z F, et al. Luminescence of Ce^{3+} in different lattice sites of $La_2CaB_{10}O_{19}$ [J]. J. Phys. Chem. C, 2008, 112 (35): 13763~13768.

[24] Majchrowski A, Mandowska A, Kityk I V, et al. Temperature anomalies of emission spectra of Nd:Yb:$La_2CaB_{10}O_{19}$ single crystals [J]. Curr. Opin. Solid State Mater. Sci., 2008, 12 (2): 32~38.

[25] Zu Y L, Zhang J X, Fu P Z, et al. Growth and optical properties of Pr^{3+}:$La_2CaB_{10}O_{19}$ crystal [J]. J. Rare Earth, 2009, 27 (6): 911~914.

[26] Chen W P, Li L, Liang H B, et al. Luminescence of Pr^{3+} in $La_2CaB_{10}O_{19}$: Simultaneous observation PCE and f-d emission in a single host [J]. Opt. Mater., 2009, 32 (1): 115~120.

[27] Zhang J X, Wu Y, Zhang G C, et al. Growth of high-usage pure and Nd^{3+}-doped $La_2CaB_{10}O_{19}$ crystals for optical applications [J]. Cryst. Growth Des., 2010, 10 (4): 1574~1577.

[28] Jing F L, Fu P Z, Wu Y C, et al. Growth and assessment of physical properties of a new nonlinear optical crystal: Lanthanum calcium borate [J]. Opt. Mater., 2008, 30 (12): 1867~1872.

[29] Wang G L, Lu J H, Cui D F, et al. Efficient second harmonic generation in a new nonlinear $La_2CaB_{10}O_{19}$ crystal [J]. Opt. Commun., 2002, 209 (4~6): 481~484.

[30] Brenier A, Wu Y C, Fu P Z, et al. Evidence of self-frequency doubling from two inequivalent Nd^{3+} centers in the $La_2CaB_{10}O_{19}$:Nd^{3+} bifunctional crystal [J]. J. Appl. Phys., 2005, 98: 123528.

[31] Nekrasova L V, Leonyuk N I. $YbAl_3(BO_3)_4$ and $YAl_3(BO_3)_4$ crystallization from $K_2Mo_3O_{10}$-based high-temperature solutions: Phase relationships and solubility diagrams [J]. J. Cryst. Growth, 2008, 311 (1): 7~9.

[32] Leonyuk N I. Recent developments in the growth of $Rm_3(BO_3)_4$ crystals for science and modern applications [J]. Prog. Cryst. Growth Charact. Mater., 1995, 31 (3~4): 279~312.

[33] Yu J Q, Liu L J, Zhai N X, et al. Crystal growth and optical properties of $YAl_3(BO_3)_4$ for UV applications [J]. J. Cryst. Growth, 2012, 341(1): 61~65.

[34] Rytz D, Gross A, Vernay S, et al. $YAl_3(BO_3)_4$: a novel NLO crystal for frequency conversion to UV wavelengths [C]. Proc. SPIE 6998, 2008: 699812~699814.

[35] 陈啸, 刘华, 叶宁. 紫外低吸收 $YAl_3(BO_3)_4$ 晶体生长 [J]. 人工晶体学报, 2009, 38

(3): 544~547.

[36] Liu H, Li J, Fang S H, et al. Growth of YAl$_3$(BO$_3$)$_4$ crystals with tungstate based flux [J]. Mater. Res. Innovations 2011, 15 (2): 102~106.

[37] Yu X S, Yue Y C, Yao J Y, et al. YAl$_3$(BO$_3$)$_4$: Crystal growth and characterization [J]. J. Cryst. Growth, 2010, 312 (20): 3029~3033.

[38] Aka G, Viegas N, Teisseire B, et al. Flux growth and characterization of rare-earth-doped non-linear huntite-type borate crystals: Y$_{1-x}$Nd$_x$(Al$_{0.7}$Ga$_{0.3}$)$_3$(BO$_3$)$_4$ and Y$_{1-x}$Yb$_x$Al$_3$(BO$_3$)$_4$ [J]. J. Mater. Chem., 1995, 5 (4): 583~587.

[39] Liu H, Chen X, Huang L X, et al. Growth and optical properties of UV transparent YAB crystals [J]. Mater. Res. Innovations 2011, 15 (2): 140~144.

[40] Dorozhkin L M, Kuratev I I, Zhitnyuk V A, et al. Nonlinear optical properties of neodymium yttrium aluminum borate crystals [J]. Sov. J. Quantum Electron., 1983, 13 (7): 978~980.

[41] Dekker P, Blows J, Wang P, et al. Yb: YAl$_3$(BO$_3$)$_4$: An efficient green self-frequency [C]. Marshall. Advanced Solid-State Lasers, OSA Trends in Optics and Photonics Series. Washington DC: OSA, 2001: 476~483.

[42] Fang S H, Liu H, Ye N. Growth and thermophysical properties of the nonlinear optical crystal LuAl$_3$(BO$_3$)$_4$ [J]. Cryst. Growth Des., 2011, 11 (11): 5048~5052.

[43] Yue Y C, Zhu Y Y, Zhao Y, et al. Growth and nonlinear optical properties of GdAl$_3$(BO$_3$)$_4$ in a flux without molybdate [J]. Cryst. Growth Des., 2016, 16 (1): 347~350.

[44] Norrestam R, Nygren M, Bovin J O. Structural investigations of new calcium-rare earth (R) oxyborates with the composition Ca$_4$RO(BO$_3$)$_3$ [J]. Chem. Mater., 1992, 4 (3): 737~743.

[45] Aka G, Kahn-Harari A, Vivien D, et al. A new nonlinear and neodymium laser self-frequency doubling crystal with congruent melting: Ca$_4$GdO(BO$_3$)$_3$ (GdCOB) [J]. Eur. J. Solid State Inorg. Chem., 1996, 33: 727~736.

[46] 王继扬, 于浩海, 张怀金, 等. 激光自倍频晶体研究和应用进展 [J]. 物理学进展, 2011, 31(2): 91~110.

[47] Fei Y T, Chai B H T, Ebbers C A, et al. Large-aperture YCOB crystal growth for frequency conversion in the high average power laser system [J]. J. Cryst. Growth, 2006, 290 (1): 301~306.

[48] Segonds P, Boulanger B, Ménaert B, et al. Optical characterizations of YCa$_4$O(BO$_3$)$_3$ and Nd: YCa$_4$O(BO$_3$)$_3$ crystals [J]. Opt. Mater., 2007, 29 (8): 975~982.

[49] Aka G, Kahn-Harari A, Mougel F, et al. Linear- and nonlinear-optical properties of a new gadolinium calcium oxoborate crystal, Ca$_4$GdO(BO$_3$)$_3$ [J]. J. Opt. Soc. Am. B, 1997, 14 (9): 2238~2247.

[50] Mougel F, Aka G, Salin F, et al. Accurate second harmonic generation phase matching angles prediction and evaluation of non-linear coefficients of Ca$_4$YO(BO$_3$)$_3$ (YCOB) crystal [C]. Advanced Solid State Lasers, OSA Trends in Optics and Photonics, Boston, Massachusetts, 1999, OSA: 709~714.

[51] Wang Z P, Liu J H, Song R B, et al. The second-harmonic-generation property of GdCa$_4$O(BO$_3$)$_3$ crystal with various phase-matching directions [J]. Opt. Commun., 2001, 187 (4~6): 401~405.

[52] Umemura N, Nakao H, Furuya H, et al. 90° Phase-Matching Properties of YCa$_4$O(BO$_3$)$_3$ and Gd$_x$Y$_{1-x}$Ca$_4$O(BO$_3$)$_3$ [J]. Jpn. J. Appl. Phys., 2001, 40 (2): 596~600.

[53] Wang Z P, Xu X G, Wang J Y, et al. Determination of the optimum directions for the laser emission, frequency doubling, and self-frequency doubling of Nd : Ca$_4$ReO(BO$_3$)$_3$(Re=Gd, Y) crystals [J]. Acta. Phys. Sinica., 2002, 51: 2029~2033.

[54] Ye N, Stone-Sundberg J L, Hruschka M A, et al. Nonlinear optical crystal Y$_x$La$_y$Sc$_z$(BO$_3$)$_4$ ($x+y+z=4$) [J]. Chem. Mater., 2005, 17 (10): 2687~2692.

[55] Zou G H, Ma Z J, Wu K C, et al. Cadmium-rare earth oxyborates Cd$_4$REO(BO$_3$)$_3$ (RE=Y, Gd, Lu): congruently melting compounds with large SHG responses [J]. J. Mater. Chem., 2012, 22 (37): 19911~19918.

[56] Zou G H, Huang L, Cai H Q, et al. Synthesis and characterization of Cd$_4$YbO(BO$_3$)$_3$—a congruent melting cadmium-ytterbium oxyborate with large nonlinear optical properties [J]. New J. Chem., 2014, 38 (12): 6186~6192.

[57] Gravereau P, Chaminade J P, Pechev S, et al. Na$_3$La$_9$O$_3$(BO$_3$)$_8$, a new oxyborate in the ternary system Na$_2$O-La$_2$O$_3$-B$_2$O$_3$: preparation and crystal structure [J]. Solid State Sci., 2002, 4 (7): 993~998.

[58] Zhang G C, Wu Y C, Li Y G, et al. Flux growth and characterization of a new oxyborate crystal Na$_3$La$_9$O$_3$(BO$_3$)$_8$ [J]. J. Cryst. Growth, 2005, 275 (1~2): e1997~e2001.

[59] Zhang J X, Wang G L, Liu Z L, et al. Growth and optical properties of a new nonlinear Na$_3$La$_9$O$_3$(BO$_3$)$_8$ crystal [J]. Opt. Express, 2010, 18 (1): 237.

[60] Meisner L B. Shortite, a prospective material for nonlinear optics [J]. Opt. Spectrosc., 1981, 50 (2): 224~225.

[61] Li K, Zhang G C, Guo S, et al. Linear and nonlinear optical properties of Na$_3$La$_2$(BO$_3$)$_3$ crystal [J]. Opt. Laser Technol., 2013, 54: 407~412.

[62] Zhao S G, Zhang G C, Zhang X, et al. Growth and optical properties of Na$_3$Gd$_2$(BO$_3$)$_3$ crystal [J]. Opt. Mater., 2012, 34 (8): 1464~1467.

[63] Zhang G C, Wu Y C, Fu P Z, et al. A new sodium samarium borate Na$_3$Sm$_2$(BO$_3$)$_3$ [J]. J. Phys. Chem. Solids, 2002, 63 (1): 145~149.

[64] Zhao S G, Zhang G C, Yao J Y, et al. K$_3$YB$_6$O$_{12}$: A new nonlinear optical crystal with a short UV cutoff edge [J]. Mater. Res. Bull., 2012, 47 (11): 3810~3813.

[65] Zhao S G, Zhang G C, Yao J Y, et al. K$_6$Li$_3$Sc$_2$B$_{15}$O$_{30}$: A new nonlinear optical crystal with a short absorption edge [J]. Cryst. Eng. Comm., 2012, 14 (16): 5209~5214.

[66] Yan X, Luo S Y, Lin Z S, et al. LaBeB$_3$O$_7$: a new phase-matchable nonlinear optical crystal exclusively containing the tetrahedral XO$_4$ (X = B and Be) anionic groups [J]. J. Mater. Chem. C, 2013, 1 (22): 3616~3622.

[67] Yan X, Luo S Y, Lin Z S, et al. REBe$_2$B$_5$O$_{11}$ (RE=Y, Gd) : Rare-earth beryllium borates

as deep-ultraviolet nonlinear-optical materials [J]. Inorg. Chem., 2014, 53 (4): 1952~1954.

[68] Luo M, Wang G X, Lin C S, et al. $Na_4La_2(CO_3)_5$ and $CsNa_5Ca_5(CO_3)_8$: Two new carbonates as UV nonlinear optical materials [J]. Inorg. Chem., 2014, 53 (15): 8098~8104.

[69] Luo M, Ye N, Zou G H, et al. $Na_8Lu_2(CO_3)_6F_2$ and $Na_3Lu(CO_3)_2F_2$: Rare earth fluoride carbonates as deep-UV nonlinear optical materials [J]. Chem. Mater., 2013, 25 (15): 3147~3153.

[70] Luo M, Lin C S, Zou G H, et al. Sodium-rare earth carbonates with shorite structure and large second harmonic generation response [J]. Cryst. Eng. Comm., 2014, 16 (21): 4414~4421.

[71] Chen J, Luo M, Ye N. Syntheses, characterization and nonlinear optical properties of sodium-scandium carbonate $Na_5Sc(CO_3)_4 \cdot 2H_2O$ [J]. Solid State Sci., 2014, 36: 24~28.

[72] Yang H, Hu C L, Xu X, et al. Series of SHG materials based on lanthanide borate-acetate mixed anion compounds [J]. Inorg. Chem., 2015, 54 (15): 7516~7523.

[73] Yoshimura M, Kobayashi T, Furuya H, et al. Crystal growth and optical properties of yttrium calcium oxyborate $YCa_4O(BO_3)_3$ [C]. Advanced Solid State Lasers, Coeur D'Alene, Idaho, 1998, OSA: CM4.

[74] Liu J H, Wang C Q, Zhang S J, et al. Investigation on intracavity second-harmonic generation at 1.06μm in $YCa_4O(BO_3)_3$ by using an end-pumped Nd:YVO_4 laser [J]. Opt. Commun., 2000, 182 (1~3): 187~191.

[75] Du C, Wang Z, Liu J, et al. Investigation of intracavity third-harmonic generation at 1.06μm in $YCa_4O(BO_3)_3$ crystals [J]. Appl. Phys. B, 2002, 74 (2): 125~127.

[76] Zhang S, Xu Z, Liu J, et al. Effect of strontium ion on the growth and second harmonic generation properties of $GdCa_4O(BO_3)_3$ crystal [J]. Chin. Phys. Lett., 2001, 18 (1): 63~64.

[77] Hiroshi K, Hitoshi K, Ken-ichi M, et al. 387nm generation in $Gd_xY_{1-x}Ca_4O(BO_3)_3$ crystal and its utilization for 193nm light source [J]. Jpn. J. Appl. Phys., 2003, 42 (2B): L166.

[78] Yoshimura M, Furuya H, Yamada I, et al. New nonlinear optical crystal GdYCOB for noncritically phase-matched UV generation [C]. Conference on Lasers and Electro-Optics (CLEO), 1999, OSA: 529~530.

[79] Hatano S, Yoshimura M, Mori Y, et al. Monolithic wavelength converter for ultraviolet light by use of a $Gd_xY_{1-x}Ca_4O(BO_3)_3$ crystal [J]. Appl. Opt., 2005, 44 (35): 7651~7658.

[80] Zhang J X, Wang L R, Li Y, et al. 355nm laser generation based on $Na_3La_9O_3(BO_3)_8$ crystal [J]. Opt. Express, 2012, 20 (15): 16490~16493.

[81] Johnson L F, Ballman A A. Coherent emission from rare-earth ions in electro-optic crystals [J]. J. Appl. Phys., 1969, 40 (1): 267~302.

[82] Brenier A, Wu Y C, Fu P Z, et al. Spectroscopy and self-frequency doubling of the $^4F_{3/2} \rightarrow ^4I_{13/2}$ laser channel in the $La_2CaB_{10}O_{19}$:Nd^{3+} bi-functional crystal [J]. Appl. Phys. B, 2007, 86: 673~676.

[83] Brenier A, Wu Y C, Fu P Z, et al. Diode-pumped laser properties of Nd^{3+}-doped $La_2CaB_{10}O_{19}$

crystal including two-frequency generation with 4.6 THz separation [J]. Opt. Express, 2009, 17 (21): 18730~18737.

[84] Brenier A, Wu Y C, Zhang J X, et al. Laser properties of the diode-pumped Nd^{3+}-doped $La_2CaB_{10}O_{19}$ crystal [J]. J. Appl. Phys., 2010, 108: 093101.

[85] Lu B S, Wang J, Pan H F, et al. Excited emission and self-frequency-doubling effect of $Nd_xY_{1-x}Al_3(BO_3)_4$ crystal [J]. Chin. Phys. Lett., 1986, 3 (9): 413.

[86] Luo Z D, Jiang A D, Huang Y C, et al. Xenon flash lamp pumped self-frequency doubling NYAB pulsed laser [J]. Chin. Phys. Lett., 1989, 6 (10): 440.

[87] Bartschke J, Knappe R, Boller K J, et al. Investigation of efficient self-frequency-doubling Nd:YAB lasers [J]. IEEE. J. Quant. Electr., 1997, 33 (12): 2295~2300.

[88] Nikogosyan D N. Nonlinear optical crystals: A complete survey [M]. Springer-Verlag New York, 2005.

[89] 李静, 王继扬, 胡晓波, 等. 新型激光自倍频 Yb:YAB 晶体的性质研究 [J]. 无机材料学报, 2003, 18 (1): 207~210.

[90] Aka G, Reino E, Loiseau P, et al. $Ca_4REO(BO_3)_3$ crystals for green and blue microchip laser generation: from crystal growth to laser and nonlinear optical properties [J]. Opt. Mater., 2004, 26 (4): 431~436.

[91] Brenier A, Majchrowski A, Michalski E, et al. Evaluation of GdCOB:Nd^{3+} for self-frequency doubling in the optimum phase matching direction [J]. Opt. Commun., 2003, 217 (1~6): 395~400.

5 稀土磁光晶体材料

5.1 引言

在磁场或磁矩作用下，物质的电磁特性（如磁导率、介电常数、磁化强度、磁畴结构、磁化方向）会发生变化，因而使得通向该物质的光的传输特性（如偏振状态、光强、相位、频率、传输方向等）也随之发生变化。光通过磁场或磁矩作用下的物质时，其传输特性的变化称为磁光效应[1]。磁光效应包括多种物理现象和效应，其中最为人们熟悉也是最有用的要数法拉第效应。1845年，英国物理学家法拉第将一片含PbO的火石玻璃置于一对磁极之间，发现沿外磁场方向的入射光经玻璃透射后的光偏振面发生了旋转，这是有史以来第一次发现的磁光效应，后来就被称为法拉第（Faraday）效应。

磁光（magneto-optical）材料是一类具有磁光效应的光学功能材料，它随着激光和光电子学技术的兴起及需要而发展起来。磁光材料按照磁光性能可分为顺磁材料、逆磁材料和铁磁材料，按照材料形态可分为晶体、玻璃和薄膜。所有的晶体材料都具有磁光效应，而且多种磁光效应会同时存在。有些晶体效应太复杂，而另一些效应则太小，没有实用价值。材料中的磁光效应是一种十分复杂的光学效应，如法拉第效应、克尔效应、科顿-穆顿效应等，但是目前获得广泛应用的只有法拉第效应，磁光晶体就是具有较大纯法拉第效应并有实用价值的磁光材料。关于磁光晶体的定义与主要应用，沈德忠院士作了很好的表述[2]。当偏振光被具有磁性的晶体反射或透射后，其偏振状态会发生改变，偏振面会偏转，这些磁性晶体称为磁光晶体。光纤激光器中，半导体激光器发出的激光大部分进入光纤，有一小部分不可避免地要在光纤前端发生反射。反射光会破坏激光器的稳定性，形成噪声。因此，光纤激光器的光纤前端都装有磁光晶体制作的光隔离器，以达到反射光与激光器隔离的目的。

随着激光和光电子学技术的兴起与蓬勃发展，磁光材料扮演起越来越重要的角色。其中，稀土磁光晶体是种类最多、使用最广泛的一类磁光材料。在常温下有大而纯的法拉第效应，对使用波长具有低的吸收系数、大的磁化强度和高的磁导率是磁光晶体的主要性能要求。这些要求与晶体的组成、结构和磁性能密切相关。低对称晶体有复杂的磁性，其磁光性能受自然双折射的干扰，不易获得纯的法拉第效应。目前研究的磁光晶体都属高于正交晶系的对称性晶体，而实用磁光晶体主要为立方晶体和光学单轴晶体。按照应用磁光晶体可以分为光通信用磁光晶体、高功率激光旋光器用磁光晶体以及现在广泛研究、尚未获得应用的其他磁光晶体。商用磁光晶体的应用领域如图 5-1 所示。

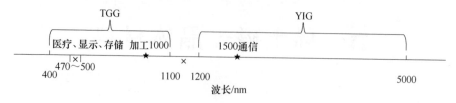

图 5-1　商用磁光晶体的应用领域

5.2　稀土与磁光效应

磁光晶体与磁光玻璃、磁光薄膜等类似，它们的磁光效应主要来自于稀土离子。稀土离子的磁光效应主要与其电偶极子的 4f→5d 跃迁有关。稀土元素由于 4f 电子层未填满，不成对的 4f 电子产生未抵消的磁矩，这是强磁性的来源；同时，未成对的 4f 电子被外层 5s 和 5p 电子壳层所屏蔽，使得配位场对其影响很小，在外加磁场的作用下，电子很容易从 $4f^n \rightarrow 4f^{n-1}5d$ 跃迁，这是光激发的起因，从而导致很强的磁光效应[3]。

1934 年，Vleck 和 Hebb 等人基于量子力学理论，首次推导出磁光性能的理论公式，得到磁光材料维尔德（Verdet）常数为[4]：

$$V = (A/T)(Nn_{\text{eff}}^2/g)\{C_t/[1-(\lambda/\lambda_t)^2]\}$$

式中，A 为与波长无关的常数；N 为单位体积内顺磁离子数；n_{eff} 为有效玻尔磁子数，是与有效磁量子数有关的量，$n_{\text{eff}} = g[J(J+1)]^{1/2}$；$g$ 为 Laudau 分裂系数；J 为总的角动量量子数；λ_t 为电子的有效迁移波长；C_t 为有效迁移几率。该式表明，顺磁 Verdet 常数与单位体积内顺磁离子数以及有效玻尔磁子数 n_{eff} 的平方成正比；并且随着温度的升高，顺磁 Verdet 常数减小。同时顺磁 Verdet 常数还随电子有效迁移波长 λ_t 的增大而增大。

磁光材料的磁光效应与稀土离子的有效磁矩有密切关系。图 5-2 给出了稀土掺杂磁光材料的 Verdet 常数与 n_{eff}^2/g 即 $gJ(J+1)$ 之间的关系。从图中可以看出，Tb^{3+} 和 Dy^{3+} 具有巨大的法拉第旋转角，是由于大的角动量值 J 引起的。但是 Dy^{3+} 的光学性能较差，因此，含 Tb^{3+} 的晶体或玻璃由于 Verdet 常数大，光学性能好，成为顺磁磁光材料的主要研究对象。Ce^{3+}、Pr^{3+} 则由于大的电子有效迁移波长，因而具有较强的 Faraday 效应[5]。

在磁光材料的研究和发展过程中，科学理论凸现了巨大的指导作用。在面向中红外波段的光通信磁光晶体中，Ce^{3+} 掺杂 YIG 晶体一直是磁光晶体研究和开发的热点；而在可见光波段主要应用的是 $Tb_3Ga_5O_{12}$（TGG）晶体和部分 Tb 基顺磁玻璃。TGG 单晶具有大的磁光常数、低的光损失、高热导性和高激光损伤阈值，

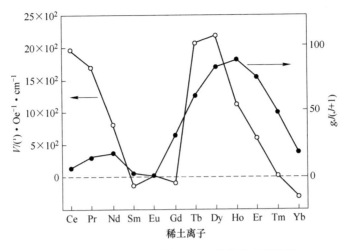

图 5-2 稀土离子与磁光 Verdet 常数之间的关系

广泛应用于 YAG、掺 Ti 蓝宝石等多级放大、环型、种子注入激光器中，是用于制作法拉第旋光器与隔离器的最佳磁光材料[6]。

5.3 光通信用磁光晶体 YIG

光通信具有低损耗、大带宽、高保真等优点，是现代通信技术的一场重大变革，在信息产业中占有重要的地位并具有广阔的发展前景。光纤通信是以光波作为信息载体、以石英玻璃光纤作为传输媒介的一种通信方式。由于激光具有高方向性、高相干性、高单色性等显著优点，因此光纤通信中的光波主要是激光，所以又叫做激光-光纤通信。目前，单模光纤通信采用的波长主要是 $1.31\mu m$ 和 $1.55\mu m$，石英光纤在这两个波长的损耗和色散最小，在 $1.31\mu m$ 和 $1.55\mu m$ 的损耗分别是 $0.5dB/km$ 和 $0.22dB/km$，特别是在 $1.55\mu m$ 波段，由于掺铒光纤放大器的广泛应用，使得目前远程高速光纤通信主要集中于这一波段[7]。光通信技术的迅速发展促进了相关磁光材料和光学器件的研究，如光调制、光隔离、光开关等。

在近红外波段，目前研究最透彻、市场上应用最典型的磁光材料是石榴石结构的 $Y_3Fe_5O_{12}$(YIG) 晶体，它是一种铁磁性的磁光材料。含铁磁（亚铁磁）磁光材料的磁光来源主要是由铁离子的跃迁贡献的。

5.3.1 YIG 晶体结构

YIG 晶体结构如图 5-3 所示。它属于立方晶系，点阵常数 $a \approx 1.25nm$。在同一个单位晶胞中有 8 个 $Y_3Fe_5O_{12}$ 分子，晶体结构由 96 个 O^{2-} 离子堆积而成，64 个金属离子处于间隙位置。

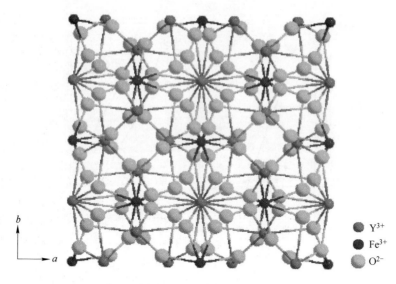

图 5-3 YIG 晶体结构图

对于每个单位晶胞的间隙位置可分为 3 种：Fe^{3+} 离子占据以 4 个 O^{2-} 离子所包围的四面体位置（d 位）有 24 个，称 24d 位；Fe^{3+} 离子占据以 6 个 O^{2-} 离子所包围的八面体位置（a 位）有 16 个，称 16a 位；Y^{3+} 离子占据以 8 个 O^{2-} 离子所包围的十二面体位置（c 位）有 24 个，称 24c 位。

YIG 晶体的化学式经常写为 $Y_{3[c]}Fe_{2[a]}Fe_{3[d]}O_{12}$，占据 a 位的 Fe^{3+} 离子处于体心立方晶格上，在立方体各个面上的是占据 c 位的 Y^{3+} 离子和 d 位的 Fe^{3+} 离子。对于单个 YIG 晶胞来说，八面体位置有 2 个 Fe^{3+} 离子，四面体位置有 3 个 Fe^{3+} 离子，而 Y^{3+} 离子由于半径过大，占据较大的十二面体空隙。图 5-4 为 Y^{3+} 和 Fe^{3+} 离子在 $Y_3Fe_5O_{12}$ 中三种晶格的相对位置示意图。

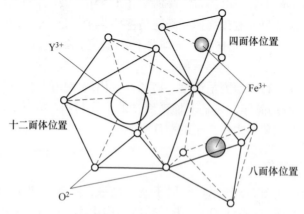

图 5-4 $Y_3Fe_5O_{12}$ 的 Y^{3+} 和 Fe^{3+} 在晶格中的相对位置

YIG 材料的铁磁性来源：在钇石榴石铁氧体中，两个磁性离子间的距离比较远，并且中间夹着氧离子，因此磁性离子的未成对电子自旋间的交换作用是通过氧离子产生的，在铁磁理论中称之为超交换作用。在超交换作用下，氧离子两旁磁性离子的磁矩反方向排列。由于石榴石铁氧体材料中氧离子与磁性离子之间的相对位置比较复杂，彼此间的超交换作用互不相等，有剩余磁矩表现出来，所以这种磁性称为亚铁磁性。研究表明，石榴石铁氧体中磁性离子的这种强的超交换作用主要是由排列方向决定的，所以它的磁性能不但与晶体结构有关，而且与磁性离子在晶体中的分布情况有关。与尖晶石类似，石榴石的净磁矩起因于反平行自旋的不规则贡献：a 离子和 d 离子之间的磁矩是反平行排列的。如果假设每个铁离子磁矩为 $\mu_{铁}$，则对于 $Y_3Fe_5O_{12}$，$\mu_{净} = 3\mu_{铁} - 2\mu_{铁} = \mu_{铁}$。图 5-5 为 $Y_3Fe_5O_{12}$ 的磁结构示意图。

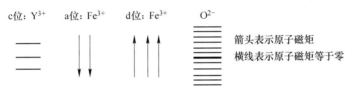

图 5-5　$Y_3Fe_5O_{12}$ 的磁结构示意图

5.3.2　YIG 晶体生长

由图 5-6 所示 Fe_2O_3-Y_2O_3 体系相图可知，YIG 是典型的不一致熔融化合物，熔点在 1555℃ 左右[8]。由于它的不一致熔融特性，助熔剂法是生长 YIG 系列晶体最常用的方法。助熔剂多选择 PbO-PbF_2-B_2O_3[9-12]，其次是 BaO-BaF_2-B_2O_3[13, 14] 等。

1958 年，美国 Bell 实验室采用熔盐法生长出 YIG 晶体，并且 Dillon 首先发现 YIG 单晶在红外和近红外波段透过性能高，并报道了 Faraday 旋转和光吸收特性相关研究成果[15]。1962 年，Bell 实验室生长出直径为 ϕ13mm 的 YIG 单晶，所使用的方法是在坩埚底部加籽晶并使籽晶旋转[16]。1964 年，Bell 实验室在原有的基础上采用旋转籽晶提拉法，生长出直径为 ϕ20mm 的大尺寸 YIG 单晶，同年，Litton 公司和德国的菲利普公司采用坩埚旋转法分别生长出了重达 300g 和 250g 的 YIG 大单晶[17]。1966 年，在国际磁学会议上，Lacraw 首次报道了采用 Ga∶YIG 晶体制成的室温宽带（大于 200MHz）磁光调制器，可实现在红外波长范围（1.15~5μm）内工作，当温度冷却至 125K 时，在 1.06μm 波长工作[18]。1968 年，Dillon 对磁光晶体及器件作了比较全面的总结，提出了至今还广泛应用于军事、工业、医疗等领域的非互易磁光器件的工作原理[19]。

浮区法是 20 世纪 50 年代发明的一种晶体生长方法，具有无需坩埚、无污

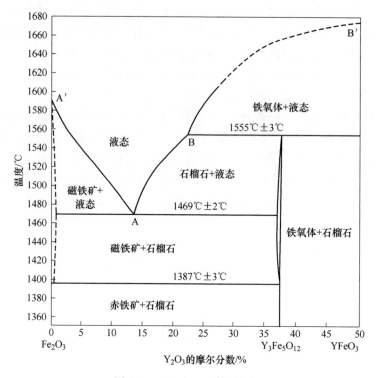

图 5-6　Fe_2O_3-Y_2O_3 体系相图

染、生长速度快等优点，对于一些难于生长（包含提拉法不能生长的晶体）而且/或者易污染的晶体，显示出很大的优越性[20]。1977 年，日本科学家 S. Kimura 和 I. Shindo 两人通过对浮区法生长 YIG 单晶工艺的研究与探索，获得了 YIG 单晶，如图 5-7 所示[21]。在浮区法生长过程中，以过量的 Fe_2O_3 作为助熔剂，和传统的熔盐法相比其优点是：(1) 以 Fe_2O_3 作为助熔剂避免了异类助熔剂的干扰；(2) 恒温生长，避免了降温生长过程中可能出现的组分和微结构的变化；(3) 便于掺杂；(4) 可方便地改变生长气氛；(5) 生长周期短。

图 5-7 为浮区法和助熔剂法生长的 YIG 晶体，鉴于浮区法生长表现出的优点，日本企业基于浮区法开展了 YIG 晶体产品的生产和开发，现在日本的 Oxide Corporation 已经成功生产出直径 5mm、长度 80mm 的 YIG 晶体产品。

5.3.3　掺杂 YIG 晶体

YIG 晶体在 1300nm 和 1500nm 时的法拉第旋转角分别是 220°/cm 和 180°/cm，所以在 1300～100nm 波段之间，需要 2.1～2.5mm 厚的 YIG 晶体才能实现 45°的旋转，但是这个厚度已经超过了目前液相外延法（LPE）制备的 YIG 晶片厚度[22,23]，并且 YIG 晶体的饱和磁化强度较高，因此采用 YIG 晶片制成的器件

图 5-7　浮区法和助熔剂法生长的 YIG 晶体

尺寸较大，难以适应集成光学技术的发展，所以很多研究者都在寻求大法拉第偏转的材料。

Bi 掺杂 YIG 晶体是研究比较多的一种，当抗磁性的 Bi 离子取代 Y 离子时，可以使法拉第旋转角由正值变为负值，且绝对值可以增加 1~2 个数量级，并且这种增加与 Bi 离子的取代量近似成线性关系，而光吸收变化不大[21, 22]。因此 Bi 掺杂石榴石晶体成为研究热点之一[24~26]。Zhang[27] 等人采用顶部籽晶法使用 Bi_2O_3 自助熔剂生长了掺 Bi 的 YBIG 晶体。他们认为稀土掺杂 YIG 晶体的法拉第效应的增强与替换离子对 Fe(a)-Fe(d) 超交换作用和自旋-轨道相互作用的影响有关。法拉第效应主要来源于电偶极跃迁，而主族元素 Bi 对磁光的贡献主要包括在 Fe^{3+} 的自旋-轨道分裂里面。

除了 Bi 掺杂以外，Ce^{3+} 掺杂则是另一个研究热点。Ce^{3+} 离子能提高磁光效应主要是由于 Ce^{3+} 在 1.4eV 附近的电子跃迁造成的[28]。但是 Ce^{3+} 的掺杂也有一些问题，例如掺杂量一般不大，这是因为 Ce^{3+} 的离子半径较大，而且 Ce^{3+} 容易发生变价，Ce^{4+} 对增强磁光效应贡献不大。S. Higuchi[29] 等人采用移动熔剂浮区法 (traveling solvent floating zone, TSFZ) 生长了掺 Ce 的 YIG 晶体，并研究了 Ce 掺杂对晶体光学性能和磁光性能的影响。掺 Ce 晶体的光吸收系数在波长小于 1400nm 时迅速增加，而纯 YIG 晶体的光吸收系数在波长小于 1000nm 时迅速增加，光吸收的增加可能与 Ce 在 829nm 处的吸收峰有关[30]。829nm 的吸收带引发显著的法拉第偏转，所以当波长大于 1200nm 时光吸收系数减小，法拉第偏转角也会减小。$Y_{2.82}Ce_{0.18}Fe_5O_{12}$ 晶体在 1300nm 和 1550nm 的光吸收系数分别为 1.4cm^{-1} 和 0.12 cm^{-1}，1550nm 时的光吸收系数与 TSFZ 法生长的 YIG 晶体的光吸收系数相同。随着 Ce 掺杂量的增加，YIG 晶体的法拉第旋转角增大了几十倍，并且从负值变为正值。波长在 1300nm 和 1550nm 时，法拉第旋转角的变化基本是随着 Ce 掺杂量的增加成线性关系。$Y_{2.76}Ce_{0.24}Fe_5O_{12}$ 晶体在 1300nm 和 1500nm 时的法拉第旋转角分别是 $-2030°/cm$ 和 $-905°/cm$。

5.4 显示存储用磁光晶体

在可见光波段应用的主要是 TGG 晶体、TAG 晶体和部分顺磁玻璃。顺磁磁光晶体与顺磁玻璃类似，它们的磁光效应主要来自于稀土离子。稀土离子的磁光效应主要与其电偶极子的 4f→5d 跃迁有关。稀土元素由于 4f 电子层未填满，不成对的 4f 电子产生未抵消的磁矩，这是强磁性的来源；同时，未成对的 4f 电子被外层 5s 和 5p 电子壳层所屏蔽，使得配位场对其影响很小，在外加磁场的作用下，电子很容易从 $4f^n \to 4f^{n-1}5d$ 跃迁，这是光激发的起因，从而导致很强的磁光效应[31]。

TGG 晶体被用于制作法拉第旋转器和隔离器，因为它可以通过提拉法生长，并且已经可以商业化生产。TGG 晶体适用波长为 400~1100nm（不包括 470~500nm）。它具有大的磁光常数、小的光吸收系数、高热导性和高激光损伤阈值，广泛应用于 YAG、掺 Ti 蓝宝石等多级放大、环型、种子注入激光器中。

5.4.1 TGG 晶体结构

TGG，铽镓石榴石，分子式为 $Tb_3Ga_5O_{12}$，具有典型的石榴石结构，属于立方晶系，空间群 Ia-3d（230）。表 5-1 给出了 $Tb_3Ga_5O_{12}$ 晶体的基本特性。

表 5-1 $Tb_3Ga_5O_{12}$ 晶体的基本性质

晶格参数	$a=b=c=12.347$	配位数	$Z=8$
密度	7.13g/cm^3	Tb^{3+} 浓度	$1.29 \times 10^{22} cm^{-3}$
莫氏硬度	8.0		Tb^{3+} : D_2-CN = 8
折射率	1.954（1064nm 时）	阳离子对称性和配位数	Ga^{3+} : S_4-CN = 4
维尔德常数	0.12min/(Oe·cm)（1064nm 时）		O^{2-} : C_{3i}-CN = 6
线膨胀系数	$9.4 \times 10^{-6} °C^{-1}$	熔点	1725℃

TGG 晶体结构示意图如图 5-8 所示，其中 Tb^{3+} 具有十二面体配位，Ga^{3+} 为八配位，每个体结构单元中包含 4 个 $Tb_3Ga_2(GaO_4)_3$ 晶胞，其中 Tb^{3+} 占据 D_2 对称结构中的 c-十二面体晶格位置，[GaO_4] 中的 Ga^{3+} 占据 S_4 对称结构中的 12d-四

面体位置，剩下的 Ga^{3+} 占据 C_{3i} 对称结构体系中的 8a-八面体位置，96 个氧离子占据晶格中的一般密堆位置。

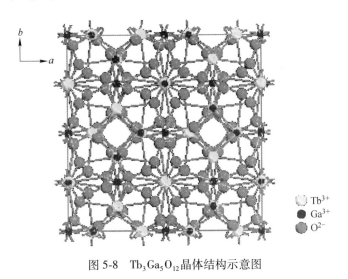

图 5-8　$Tb_3Ga_5O_{12}$ 晶体结构示意图

5.4.2　TGG 晶体生长

TGG 晶体通常采用 Czochralski 法来生长，但是在 TGG 生长的过程中，常常会遇到组分 Ga_2O_3 的挥发，由于组分偏离得不到及时的修正，制备的晶体呈现"核芯"结构；同时其强烈的液流效应和界面翻转、螺旋生长和晶体开裂等问题特别突出，使得大尺寸的 TGG 单晶生长难以实现。为此在 TGG 晶体生长过程中，主流的生长方法是多坩埚供料技术的提拉法。将制备的不同配比的 TGG 原料压块后分别放入生长坩埚、原料供给坩埚以及中转坩埚内熔化。用提拉法按拉脖、放肩、等径、收尾等过程生长晶体。生长过程中，根据晶体质量的变化，通过调节坩埚升降机构不断将供给坩埚中的熔化原料排入生长坩埚；也会根据实际晶体的生长需要，增加中转坩埚，这样就将供给熔料先加入中转坩埚，充分混合均匀后再加入生长坩埚。该系统可以通过调节排液量和提拉量，保证 TGG 晶体不偏离化学计量比。

图 5-9 是一种具有代表性的 TGG 晶体生长的例子，即采用铱金三坩埚装置中频感应加热方式[32]。由图 5-9 可见，三坩埚装置即熔液可以互通的三层坩埚，在中转坩埚的下端开有一排小孔，同时在该坩埚壁的上部和液面以下部分也开出一排小孔，根据晶体生长重量的增加速度，调整相应的加料速度，供给料的熔化集中在 A 区上部，经由 B 区中转充分混合均匀，然后才进入晶体生长区域 C。

提拉法生长 TGG 晶体的工艺流程为：炉内连续抽三次真空后充以混合气体

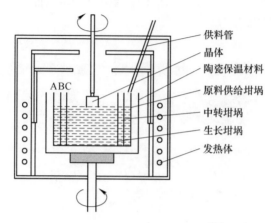

图 5-9 三坩埚供料装置示意图[32]

N_2(50%~60%)+CO_2(40%~50%)作为保护气氛，采用<111>方向的籽晶，生长过程中拉速为 0.8~2mm/h，转速为 8~12r/min。生长出的晶体直径在 25mm 以上，长度在 40mm 以上，晶体呈无色透明，无气泡，无散点，不开裂，如图 5-10 所示。

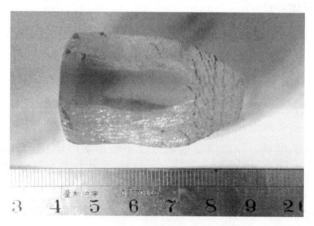

图 5-10 三坩埚供料生长的 TGG 晶体

5.4.3 其他 TGG 结构晶体

优秀的磁光晶体需要具备透过率高、维尔德常数大、抗光伤功率高、消光比好、晶体易生长等优点。现在已经研发出的磁光晶体种类很多，但磁光晶体的应用对晶体结构要求较为严格，低对称晶体在激光传输过程中因热效应而发生形变，导致激光无法正常传输。因此，实用的磁光晶体大都是高对称性的立方结构晶体。TGG 晶体在 400~1100nm 波段透过，且维尔德常数较大，但生长中也存在 Ga_2O_3 挥发等难题。而 TAG（$Tb_3Al_5O_{12}$）晶体不仅在 400~1100nm 波段透过性优于 TGG，而且维尔德常数达到 TGG 晶体的 1.4 倍，磁光性能明显优于 TGG 晶体。但 TAG 晶体为非一致熔融组分，无法实现大体块晶体的生长，更无法实现商业化应用。

鉴于 TAG 晶体优异的磁光性能和难以克服的生长困难，大量基于 TAG 晶体的改性工作也不断被开展。例如，将 TAG 晶体和 TGG 晶体相结合的 TGAG 晶体[33]，这种结合催生出一系列铽基石榴石磁光晶体。铽基石榴石晶体（$Tb_3R_2Al_5O_{12}$）结构如图 5-11 所示。在该结构中，Al^{3+} 离子与 O^{2+} 离子形成四面体结构，Tb^{3+} 离子位于四面体构成的十二面体间隙，R^{3+} 离子位于八面体间隙。20 世纪 90 年代以来，中外学者先后开展了 Tb 基石榴石新型磁光晶体的生长与磁光性能的研究工作，生长了 $Tb_3Al_5O_{12}$（TAG）、$Tb_3Al_xGa_{5-x}O_{12}$（TAGG）、$Tb_3Sc_2Al_3O_{12}$（TSAG）以及 $Tb_3Lu_xSc_{2-x}Al_3O_{12}$（TSLAG）磁光晶体，它们的磁光性能也优于广泛应用的 TGG 单晶[34~38]。

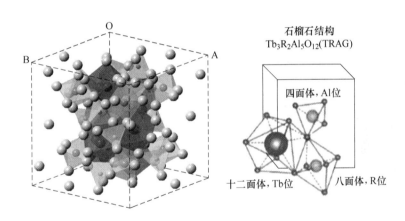

图 5-11 铽基石榴石晶体结构示意图

在新型磁光晶体材料中，铽钪铝石榴石（TSAG）是一种很有优势的候选材料[39]。该晶体可以有效地解决 TAG 不一致熔融的生长问题，由 Sc^{3+} 来替换八面体间隙中的 Al^{3+}，这样的替换可以引起自旋的本征频率的显著改变，允许 4f→5d（或者 4f→5g）电偶极子的转换，使得法拉第效应在可见光和近红外光区的色散提高，同时改变吸收线的形状和强度。TAG 晶体中与 Tb^{3+} 的 4f→4f 转变相关的冷发光光谱也会因为 Sc^{3+} 的掺入得到改善[6]。磁光的研究结果表明，掺杂后的 TSAG 的 Verdet 常数与 TAG 的 Verdet 常数相当，超出 TGG 的 Verdet 常数大约 25%。提拉法生长的 TSAG 晶体如图 5-12 所示。

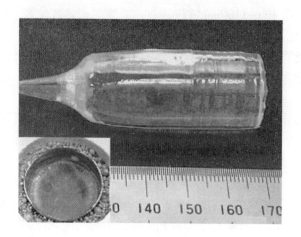

图 5-12 提拉法生长的 TSAG 晶体[37]

5.5 其他磁光晶体

20 世纪 60 年代，新型功能材料的探索过程中镧系钼酸盐与镧系钨酸盐材料体系庞大，具有磁光、激光、压电及铁弹等多功能性质而备受关注。近年来，白钨矿型钼酸盐 $MRE(MoO_4)_2$（M 为碱金属元素，RE 为稀土元素）晶体生长与性能研究的相关报道大幅度增多，主要集中在光、磁、激光和磁光等方面。据文献调研分析，发现四方晶系的 $NaTb(WO_4)_2$ 与 $NaTb(MoO_4)_2$ 磁光晶体的费尔德常数高，磁光性能优异而备受关注。稀土钨钼酸盐晶体顺磁性居多，在低温下存在磁相变，由顺磁性转变为反铁磁性；钨钼酸盐晶体的磁光性能取决于结构的对称性、稀土离子的种类和浓度，以及阴离子基团（MoO_4）、（WO_4）与 RE^{3+} 之间电子跃迁作用。晶体的磁光性能影响因子很多，一般随着稀土 Tb 含量的增多而提高，碱金属离子半径越小，耦合作用越强，磁光性能也越好。掺铽的钼酸盐晶体 $NaTb(MoO_4)_2$[40]、钨酸盐晶体 $NaTb(WO_4)_2$[41] 等的法拉第旋转角和磁光优值也要大于 TGG 晶体，但是由于生长难度等方面的原因未获应用。

稀土 $REFeO_3$（RE=稀土元素）系列材料为了与立方结构的尖晶石型铁氧体相区别，被通称为正铁氧体（orthoferrite）。早在 1950 年被 Forestier 等人发现正铁氧体的磁性，它也是最早的一种磁泡材料。$REFeO_3$ 晶体的法拉第旋转角随波长的变化而变化，其中 $YFeO_3$ 晶体的法拉第旋转角随波长的增加而减小，在 1300~1550nm 波长范围内，$YFeO_3$ 晶体的法拉第旋转角在 400~250°/cm 之间，而 YIG 晶体在 1550nm 时法拉第旋转角为 180°/cm，$YFeO_3$ 晶体的法拉第旋转角虽然比不上 Ce 或者 Bi 掺杂的 YIG 晶体，但是却明显大于纯 YIG 晶体。Didosyan

等人研究了 YFeO$_3$ 晶体在磁光器件中的应用，发现 YFeO$_3$ 晶体在磁光开关、磁光传感器等一些磁光器件应用上具有一系列的优势[42]。

5.6 磁光器件及其应用

虽然磁光效应很早就被发现，但是直到 20 世纪 60 年代，激光和光电子技术的发展才使磁光效应的研究向应用领域发展，出现了新型的光信息功能器件——磁光器件。特别是近年来激光、信息、光纤通信等新技术的发展，也促使磁光器件的研究向深度和广度发展。

在激光应用中，除探索新型的激光器和接收器外，激光束的参数，例如强度、方向、偏转、频率、偏振状态等的快速控制是很重要的问题。磁光器件，就是利用磁光效应构成的各种控制激光束的器件。因光通信的发展需要，1966 年起发展了磁光调制器、磁光开关、磁光隔离器、环形器、相移器等磁光器件。由于光纤技术和集成光学的发展，1972 年起又诞生了波导型的磁光器件。在 20 世纪 60 年代后期，因计算机存储技术的发展，人们又把磁畴结构、热磁效应与磁光效应相结合，发展了磁光存贮技术。后来由于全息磁泡和光盘技术的日趋完善和商品化，从而出现了磁光印刷和磁光光盘系统。

5.6.1 磁光隔离器

在磁光材料的应用领域中，对光隔离器的应用研究无疑是最引人注目的。磁光隔离器又称为单向器，是一种光非互易无源器件，在光通信系统中起着非常重要的作用，是一种必不可少的光无源器件[43]。为了使作为光源的半导体激光器能稳定工作，必须采用光隔离器，保证光沿某一方向传输，而对反射光加以抑制，它可以有效地降低或隔离光通信和信息处理系统中的光反馈，提高激光系统工作的稳定性并延长激光光源的使用寿命，同时还降低了由反射引起的反射噪声，这对提高精密光学测试系统的精度及光信息传输系统中图像传输的清晰度等方面大有好处[44]。

5.6.2 磁光开关

磁光开关是利用法拉第效应，通过外加磁场的变化来改变磁光晶体对入射偏振光偏振面的作用，从而达到切换光路的效果。相对于传统的机械式光开关，它具有开关速度快、稳定性高等优势，而相对于其他的非机械式光开关，它又具有驱动电压低、串扰小等优势，可以预见在不久的将来，磁光开关将是一种极具竞争力的光开关。磁光开关的一个核心材料也是用于使光偏振方向发生变化的法拉第转子材料，即磁光晶体。

5.6.3 磁光传感器

用磁光效应来检测磁场或电流的器件称为磁光传感器。它集激光、光纤和微光技术于一体,以光学方式、非接触地检测磁场和电流的强弱及状态的变化,可用于高压网络的检测和监控,还可用于精密测量和遥控、遥测及自动控制系统。磁光介质放在高压导线附近,由光源发出的平面偏振光穿过磁光介质,并被介质后面的镜子反射回来,反射回来的平面偏振光由检测器测得其偏振光的旋转角,根据磁光法拉第效应,偏振光的旋转角直接同外加磁场有关,而这一磁场是由高压线中的电流所产生的,并同这一电流成正比。因此,由检测的偏振光的磁光旋转可以无接触地测得高压线的电流。

5.6.4 磁光光盘

磁光光盘是由盘基和磁光材料构成的圆盘形磁光记录材料,它的工作原理是通过激光加热和施加反向磁场在磁光介质上,产生磁化强度垂直于膜面的磁畴,利用该磁畴进行信息的写入,因此这种磁畴又称为信息坑;读出时,此光盘沿记录轨道高速旋转,利用磁光克尔效应,用激光检像器检出信号。因无机械接触,磁光光盘使用寿命长达 10^6 次以上,存贮寿命长达 10 年以上。磁光光盘可用于大容量电子计算机和大容量电视广播中,在一些欧洲国家里,磁光存储是用来进行医学镜像数据存储的标准格式。虽然现在并不是很普及而且并没有被广泛使用,但是以其良好的稳定性在未来可能有很大的市场。

参 考 文 献

[1] 刘湘林,刘公强,金绥更. 磁光材料与磁光器件 [M]. 北京:北京科学技术出版社,1990:1~3.
[2] 沈德忠. 什么是人工晶体 [R]. 清华大学的讲演.
[3] Sato K, Yamaguchi K, Maruyama F, et al. Physical Review B, 2001 (63):6.
[4] Van Vleck J H, Hebb M H. Phys Rew, 1934 (46):17~32.
[5] Shelby J E, Kohli J T. Phys Chem Glasses, 1991 (32):109~114.
[6] Valiev U V, Gruber J B, Sardar D K, et al. Optics and Spectroscopy, 2007 (102):910~917.
[7] 陈慰宗,何志峰,刘军. 光子通讯-光子学进展之三 [J]. 物理通报,2000 (11):1~4.
[8] Hook H J V. J. Am. Ceram. Soc. ,1962 (45):162~167.
[9] Nielsen J W. J. Appl. Phys. ,1960 (31):51~52.
[10] Jonker H D. J. Crystal Growth, 1975 (28):231~239.
[11] Tolksdorf W. J. Cryst. Growth, 1977 (42):275~283.

[12] Nevriva M. J. Cryst. Growth, 1987 (83): 543~548.

[13] Laudise R A, Dearborn E F, Linares R C. J. Appl. Phys., 1962 (33): 1362~1363.

[14] Bezmaternykh L N, Mashchenko V G, Sokolova N A, et al. J. Cryst. Growth, 1984 (69): 407~413.

[15] Dillon J F. Journal of Applied Physics, 1958 (3): 539~541.

[16] Laudise R A, Linares R C, Dearbom E F. Journal of Applied Physics, 1962, 33 (3): 1362~1363.

[17] Linares R C. Growth of Single-Crystal Garnets by a Modified Pulling Technique [J]. Journal of Applied Physics, 1964, 35 (2): 433.

[18] 梁军. 新型复合稀土铁石榴石薄膜的液相外延制备及其性能研究 [D]. 浙江: 浙江大学, 2003.

[19] 刘湘林, 刘公强, 金绥更. 磁光材料和磁光器件 [M]. 北京: 北京科学技术出版社, 1990: 30~32.

[20] 武安华, 申慧, 徐家跃, 小川贵代, 和田智之. 功能材料, 2007 (A10): 4036~4039.

[21] Kimura S, Shindo I, Kitamura K, Mori Y. Journal of Crystal Growth, 1978 (44): 621~624.

[22] Pedroso C B, Munin E, Villaverde A B, et al. J. Non-Cryst. Solids, 1998 (231): 134~142.

[23] Awano H, Ohnuki S, Shirai H, et al. Appl. Phys. Lett., 1996 (69): 4257~4259.

[24] Kahl S, Popov V, Grishin A M. J. Appl. Phys., 2003 (94): 5688~5694.

[25] Kamada O, Nakaya T, Higuchi S. Sens. Actuator A-Phys., 2005 (119): 345~348.

[26] Tamaki H K T, Kawamura N. J. Appl. Phys., 1991 (70): 4581~4583.

[27] Zhang G Y, Xu X W, Chong T C. J. Appl. Phys., 2004 (95): 5267~5270.

[28] Gomi M, Furuyama H, Abe M. Jpn. J. Appl. Phys. Part 2-Lett., 1990 (29): L99~L100.

[29] Higuchi S, Furukawa Y, Takekawa S, et al. Jpn. J. Appl. Phys. Part 1-Regul. Pap. Short Notes Rev. Pap., 1999 (38): 4122~4126.

[30] Gomi M, Furuyama H, Abe M. J. Appl. Phys., 1991 (70): 7065~7067.

[31] Sato K, Yamaguchi K, Maruyama F, et al. Physical Review B, 2001 (63): 6.

[32] 张艳, 王佳麒, 王有明, 黄小卫, 柳祝平. 人工晶体学报, 2012 (41): 275~278.

[33] Zhang W J, Guo F Y, Chen J Z. Journal of Crystal Growth, 2007 (306): 195~199.

[34] Geho M, Sekijima T. Fujii T. Journal of Crystal Growth, 2004 (267): 188~193.

[35] Pawlaka D A, Kagamitani Y, Yoshikawa A, et al. Journal of Crystal Growth, 2001 (226): 341~347.

[36] Yoshikawa A, Kagamitani Y, Pawlaka D A, et al. Materials Research Bulletin, 2002 (37): 1~10.

[37] Shimamura K, Kito T, Castel E, et al. Crystal Growth & Design, 2010 (10): 3466~3470.

[38] Villora E G, Molina P, Nakamura M, et al. Appl. Phys. Lett., 2011 (99): 011111.

[39] Ganschow S, Klimm D, Reiche P, Uecke R. Crystal Research and Technology, 1999 (34): 615~619.

[40] Guo F Y, Ru J J, Li H Z, et al. J. Cryst. Growth, 2008 (310): 4390~4393.

[41] Liu J J, Guo F Y, Zhao B, et al. J. Cryst. Growth, 2008 (310): 2613~2616.

[42] Didosyan Y S, Hauser H, Fiala W, Nicolics J, Toriser W. J. Appl. Phys., 2002 (91): 7000~7002.
[43] 张溪文, 梁军, 张守业. 无机材料学报, 2003 (18): 731~736.
[44] Postava K, Visnovsky S, Veis M, et al. Journal of Magnetism and Magnetic Materials, 2004 (272~276): 2319~2320.

索 引

B

倍半氧化物　88
倍频　237

C

$CsBa_2I_5$：Eu　210
Cs_2LiYCl_6：Ce　212
磁光玻璃　248
磁光薄膜　248
磁光传感器　260
磁光隔离器　259
磁光光盘　260
磁光晶体　247
磁光开关　259

D

灯泵浦　31
碘化锂　203
碘化镥　202
碘化钠　189
碘化锶　206
顶部籽晶法　225

F

法拉第效应　247
发射截面　54
钒酸盐　53
反位缺陷　165
非临界相位匹配　235
非同成分熔融　229
非线性光学晶体　224
非线性光学系数　228

分凝系数　6
分配系数　140
氟化铈　187
氟化物　93
浮区法　252

G

GdCOB 晶体　232
GdYCOB 晶体　233
钙钛矿　62
坩埚下降法　97
坩埚旋转法　251
光隔离器　247
光-光转换效率　36
光束质量　51
光学浮区法　90
硅酸钆　137
硅酸镥　141
硅酸钇　135

H

化学计量比　4

J

Judd-Ofelt 理论　106
激光工作物质　1
激光损伤阈值　227
激光阈值　50
激光自倍频　239
激活离子　1
基质晶体　2
焦硅酸镥　154
焦硅酸钇　162

焦硅酸钆 157
钾冰晶石 211
晶格常数 13
晶体生长 4

K

抗辐射 13

L

LCB 225
LD 泵浦 31
LuYAP：Ce 172
磷酸二氢钾 224
孪晶 72
镥铝石榴石 163
氯化镧 191

M

敏化 33

N

NaTb（MoO$_4$）$_2$ 258
NaTb（WO$_4$）$_2$ 258
Nd：GdCOB 晶体 240
Nd：LCB 晶体 239
NYAB 晶体 239
能级耦合 45
能量分辨率 173

P

偏硼酸钡 224

R

热导率 61
热键合 36
热交换法 90
热容激光 10
热释光 149
热透镜效应 37

熔盐法 251

S

Sellmeier 方程 227
三倍频 237
散射颗粒 15
上转换 111
色心 65
声子能量 88
石榴石 1
衰减时间 176
双折射 60
双折射率 235
顺磁玻璃 254
斯托克斯位移 156
锁模 87

T

TAG 254
TGG 254
TLSAG 257
TSAG 257
提拉法 4
透过率 148，187

V

Verdet 常数 248

W

位错 98
无辐射跃迁 34
钨酸盐 80

X

吸收截面 32
吸收系数 54
稀土激光晶体 1
线膨胀系数 135
相图 4

相位匹配 228
斜率效率 42
芯价发光（CVL） 213
溴化镧 200
溴化铈 189

Y

YAB 晶体 228
YAP∶Ce 169
Yb∶YAB 晶体 240
YCOB 232
$YFeO_3$ 258
YIG 249
钇铝石榴石 163

一致熔融 82
硬度 2
荧光寿命 54
余辉 147

Z

折射率 63
正铁氧体 258
助熔剂 83
自拉曼 82
自吸收 150
自陷激子 191
紫外截止边 227
组分过冷 16